ÉTUDE SOCIOLOGIQUE

LES ORIGINES

DE LA

TECHNOLOGIE

PAR

ALFRED ESPINAS

CHARGÉ D'UN COURS EN SORBONNE

PARIS

ANCIENNE LIBRAIRIE GERMER BAILLIÈRE ET Cie

FÉLIX ALCAN, ÉDITEUR

108, BOULEVARD SAINT-GERMAIN, 108

1897

Tous droits réservés

LES ORIGINES

DE LA TECHNOLOGIE

2205

8°R
15161

AUTRES OUVRAGES DE M. A. ESPINAS

Des Sociétés animales (F. Alcan, éditeur), 2e édition,
1878 (épuisé).

La Philosophie expérimentale en Italie (F. Alcan, éditeur), 1880.

La République de Platon, éditions classiques, avec une
Introduction sur la Politique de Platon (F. Alcan,
éditeur), livre VIII, 1881, et VI, 1886.

Histoire des Doctrines économiques (A. Colin et Cie,
éditeurs), 1892.

ÉTUDE SOCIOLOGIQUE

LES ORIGINES

DE LA

TECHNOLOGIE

PAR

ALFRED ESPINAS

CHARGÉ D'UN COURS EN SORBONNE

PARIS

ANCIENNE LIBRAIRIE GERMER BAILLIÈRE ET Cⁱᵉ

FÉLIX ALCAN, ÉDITEUR

108, BOULEVARD SAINT-GERMAIN, 108

—

1897

Tous droits réservés

LES ORIGINES

DE LA

TECHNOLOGIE[1]

INTRODUCTION

Des pratiques ou arts comme faits. — La Technologie générale. — Objet de ce travail : l'histoire de la Technologie. — Place qu'il faut faire à l'histoire des techniques dans celle de la Technologie générale.

Des pratiques ou arts comme faits. — Dans l'art de l'homme comme dans l'instinct de l'animal, il y a deux caractères dominants. L'instinct est une forme d'action transmise par l'hérédité avec l'organisme, son uniformité et son immutabilité ont surtout frappé les observateurs : on ne peut nier cependant qu'il ne comporte à mesure qu'on s'élève dans l'échelle une part plus grande d'invention et d'initiative individuelle, ne serait-ce que dans l'application de la règle générale aux circonstances par-

(1) La *Revue philosophique*, août et sept. 1890, août et sept. 1891 ; l'*Archiv für Geschichte der Philosophie*, Band VI, Heft 1, et Band VII, Heft 2 ; les *Annales de la Faculté des Lettres de Bordeaux*, année 1893, n° 1, ont publié sous forme d'articles le contenu de ce volume.

ticulières : d'ailleurs, comme il a dû commencer, et que la règle à peu près immuable qu'il impose aux actions des animaux actuels n'a pu naître que grâce à l'adaptation d'impulsions antérieures à des circonstances nouvelles dans les générations disparues, la variation, la tentative dans l'inconnu à partir d'une règle donnée est aussi essentielle à l'idée que nous devons nous en former que l'observance de séries préordonnées de mouvements, inscrites dans l'organisme et inhérentes à l'espèce. Inversement, l'art est assurément le produit de l'expérience et de la réflexion; il suppose une invention, un acte d'initiative et de liberté; tout perfectionnement de la pratique humaine est dû à quelque audace individuelle en rupture avec la routine; et pourtant, si on regarde les choses de plus près, on voit que nulle invention ne peut se produire dans le vide, que l'homme ne saurait perfectionner sa manière d'agir qu'en modifiant des moyens dont il disposait antérieurement; que l'immense majorité de nos actes rentre à notre insu dans des moules préétablis, procédés, mœurs, usages, coutumes, traditions, lois civiles ou religieuses et qu'en fin de compte — si les règles imposées par l'art sont transmises à chaque individu moins par l'hérédité que par l'exemple et l'éducation — un art est cependant plutôt un ensemble de règles fixes qu'une collection d'initiatives raisonnées. Notre volonté se meut selon des formes et en vue de fins qu'elle ne pose pas elle-même, Aristote l'a bien vu. L'artisan fabrique, le cultivateur laboure, le marin navigue, le soldat combat, le commerçant échange, le professeur enseigne, le gouvernant administre, le politicien discute, en se servant d'outils, d'engins, de procédés, de formules qu'ils reçoivent de leurs groupes: la matière et la coupe de nos vêtements, la forme et l'aménagement de nos demeures, la manière dont nous nous abordons, l'heure et la composition de nos

repas, l'âge où nous accomplissons les actes essentiels de
la vie et les conditions générales de ces actes depuis notre
première culotte jusqu'à notre entrée à l'école ou au collège, depuis le choix d'un état jusqu'au choix d'une com-
pagne pour la vie, tout cela est enfermé dans des règles
dont l'interprétation nous est laissée, il est vrai, mais dans
des limites beaucoup plus étroites que nous ne le croyons
d'ordinaire. Chacun de nous, en effet, appartient à un
milieu social, est, comme on dit, d'un monde qui se charge
pour lui de l'interprétation des règles et lui épargne le
plus souvent l'embarras de déterminer « ce qui se fait »
comme « ce qui ne se fait pas ». De ce point de vue, chaque
groupe social n'est pas moins caractérisé par ses arts que
chaque espèce par ses instincts.

La Praxéologie ou Technologie générale. — Remarquons qu'il ne s'agit pas ici des beaux-arts, mais des arts
utiles. Les Grecs eux aussi appelaient τέχναι les uns et les
autres, mais comme il y a toujours une part de convention
dans le vocabulaire scientifique et que d'ailleurs c'était
bien l'idée d'habileté pratique que ce terme rappelait surtout, nous pourrions donner aux arts utiles le nom de
techniques pour les distinguer des arts qui tendent à produire l'émotion esthétique. Ce mot de technique a malheureusement chez nous un sens assez restreint; nous
disons *la technique* de l'enseignement, la technique de
telle ou telle fabrication et nous désignons ainsi les procédés opératoires ou, en général, les parties spéciales des
arts industriels (ou d'autres qu'on leur assimile) plutôt
que ces arts eux-mêmes; on aura de la peine à dire *les
techniques* au lieu de dire les arts utiles, surtout si, nos
vues générales étant admises, les groupes de règles supérieures, qui n'entraînent aucune manipulation, la politique
et la morale par exemple (mais la politique n'est-elle pas

trop souvent réduite à des habiletés ou à des manœuvres et la morale exclut-elle l'adresse ?), doivent être comptées au nombre des arts et deviennent des techniques. Il y aurait pourtant quelque avantage à pouvoir désigner ainsi, comme les Grecs le faisaient, les pratiques conscientes et réfléchies, à un certain degré en opposition avec les pratiques simples ou coutumes, qui s'établissent spontanément, antérieurement à toute analyse. Car ce sont les arts adultes, non les pratiques inconscientes qui donnent naissance à la recherche dont nous nous occupons, et engendrent la Technologie. Chacun d'eux implique une technologie spéciale, en sorte que l'ensemble de ces études partielles forme naturellement la Technologie générale systématique. Le mot de *pratique* comporte sans doute un sens plus étendu ; il peut être facilement pris comme substantif concret (une pratique, les pratiques) ; il convient à toutes les manifestations collectives du vouloir, à celles qui sont spontanées comme à celles qui sont réfléchies. Il fournit pour désigner la science de cet ordre de faits dans son ensemble un terme excellent : la Praxéologie. Mais il court le risque, à cause de sa large extension, d'être mal entendu et de donner lieu à des confusions. Peut-être les deux mots de Technologie et de Praxéologie seront-ils adoptés tous les deux pour désigner, le second (Praxéologie) la partie la plus absolument générale, le premier (Technologie) la partie immédiatement inférieure en généralité du même groupe de recherches. Nous les emploierons le plus souvent avec ces significations corrélatives en faisant de la Technologie générale l'objet de notre préoccupation dominante, comme science non des formes les plus universelles et des principes les plus élevés de l'action dans l'ensemble des êtres vivants capables de se mouvoir — ce serait l'objet réservé à la Praxéologie — mais des groupes de règles pratiques, des arts ou techniques qui s'observent dans les sociétés humaines adultes, à quelque degré civilisées.

La Technologie comprend trois sortes de problèmes, résultant de trois points de vue sous lesquels les techniques peuvent être envisagées. Premièrement, il y a lieu de procéder à la description analytique des arts, tels qu'ils existent à un moment donné dans une société donnée, de déterminer leurs espèces variées, et de ramener ensuite celles-ci par une classification systématique à un petit nombre de types essentiels : ainsi sera constituée la morphologie des techniques, correspondant au point de vue statique, fondement et point de départ de toute connaissance du réel. Le sociologue procède ici comme le botaniste et le zoologiste : le caractère de fixité que les arts empruntent à l'action de la tradition lui permet de les étudier comme nous étudions les organes et les instincts des êtres vivants. Secondement, il y a lieu de rechercher sous quelles conditions, en vertu de quelles lois, chaque groupe de règles entre en jeu, à quelles causes elles doivent leur efficacité pratique : c'est le point de vue dynamique. Les organes de la volonté sociale ont leur physiologie comme les organes de la volonté individuelle. Troisièmement, les deux points de vue statique et dynamique étant combinés, il y a place à une étude du devenir de ces organes eux-mêmes, soit qu'elle porte sur la naissance, l'apogée et le déclin de chacun d'eux dans une société donnée, soit qu'elle porte sur l'évolution de toute la série des techniques dans l'humanité, depuis les plus simples jusqu'aux plus complexes, à travers les alternatives de tradition et d'invention qui en sont comme le rythme. L'ensemble de ces trois études forme la Technologie générale. Elle est symétrique dans le domaine de l'action à la logique dans le domaine de la connaissance, car celle-ci observe de même et classe les sciences diverses dont elle détermine ensuite les conditions ou les lois, dont elle retrace enfin le développement ou l'histoire : et les sciences sont des phénomènes sociaux comme les arts (1).

Objet de ce travail : l'histoire de la Technologie. — Mais tel n'est pas l'objet de la présente étude. Nous ne nous demanderons pas aujourd'hui quels sont les divers types d'arts, combien il y en a ni dans quel ordre on doit les ranger, — sous quelles impulsions les règles pratiques existant dans les divers groupes sociaux fonctionnent, — ni enfin comment elles sont nées, se sont établies et sont

(1) Entre les fonctions représentatives et les fonctions pratiques, on ne peut nier qu'il y ait une corrélation. Le tableau suivant suppose que, de part et d'autre, les formes plus complexes se placent dans l'évolution au-dessus des formes plus simples et que les divers degrés de complexité des représentations correspondent aux divers degrés de complexité des actions.

Sciences, ensembles de connaissances rationnelles, systématiques.	*Arts* ou *techniques*, ensembles de coutumes organisées avec réflexion.
Connaissances (types et lois), ensembles de représentations déjà collectives, abstraites à quelque degré, formées de perceptions individuelles faiblement agglutinées.	*Coutumes*, institutions ou pratiques collectives, ensembles d'habitudes individuelles réglés par l'opinion.
Perceptions, représentations concrètes, individuelles de formes et d'évènements.	*Habitudes* individuelles, actions réglées par une loi interne, socialement inconscientes.
Sensations élémentaires.	*Réflexes* élémentaires.

Les formes inférieures de part et d'autre sont individuelles. Les formes plus élevées, plus complexes, sont sociales. Cela est apparent pour les institutions ou coutumes et les arts (3e et 4e degrés) comparés aux réflexes et aux habitudes (1er et 2e degrés). On voit moins au premier abord le caractère collectif des connaissances fragmentaires et de la science ; mais il suffit pour rendre ce caractère manifeste, de rappeler qu'un degré notable d'abstraction ne peut être atteint sans le secours du langage et que la science suppose, comme on le verra dans la suite de cette étude, non seulement l'invention mais la pratique généralisée de l'écriture. Le langage écrit transforme les opinions flottantes d'un groupe social qui se civilise en doctrines ou croyances plus ou moins coordonnées. Toute ébauche d'une littérature, à plus forte raison d'une littérature scientifique, implique l'unification et la fixation crois-

tombées ou doivent tomber en désuétude (1). Nous nous demanderons quand et sous quelle forme ces problèmes ont été agités et quelles solutions ils ont reçues. Bref nous essaierons de faire l'histoire de la Technologie générale ou Praxéologie. La philosophie de la connaissance a eu ses historiens ; il n'est peut être pas hors de propos de tenter l'histoire de la philosophie de l'action.

Place qu'il faudra faire à l'histoire des Techniques. — Une loi générale domine le développement de la Technologie. La spéculation précède l'action dans une certaine mesure et dans certains cas ; mais la théorie des faits n'est possible qu'à partir du moment où ces faits existent depuis quelque temps ; nous verrons constamment la philosophie de l'action suivre le développement des industries et des pratiques. Certaines idées fondamentales pour l'établissement de cette doctrine ont été tirées du spectacle des œuvres mêmes de l'homme et ont dû attendre l'invention de ces œuvres pour éclore. Nous serons donc contraint,

santes des sentiments et des représentations dans un public donné. L'ensemble des opérations qu'on appelle la Raison, est chose collective. — S'il en est ainsi, la Sociologie peut revendiquer comme étant de son domaine une bonne partie de ce qui est d'ordinaire considéré comme le champ de la Psychologie, ou du moins il y a entre les deux sciences une zone frontière assez étendue. (Voir l'appendice I.)

Disons une fois pour toutes que quand nous parlons de conscience et d'inconscience, nous entendons la conscience et l'inconscience sociales. Une coutume peut s'établir sans que les hommes qui la contractent et l'établissent s'en aperçoivent ; elle arrive à la conscience du groupe quand elle est formulée en une prescription légale. Bien entendu cette conscience sociale est susceptible de degrés ; elle est aussi relative que la conscience individuelle.

(1) Ces problèmes ont été étudiés par nous à la Faculté de Bordeaux dans nos cours des années 1888, 1892 et 1893. Cf. *Revue de l'Enseignement secondaire et supérieur* 1893, le sommaire du cours de 92-93. Nous le reproduisons en appendice à la fin de ce volume.

avant d'exposer la Praxéologie de chaque époque, d'indiquer sommairement l'état des pratiques à cette époque et de dire quelles inventions nouvelles ont provoqué chez les théoriciens les réflexions d'où sont sorties leurs doctrines. Il appartient à l'historien des pratiques elles-mêmes, non à nous, de montrer comment ensuite ces doctrines ont par un effet inverse réagi sur les arts et enfanté à leur tour des modes d'action moins imparfaits. Comment ensuite les arts ont réagi sur les sciences est une question qui relève de l'histoire des sciences (1).

(1) Cf. Littré, *Hippocrate,* Paris 1811, vol. IV, p. 658. « Toute science provient d'un art correspondant dont elle se détache peu à peu, le besoin suggérant les arts et plus tard la réflexion suggérant les sciences ; c'est ainsi que la physiologie, mieux dénommée biologie, est née de la médecine. Ensuite et à fur et mesure, les arts reçoivent des sciences plus qu'ils ne leur ont d'abord donné... » Voir aussi Kapp : *Grundlinien einer Philosophie der Technik,* Braunsweig, 1877.

LIVRE PREMIER

—

CHAPITRE PREMIER

LA TECHNOLOGIE PHYSICO-THÉOLOGIQUE (1)

Formation inconsciente des éléments des techniques. — Les premiers essais de Technologie sont incorporés à des dogmes religieux. — La religion grecque contient une philosophie de l'action implicite. — Aspect pessimiste de cette philosophie : impuissance de l'homme. — Aspect optimiste : les Arts, dons des dieux. — Prédominance du pessimisme au temps des gnomiques. — Le mythe de Prométhée et l'échec de l'art humain. — L'Art, don divin, est une croyance populaire. — L'art révélé est à la fois divin et naturel. — Rapport de la volonté divine avec la conscience sociale comme règle d'action. — Cet ensemble de règles est une morale diffuse, embryonnaire. — Premiers essais de classification. — Défaut d'explication dynamique. — Les changements sont inaperçus. — La volonté humaine, encore ignorée d'elle-même, d'accord avec la volonté des dieux. — Les croyances physico-théologiques, première étape de la Proxéologie, ou philosophie de l'action.

Formation inconsciente des éléments des Techniques. — Qu'on veuille bien songer un instant à l'immense effort qu'a exigé la première conception synthétique du travail humain dans son ensemble. Il a fallu d'abord que les catégories essentielles de l'action — désirer, redouter, commencer, finir, essayer, réussir, échouer, etc. — fussent

(1) Pour la clarté de l'exposition, nous commençons cette fois exceptionnellement par les doctrines.

fondées et exprimées par le langage. L'avenir, champ de
l'action, objet de l'aversion et du désir, d'abord extrêmement restreint, avait dû ouvrir peu.à peu à la prévision
humaine des perspectives plus étendues, ce qui ne pouvait
se faire sans une mesure approximative du temps. Les
divers modes élémentaires de l'action, opérations muscu-
laires comme prendre, jeter, rompre, percer, frapper, et
relations morales comme aimer et haïr, promettre, menacer,
enjoindre, défendre, punir, récompenser, avaient dû être
distingués et nommés un à un, puis ramenés progressive-
ment à des formes générales. En même temps, les diverses
combinaisons concrètes, destinées à la satisfaction des
besoins élémentaires de l'homme, où les opérations et
déterminations relatées ci-dessus entrent comme éléments,
comme par exemple allumer le feu, cuire l'aliment, coudre
un vêtement, bâtir une maison, prendre femme, échanger,
diriger, avaient été nécessairement mises à part et clas-
sées. Rapportées ensuite aux fins principales de la vie
humaine, ces diverses combinaisons d'actes avaient formé
à leur tour, par leur réunion et leur classement, des arts,
c'est-à-dire des groupes de règles variées ayant chacun un
objet défini d'ordre général, comme l'agriculture, la construction, la guerre. Enfin il avait fallu que l'ensemble des
arts fût subordonné à l'idée totale de la destinée humaine,
qui suppose de son côté quelque idée de l'ensemble des
choses. A voir la complexité de cette œuvre, on ne sera
pas surpris qu'elle ait demandé un long temps pour être
seulement ébauchée.

*Les premiers essais de Technologie sont incorporés à
des dogmes religieux.* — Mais ces opérations multiples
n'ont pas été accomplies selon l'ordre méthodique où nous
venons de les décrire ; tout s'est passé sinon au hasard, du
moins confusément et sans règle apparente, comme dans

les travaux des fourmis et des abeilles. La naissance des
arts primitifs a eu lieu dans un état d'inconscience moins
profond que l'établissement des modes élémentaires
d'action ; le dénombrement et la désignation, puis l'explication générale de ces mêmes arts ont eu lieu dans un état
d'inconscience moins profond que leur naissance : il n'en
est pas moins vrai qu'une analyse méthodique n'a point
présidé à ce nouveau travail, bien que plus complexe que
les précédents et supposant un degré plus élevé de réflexion
de l'esprit sur son œuvre. Cette première synthèse de la
vie et de l'action, au lieu de se présenter comme une doctrine expresse, s'est développée dans l'esprit des Grecs
primitifs lentement, à leur insu, sous la forme de dogmes
et de légendes. Elle a été une phase de l'évolution religieuse. Ce sont des poètes : Homère, Hésiode, Eschyle ou
d'anciennes traditions qui nous la révèlent ; c'est dans des
livres qui ont été pour le monde hellénique un peu ce
qu'est la Bible pour le monde chrétien que nous la trouvons.

*La religion grecque contient une philosophie de
l'action implicite.* — Elle n'exclut pas cependant la
réflexion. Cette conception est à la fois philosophique
et religieuse. Les religions antérieures ne s'étaient pas
élevées jusque-là. Elles sont des techniques, puisqu'elles
enseignent l'art de vivre et de mourir, et fournissent les
règles souveraines de la conduite. Elles ne renferment pas
les éléments d'une technologie. Il n'y a — du moins nous
n'avons découvert — ni dans la religion égyptienne, ni
dans la religion védique aucune vue générale sur l'action
qui puisse servir d'introduction à l'histoire que nous ten-
tons d'écrire (1). Au contraire, d'Homère à Eschyle, on

(1) Le recueil des lois de Manou, bien que relativement récent,
passe pour l'organe d'une tradition fort ancienne. On y trouve
nettement exprimée l'idée d'une distribution des fonctions sociales

assiste au développement continu d'une même conception qui, sous des formes mythiques, est l'antécédent direct des systèmes de l'âge philosophique et domine déjà sous une vue d'ensemble les différents groupes de règles pratiques imposées par la religion même (1).

Aspect pessimiste de cette philosophie : Impuissance de l'homme. — Dans l'*Iliade* et l'*Odyssée*, l'impuissance de l'homme et l'infélicité de la vie sont plusieurs fois proclamées. « L'homme est le plus malheureux des êtres qui

faite par Brahma aux différentes castes qui émanent de lui et l'ensemble des lois est révélé, enseigné par Brahma. (Lois de Manou, I, 31, 87 et 1, 57.) Nous devons cette indication à l'obligeance de M. Henry. Les mythes chaldéens présentent la même conception, le dieu poisson Oannès a enseigné aux hommes dès l'origine du monde « tout ce qui sert à l'adoucissement de la vie. » Cette tradition nous est parvenue par le témoignage de Bérose, du ive siècle avant notre ère. (Babelon, *Manuel d'archéologie orientale*, p. 10.)

(1) « La race grecque, par la situation de la contrée où elle apparait, se trouve donc ainsi rapprochée des empires d'Egypte, d'Assyrie et de Médie, maitres des côtes de la Méditerranée orientale ; en même temps le caractère péninsulaire et insulaire de presque toute la région qu'elle habite, ainsi que le nombre considérable de ses colonies attachées à tous les rivages comme autant de navires à l'ancre, voilà des conditions qui modifient singulièrement pour elle la surface de contact, qui rendent cette surface bien plus étendue. Pour la Grèce ce n'est pas seulement sur une frontière que peut se faire, comme pour tel autre peuple, l'échange des idées et des procédés ; étant presque partout île ou côte, elle est partout frontière, partout ouverte, partout sensible à l'influence de l'étranger. » (Perrot, *Hist. de l'art dans l'antiquité*. Introduction, xl, xli.) C'est là la véritable cause de ce fait que la Technologie nait chez les Grecs et non ailleurs. Par sa situation, par la date de son entrée en scène, la race grecque a pu recueillir les résultats de la lente élaboration technique de plusieurs civilisations antérieures ; elle a passé trois siècles, quatre peut-être à s'assimiler ces résultats ; quand ce travail a été terminé, elle s'est trouvée d'emblée en mesure de commencer la théorie de la technique à une période où d'autres étaient encore engagées dans la lutte contre les difficultés de la vie. La comparaison a ainsi suscité chez elle l'esprit de généralisation et de synthèse, car la comparaison est inséparable de ce travail d'imitation et d'emprunt.

respirent ou qui rampent sur la terre. » (*Il.*, XVIII, 445.) Et
sa misère est voulue par les dieux : « Ainsi les dieux en
ont décidé pour les malheureux mortels : ceux-ci vivront
dans la peine, tandis qu'eux-mêmes restent exempts de
souffrances. » (*Il.*, XXIV, 525.) Par quel moyen l'homme
peut-il éviter le malheur qui pèse sur lui ? Il n'en est
aucun dont sa volonté dispose. La divination lui ouvre
l'avenir ; mais d'abord les dieux ne révèlent l'avenir que
s'ils le veulent, ensuite la connaissance de ce qui doit
arriver ne guérit pas les hommes de leur misère ; les
augures eux-mêmes succombent aux malheurs qu'ils ont
pu prévoir. (*Il.*, II, 858 ; XVII, 218.) Il arrive aussi que des
puissances célestes aveuglent elles-mêmes les humains en
proie à leur colère et leur inspirent des résolutions fatales.
« Mérops connaissait entre tous la mantique et ne laissa
pas aller ses fils, Adrastos et Amphios, à la guerre dévo-
rante ; mais ceux-ci ne lui obéirent pas, car les génies du
noir trépas les poussaient. » (*Il.*, II, 831 ; XI, 329.) Dans
l'*Odyssée* (1), on voit Minerve exciter les prétendants à
outrager Ulysse, insolence qui leur coûte la vie. Les sacrifices et les prières sont la dernière ressource des hommes :
mais bien faible, car les dieux n'acceptent que les offran-
des qui leur plaisent. Les dieux homériques agissent donc
en dehors de toute considération d'équité ; ils dispensent
arbitrairement les biens et les maux (2). A la vérité leur
volonté est plus semblable aux forces de la nature d'où ils

(1) XX, 281, 345. Cf. *Il.*, IV, 70, 101.

(2) « Jupiter lui-même distribue les richesses aux mortels, ver-
tueux ou indignes ; chacun reçoit la part qu'il plaît au roi de
l'Olympe de lui accorder. Celle qu'il t'a faite, il faut que tu l'accep-
tes d'un cœur patient. » et δὶ χρὴ τετληότα θυμόν. C'est là une partie,
mais seulement une partie de la philosophie de l'action des poèmes
homériques. (*Odyssée*, IV, v. 188.) Les conclusions de M. Hild dans
son intéressant ouvrage sur *les Idées pessimistes chez Homère et
chez Hésiode* (1880) sont peut-être trop absolues.

sont récemment issus qu'à une providence intelligente, avec cette différence que ce sont des forces sans lois et sans raison. Il n'y a donc pour l'homme aucun moyen sûr de conjurer leur colère ou de gagner leur faveur ; leurs desseins, quand ils sont bienveillants, ne demandent aucune coopération de leurs adorateurs. Par exemple il n'y a point de formule, il n'y a pas de procédé qui puisse contraindre Cérès à pousser dans un champ d'abondants épis ; non seulement elle n'est point l'art de l'agriculture, mais elle distribue ses largesses en dépit de l'art, à qui il lui plaît. Le plus habile archer manque le but si un dieu le veut ; si un dieu le veut, rien ne peut empêcher le trait de frapper la victime désignée. Sans le secours d'Apollon, il est même impossible de bander l'arc (*Od.*, XXI, XXII). Si cette doctrine eût été la seule adoptée par Homère, l'omnipotence et l'arbitraire divins n'eussent laissé dans le monde aucune place à l'initiative de l'homme.

Il en est de même chez Hésiode. Les hommes sont plongés selon lui dans une détresse profonde. « Mille fléaux divers parcourent la demeure des mortels ; la terre regorge de maux ; la mer en est remplie ; les maladies viennent d'elles-mêmes nous visiter et le jour, la nuit nous apportent la douleur ; elles viennent en silence, car le prudent Jupiter leur a ôté la voix (1). » Quelques biens sont mêlés à ces maux, mais ce sont les dieux qui les envoient (2). Ce sont eux qui disposent, en fin de compte, des uns et des autres. Pour préserver l'intégrité de leur pouvoir, ils ont eu soin de cacher aux hommes les moyens d'améliorer leur vie par eux-mêmes. Κρύψαντες γὰρ ἔχουσι θεοὶ βίον ἀνθρώποισι (3).

(1) *Op. et D.*, 101. Traduction Patin, *Annuaire de l'Association des études grecques*, 1872-73.

(2) Ἐν τοῖς γὰρ τίσι ἐστιν ἡμᾶς ἀγαθῶντι κακῶντι. Ils sont souvent appelés δωτῆρες ἐάων, auteurs de tous biens. (*Op. et D.*, 665.)

(3) *Op. et D.*, v. 42.

Des raisons qui déterminent ces puissances sans contrôle à favoriser ceux-ci plutôt que ceux-là, il ne faut pas s'en enquérir ; il n'y en a pas. Des voies et des conditions par lesquelles ils réalisent leurs effets propres, il n'en faut pas chercher davantage ; ils agissent sans motif et sans règle, comme l'océan, comme le feu, comme le vent. Les desseins de Jupiter varient, et il est difficile de les pénétrer (1).

Voici quelles sont, d'après la *Théogonie* (v. 411), les attributions d'Hécate. « Pour être seule de sa race (de la race des dieux antérieurs à Zeus) ses honneurs n'en sont pas moindres sur la terre, sur la mer et dans le ciel ; au contraire, ils se sont accrus, parce que Zeus l'honore. Quelqu'un parmi les humains offre-t-il selon les rites sacrés un sacrifice expiatoire, c'est Hécate qu'il invoque ; à celui-là viennent aussitôt la grandeur et la fortune dont la puissante Hécate reçoit favorablement les prières. Elle peut *comme elle le veut* prêter son aide puissante aux humains. *A son gré* elle leur accorde l'empire dans les assemblées des peuples ; lorsqu'ils se précipitent au milieu de la mêlée meurtrière, elle est là qui leur distribue *à son gré* la victoire et la renommée. Dans les jugements, elle s'assied auprès des rois, sur leur auguste tribunal. C'est elle qui préside aux jeux de la lice, et le mortel qu'elle favorise, vainqueur de ses rivaux par la force et le courage, emporte *sans peine* le prix du combat et, le cœur plein de joie, couronne de sa gloire ceux qui l'ont fait naître. C'est elle qui préside aux courses de chars, aux travaux de la mer orageuse. Les matelots l'invoquent ainsi que le dieu qui ébranle à grand bruit la terre. Elle peut à sa volonté envoyer au chasseur une riche proie ou la lui ravir. C'est elle encore qui dans les étables préside avec Hermès à la prospérité des troupeaux : par elle, par sa

(1) *Op. et D.*, v. 483.

volonté, se multiplient ou dépérissent et les bœufs, et les chèvres, et les brebis à l'épaisse toison. Le fils de Chronos confia en outre à ses soins les premières années de tous les hommes qui après elle ouvriraient les yeux à la lumière de l'éclatante Aurore : elle dut être dès l'origine leur nourrice et leur mère. Voilà les glorieuses fonctions qui lui furent départies. » Ainsi les hommes favorisés par cette déesse n'ont besoin, pour réussir et pour être relevés, dans les choses qui sont de son domaine, de leur infortune native, ni de science, ni de mémoire, ni d'effort ; elle agit seule, à son gré, sans la coopération de ses favoris, comme une force de la nature. Semblable au Destin, auquel est soumise même la volonté de Jupiter, elle en a l'irresponsabilité, l'impassibilité, l'irrésistibilité (1).

Aspect optimiste : les Arts, dons des dieux. — Mais une autre conception commence à se faire jour dans les poèmes homériques, se confirme chez Hésiode et trouve enfin, plusieurs siècles après, dans Eschyle, sa complète expression.

Les rois qui siègent dans les tribunaux ne sont que les gardiens des lois qui viennent de Zeus, lisons-nous au premier chant de l'*Iliade* (v. 238). Cette initiation n'est pas la seule que les hommes aient reçue des dieux. Vulcain, l'inventeur, et Minerve, la patronne des villes, donnent aux artisans toute sorte d'arts (2), et sous leur inspiration « ceux-ci exécutent des œuvres gracieuses. » La Muse confère aux poètes qu'elle aime la connaissance du bien et du mal. (*Od.*, VIII, 63.) C'est elle qui leur enseigne leur art (VIII, 481), quand ce n'est pas Apollon lui-

----

(1) Le fragment ci-dessus, considéré par quelques critiques comme une intercalation d'origine orphique, est défendu par d'autres critiques non moins autorisés. (Decharme, *Mythol.*, p. 131.)

(2) τέχνας παντοίας. *Od.* VI, 232. Cf. Platon. *Protagoras*, 321, d e.

même (488). Les dissimulateurs, eux aussi, ont un maître dans Mercure (XIX, 396).

Cette donnée nouvelle ne laisse plus l'art confondu avec la force productive; elle l'en distingue, ou plutôt avant ce point de vue, il n'y avait pas d'art, puisqu'il n'y avait pas de règles conditionnelles proposées à l'obéissance de l'homme et que le dieu faisait tout; ici la notion de l'art commence réellement à apparaître avec celle d'un ensemble de règles transmissibles. Les rapports de l'homme et de la divinité changent; au lieu de subir passivement les décrets de Jupiter ou d'en bénéficier sans effort, l'homme dispose de certaines ressources pour améliorer sa condition et coopère en quelque chose aux bienfaits divins. Mais là s'arrête son pouvoir; il ne fait pas l'art, il ne pose pas la règle, il n'invente rien de lui-même. C'est ce que maintient Hésiode, bien qu'il accorde encore plus qu'Homère à l'initiative de l'homme.

Cinq races se sont succédé sur la terre; les premiers hommes « vivaient comme des dieux, le cœur libre de soucis, loin du travail et de la douleur. » La race actuelle, la cinquième, est soumise à la douleur, et aussi au travail. La vie est une lutte inégale contre les brutales fantaisies des dieux; mais, dans cette lutte, l'homme n'est pas entièrement désarmé : on sent manifestement, dans *les Travaux et les Jours*, un effort énergique pour recueillir par l'expérience des indications utiles et triompher à force de prévoyance des embûches des éléments. Certes il faut « sacrifier aux dieux, selon son pouvoir, avec un cœur pur et des mains propres » (v. 335), mais il faut compter sur soi, se fabriquer de bons instruments de culture pour ne pas dépendre du bon plaisir d'un prêteur, observer les moments favorables au labour et aux semailles, épargner, épargner toujours et n'avoir qu'un enfant pour devenir riche; enfin, si on veut naviguer.

tenir son bateau sec et attendre le calme. Le grand obstacle, c'est l'injustice ; on a grand'peine à défendre son bien ; il ne fait pas bon de plaider devant les tribunaux des rois, « ces hommes avides, ces mangeurs de présents, dont les sentences perverses violent les lois. » Mais, en fin de compte, la justice l'emporte sur la violence (v. 215). « Car telle est la loi qu'a établie le fils de Saturne ; il permet aux monstres de la mer, aux bêtes sauvages, aux oiseaux ravisseurs de se dévorer les uns les autres ; ils n'ont pas la justice. Aux humains il a donné la justice, ce don inestimable. Celui qui la connaît, qui la proclame au milieu de ses concitoyens, reçoit de Jupiter, au regard duquel rien n'échappe, tous les biens de la fortune. Il n'en est pas ainsi du méchant qui porte témoignage contre la vérité et qui ose profaner par des mensonges la sainteté du serment. En blessant la justice, il s'est lui-même blessé à mort ; sa postérité s'efface et disparaît, tandis que le juste, fidèle au serment, laisse derrière lui une race toujours florissante. » (V. 276 et suiv.) L'existence des États repose sur la justice comme le bonheur des individus. « Ceux qui jugent suivant d'équitables lois et les étrangers et leurs concitoyens, qui jamais ne s'écartent du juste, ceux-là voient fleurir leurs villes et leurs peuples prospérer... Mais s'il en est qui préfèrent l'injustice et de criminelles pratiques, le fils de Saturne leur prépare un châtiment sévère. Souvent une ville entière porte la peine des iniquités d'un seul. Du haut du ciel, Jupiter fait descendre sur elle quelque fléau terrible, la famine avec la peste : les peuples meurent ; les femmes n'engendrent plus ; les maisons périssent ; ainsi le veut dans sa sagesse le maître de l'Olympe : d'autres fois il détruit leurs armées, renverse leurs murailles, submerge leurs vaisseaux. » Trente mille dieux surveillent les hommes et font connaître à Zeus les décisions des tribunaux. La

Justice elle-même, quand elle est insultée, « va s'asseoir
près de son père, se plaint à lui de la malice des hommes
et lui demande vengeance » (v. 225-260).

Ainsi ce n'est pas l'homme qui a institué les lois ; le
juste et l'injuste ne sont pas son œuvre ; ce sont des volontés expresses de Zeus. Et si ces volontés sont mécon-
nues, le dieu se charge de faire en sorte qu'elles aient le
dernier mot. Seulement ces volontés ne sont plus arbitraires ; elles ont pour raison d'être le maintien des cités
et des familles, le bonheur de l'homme ; et celui-ci sait à
quelles conditions il peut mériter la faveur du souverain
du ciel ; il n'a qu'à obéir aux lois, qu'à tenir ses serments.
Le poète ne paraît pas douter un instant qu'il ne dépende
de nous d'observer la justice (1), comme il dépend de nous
de labourer en temps utile et de tirer notre navire sur le
rivage pendant la mauvaise saison. Contrairement à ce
que nous lisions tout à l'heure dans d'autres passages,
voici l'homme qui devient lui aussi, du moins dans une
certaine mesure, et sous condition, le « distributeur des
biens », l'artisan de sa destinée : le présent merveilleux
que Zeus lui a fait en lui donnant la justice allège le poids
de la fatalité qui pesait sur lui et contribue avec le travail
à le relever de sa chute.

Cette prépondérance de la justice sur toutes les autres
pratiques, même enseignées par un dieu, nous explique
le vrai sens du mythe de Prométhée tel qu'il apparaît
pour la première fois chez Hésiode. Il symbolise déjà l'i-
nitiative humaine ; cela est incontestable. Mais il laisse
voir en même temps que, pour le poète, cette initiative a
quelque chose de néfaste et de sacrilège, quand elle pré-

____

(1) « L'homme le plus parfait est celui qui ne doit qu'à lui-même
toute sa sagesse, qui sait, en chaque chose, considérer la suite et
la fin. Il est encore digne d'estime, l'homme qui se montre docile
aux avis du sage. » (*Op. et D.*, v. 291.)

tend assurer le bonheur en dépit, et même seulement en dehors de la volonté divine. L'homme a pu, grâce à Prométhée, entrer en possession du feu et par lui des arts primitifs, mais il expie cette audace ; Zeus se venge en lui envoyant la femme, source de mille maux. On voit que, somme toute, pour Hésiode, les dons de Prométhée soulagent la misère de l'homme, mais ne sauraient l'en guérir ; l'invention des arts n'a pas changé notre condition ; elle n'a point inauguré comme on pourrait le croire une ère de progrès et d'indépendance. Le poète se met résolument du parti de Zeus contre le Titan et semble admettre déjà que le salut est bien plutôt dans l'observation de la justice, en tant que volonté du souverain céleste, que dans l'exercice des arts, quelque prix qu'ils aient pour l'homme.

Prédominance du pessimisme chez les gnomiques. — En résumé, nous trouvons dès l'origine chez les théologiens une impression de découragement en présence de la puissance insurmontable et des volontés incertaines du souverain des dieux. Cette impression est combattue chez Homère par une certaine confiance dans la bonté des dieux, auteurs des arts et des lois, chez Hésiode par la conviction que la justice triomphe toujours, et que la loi de Jupiter, fléau du méchant, est le sûr appui du juste. Mais voici venir des doctrines plus sombres. Le découragement paraît l'emporter dans la conscience grecque au vi⁰ siècle, si l'on en croit les fragments qui nous restent de Solon et de Théognis. L'élégie de Solon dont le fragment 13 (4) (1) nous a conservé un long passage est toute pénétrée des enseignements pythiques : Zeus y est représenté comme le vengeur de la morale violée, non comme

(1) Voir la page 123 des *Poetæ lyrici* de Bergk (Solon).

le rémunérateur de la vertu, et les arts humains, qu'ils viennent ou non d'un dieu, y sont énumérés comme autant de preuves de l'impuissance humaine : il ne reste aux mortels qu'un but tout négatif à poursuivre, éviter la vengeance de Zeus ; le reste est livré aux desseins impénétrables et arbitraires du Destin. « Telle est la vengeance de Jupiter, et sa colère n'est pas passagère comme celle des mortels ; quiconque a le cœur criminel ne peut lui échapper longtemps ; il est bientôt découvert. Celui-ci est puni tout de suite ; cet autre un peu plus tard. Si quelques-uns semblent d'abord échapper à leur destinée, elle finit par les atteindre ; la punition méritée par les pères retombe sur leurs enfants innocents ou sur leurs petits-enfants. Nous, mortels, nous pensons ainsi (à tort) : les bons et les méchants sont traités de même ! Chacun a cette opinion jusqu'à ce que la souffrance se fasse sentir ; alors on se lamente, mais jusque-là on est bercé de vaines espérances... Tous s'agitent de différentes façons ; celui-ci risque sa vie en allant sur un frêle esquif, à travers la mer agitée par la fureur des vents, chercher des richesses qu'il rapportera dans sa maison ; un autre creuse la terre pour y planter des arbres, travaille toute l'année comme un mercenaire, et prend plaisir à tracer des sillons. Un autre, instruit dans les travaux chers à Minerve et à l'adroit Vulcain, gagne sa vie par l'industrie de ses mains. Un autre, disciple des Muses qui habitent l'Olympe, arrive à posséder une aimable sagesse. Un autre, par la grâce d'Apollon qui lance au loin ses traits, est devenu prophète ; il sait longtemps à l'avance quels maux menacent les hommes et celui auquel les dieux seront favorables ; mais aucun présage ne peut empêcher ce qui est fixé par le Destin et par les Dieux. D'autres, médecins, sont instruits dans l'art de Pæon et connaissent beaucoup de remèdes ; eux non plus ne peuvent réussir complètement ;

souvent à une faible douleur succède une grave maladie ;
personne ne peut la guérir par l'emploi des meilleurs remèdes, tandis que par la simple imposition des mains la
santé est rendue à cet autre qui souffrait des douleurs les
plus violentes. C'est le Destin qui distribue aux hommes
et leurs maux et leurs biens et ils ne peuvent éviter ce que
veulent leur donner les dieux immortels. Nul de nos actes
n'est exempt de danger ; personne ne sait, quand il en-
treprend une chose, en prévoir la fin. L'un commence par
bien faire, mais il manque de prudence et tombe dans une
grande faute et un grand embarras. D'autres s'y prennent
mal ; mais la divinité leur accorde malgré tout un heureux succès et ils ne portent pas la peine de leur impré-
voyance. » (Trad. Patin.) Théognis fait écho à ces tristes
paroles. « Nul, Cyrnus, ne doit s'attribuer à lui-même ni
la perte ni le gain ; des dieux viennent l'un et l'autre.
Point d'homme qui puisse savoir d'avance quelle est la fin
bonne ou mauvaise de son travail. Souvent, croyant produire le bien, on amène le mal. Rien n'arrive à qui que ce
soit comme on l'a voulu, il rencontre sur sa route la borne
de l'impossible. Nous n'avons, faibles humains, que de
vaines imaginations, point de connaissance réelle. Aux
dieux seuls il appartient de tout accomplir selon leur
volonté (1). » Ce langage ne surprend pas dans la bouche
de Théognis, tout meurtri et irrité de la chute de son
parti, inconsolable d'avoir perdu sa situation privilégiée
dans l'État. Mais n'est-il pas étrange dans la bouche de
Solon ? Comment n'y pas voir l'écho de quelque doctrine
généralement acceptée autour de lui, très probablement
de l'enseignement des grands sanctuaires, alors à l'apogée
de leur influence, plutôt que l'expression des convictions
où Solon puisait ses résolutions viriles et ses bienfaisants

(1) V. 133, 142. Même trad.

desseins ? Homme d'action, appartenant par ses principes
et son œuvre politique aux temps nouveaux, l'un des premiers et des plus brillants représentants de la sagesse
fondée sur l'expérience et la réflexion, il dément par sa
vie cette condamnation de l'initiative et de la prudence
humaines. D'ailleurs il ne faut pas juger de l'état de la
conscience hellénique en général d'après les méditations
mélancoliques de quelques sages ; nous verrons bientôt
que les soucis spéculatifs de cette élite n'étaient point partagés par la foule. Solon, poète tragique, ne se serait pas
exprimé sur la scène comme il le faisait dans ses élégies.

Le mythe de Prométhée et l'échec de l'art humain. —
Nous touchons avec Eschyle à la fin de la période proprement
théologique. La foi commence à se troubler au contact des
spéculations philosophiques et subit le contre-coup des
révolutions ; elle surmonte cependant cette première
épreuve.

Nous voici de nouveau en présence de Prométhée.
« Ecoutez, dit le Titan, les misères des mortels ; apprenez
comment j'ai fait d'eux, enfants jusque-là, des hommes
capables de penser, des êtres raisonnables... Auparavant
ils avaient des yeux et ne voyaient point, des oreilles et
n'entendaient point. Semblables aux formes qu'on voit
dans les rêves, ils vivaient pendant des temps sans fin au
milieu de conjectures et d'incertitudes. Alors point de
maisons de briques ensoleillées, point de charpentes. Ils
habitaient des trous, comme les fourmis alertes, dans les
profondeurs sans soleil des cavernes. Ils ne reconnaissaient à aucun signe assuré ni l'hiver, ni le printemps,
saison des fleurs, ni l'été, saison des fruits. Ils faisaient
tout sans pensée, jusqu'au jour où je leur montrai le lever
des astres et le moment indécis de leur coucher. Le
nombre, cette merveilleuse invention, c'est moi qui le

trouvai pour eux, ainsi que les combinaisons des lettres, et la mémoire, cette ouvrière universelle, mère des Muses. Le premier aussi j'accouplai les bêtes de somme asservies au joug, qui devinrent les remplaçants des grands labeurs pour le corps des mortels. J'amenai au char le cheval docile aux rênes, symbole de l'opulence. Nul autre que moi ne donna aux matelots ces autres chars aux ailes de lin, battus par le flot des mers. Et moi qui ai découvert ces magnifiques inventions à l'usage des mortels, je n'ai pas à mon service une ressource pour me tirer de l'embarras où je suis! — *Le Coryphée* — Oui, tu es tombé dans un affreux désordre : ton esprit s'est égaré : médecin maladroit, surpris par le mal, te voilà au dépourvu et tu ne peux trouver des remèdes qui te guérissent! — Ecoute-moi jusqu'au bout et tu en seras émerveillé ; écoute quels arts et quelles ressources j'ai imaginés. Ceci fut le plus prodigieux : tombait-on malade, point de soulagement, ni aliment, ni onguent, ni boisson. Faute de remèdes, on était dévoré par les maladies. Mais j'ai imaginé les préparations bienfaisantes qui les apaisent. Et les formes multiples de la divination, c'est moi qui les ai coordonnées, moi qui, le premier, ai montré dans les songes ce qui doit se réaliser et démêlé les présages, inintelligibles jusque-là. Des rencontres faites sur le chemin, du vol des oiseaux aux ongles crochus, j'ai réglé l'interprétation, désignant quels étaient favorables, quels autres sinistres, décrivant la manière de vivre de chacun de ces animaux, leurs haines naturelles, leurs amitiés, leurs fréquentations, révélant quel reflet, quelle couleur plaît aux dieux dans les entrailles des victimes, quels sont les divers aspects propices de la bile, du foie, et la manière de brûler les cuisses recouvertes de graisse... Voilà ce que j'ai fait. Et ce que, dans ses profondeurs, la terre cache à l'homme de matières utiles, l'airain, le fer, l'argent et l'or, qui donc s'en pourrait dire avant moi l'inventeur? Personne assurément, à moins de vouloir parler pour ne rien dire. En un mot et afin de me résumer, retiens bien ceci : tous les arts sont venus aux hommes par Prométhée. » Il n'est pas jusqu'à l'espoir de l'immortalité que Prométhée n'ait donné à notre race ; car c'est lui, dit Eschyle, qui a enseigné aux hommes à cesser de craindre la mort : comment? dit le chœur. « En faisant naître dans leur cœur d'aveugles espérances. »

Prométhée est foudroyé. Zeus l'emporte. On ne voit pas dans les autres drames d'Eschyle que sa souveraineté ait été compromise par la tentative de Prométhée. Quoi que puisse la providence humaine, elle reste toujours subordonnée aux décrets de la providence divine. Les chœurs d'Eschyle sont une hymne continuelle en l'honneur de ce dieu qu'il avait maudit comme un tyran. « Zeus, s'il est un dieu qui aime à s'entendre appeler de ce nom, c'est à lui que je m'adresse. J'ai tout pesé, et à mes yeux rien d'égal à Zeus pour soulager vraiment notre cœur du poids des vaines angoisses. Celui qui le premier fut grand (Ouranos), tout débordant de jeunesse et de force invincible, qu'attendre de lui? C'est une puissance déchue. Et celui qui vint après lui (Chronos) s'est effacé devant son vainqueur. Zeus, du fond de son cœur lui crier victoire, c'est s'assurer le bien suprême. A la sagesse c'est lui qui conduit l'homme. Au prix de la souffrance, le savoir; c'est une loi qu'il a posée. Goutte à goutte, jusque dans le sommeil, tombe sur notre cœur le cuisant ressouvenir des douleurs et malgré nous la sagesse nous vient, salutaire contrainte des dieux assis aux sublimes hauteurs (1). » Dans la même tragédie sont exposées les lois qui régissent la succession

____

(1) *Agamemnon*, v. 160-184. Nous avons utilisé pour ces divers passages la traduction de M. Ad. Bouillet.

des actes humains et des événements qui font le malheur ou la joie des familles ; c'est pour le poète un fait constant que, selon l'antique maxime, l'excès de prospérité est suivi par un excès de misère ; mais il va plus loin, il soutient, et c'est une opinion qui lui est propre, dit-il, que le crime engendre le crime, que la vertu engendre la vertu et que le malheur suit dans le premier cas, la prospérité dans le second. Zeus est le garant de cette loi de justice (*id.*, v. 750). Quelque sympathie qu'il ait témoignée à Prométhée, Eschyle est donc en réalité du même sentiment que les poètes antérieurs ; le plus sûr moyen d'être heureux n'est pas pour l'homme de se confier en sa prudence et en son habileté ; c'est de suivre en toute docilité la volonté des dieux. Ces volontés ne sont pas arbitraires encore une fois ; ce sont les lois mêmes de la nature, elles tiennent aux entrailles des choses. Elles sont, comme le pensait Héraclite, l'expression de la Diké dont rien au monde ne peut enfreindre les arrêts, de la destinée ou de la nécessité qui domine tout. Elles sont l'ordre cosmique lui-même, et, dans la cité comme dans les chœurs célestes, rien ne subsiste que par elles (1). Elles ont bien quelque chose d'impénétrable ; Héraclite nous le donne assez clairement à entendre quand il dit que le devenir du monde est semblable à un jeu de dames (jeu de marche réglée et numérique chez les Grecs), qui est conduit par la main d'un enfant. Mais une part considérable de raison et de justice, sinon de bonté, a été introduite par les poètes et les théologiens dans la conception du principe régulateur de l'univers, et sans être affranchis entièrement de la fatalité,

---

(1) Presque tous les chœurs expriment cette conviction. Voir dans les *Choéphores* les vers 305, 380, 398, 640. Dans les *Suppliantes*, il est dit que « la volonté de Zeus redresse le destin par une loi vénérable, » c'est-à-dire plie le hasard aux exigences de la justice.

sans concevoir encore la possibilité du progrès, les hommes imbus de leur enseignement pouvaient déployer avec quelque assurance leur activité sur un monde d'où le caprice était banni.

L'art don divin, est une croyance populaire. — Etranger à ces spéculations, le peuple avait partout traduit par des légendes concrètes et réconfortantes cette idée générale que les règles de l'action sont des volontés divines. Les puissances célestes de tout ordre, devenues, de forces aveugles, des génies secourables, se sont faites partout les institutrices de l'homme. Nous avons vu les dons qu'Homère attribue à Zeus, à Minerve, à Apollon. A la voix de celui-ci, les routes s'ouvrent, les quartiers des cités se régularisent, les citadelles s'entourent de murailles, la civilisation commence avec la poésie et la musique. C'est lui, c'est ce Dieu secourable *(Epicourios)* qui confie à son fils Asclépios les secrets de la médecine ; Poseidôn est le dieu auquel tous les Grecs d'Asie se croient redevables de l'art de la navigation ; son culte rattache entre eux les rameaux disséminés de cette famille voyageuse, qu'ils s'appellent Cariens, Lélèges ou Ioniens. Dans sa suite figure Protée qui peut dire, à qui réussit à le saisir, la direction et la longueur des routes de la mer. Poseidôn a encore donné à l'homme le cheval, que dresse sur les conseils d'Athênê le jeune Erichtonios. Déméter transmet à Triptolème le blé avec l'art de le cultiver. Bacchus enseigne leur art aux vignerons. Mais chaque région, chaque cité a ses légendes particulières sur l'origine des arts où elle excelle. Tandis qu'à Cos, Apollon avait enseigné la médecine, en Lycie, il avait livré à ses prêtres les secrets de la divination. En Lydie, les Dactyles avaient appris de Cybèle à exploiter les filons métalliques de l'Ida, comme en Sicile les Cyclopes dans les entrailles de l'Etna, comme en Samothrace les Cabyres étaient les ouvriers et les disciples d'Héphestios. Sur les côtes colonisées par les Grecs à l'occident de leur pays, partout Héraclès, non content d'arracher aux torrents leurs cornes dévastatrices et de purifier les airs, trace les premières routes, montre aux navigateurs les bancs de pourpre, révèle les effets merveilleux des sources thermales (1). La divinité s'humanise dans Hercule; Minos, le civilisateur de la Crète, est déjà presque une figure historique; Dédale, le maître des arts, personnifie clairement l'invention et l'adresse humaine; c'est un Prométhée mortel. Pélops envoie ses descendants civiliser toute l'Hellade : il fonde les jeux olympiques. Argos apporte de Lydie, dans le pays qui reçut son nom, la semence du blé. Danaos, abordant sur sa pentécontore à l'embouchure de l'Inachos, vient révéler aux Grecs l'art de la navigation. Agénor importe dans l'Argolide l'élève des chevaux; le roi Prætos y bâtit des murailles avec l'aide des Cyclopes de Lycie. Palamède invente l'art nautique, les phares, les poids et mesures, l'écriture et le calcul. Le cycle béotien est un des plus riches. Cadmus, dont le nom signifie armure, invente l'emploi du métal dans les armures, trace le plan des villes, pratique le premier l'irrigation artificielle, découvre l'écriture; il amène avec lui les Géphyréens, constructeurs de digues et d'écluses, les Telchines, batteurs de fer, Amphion et Zéthos, bâtisseurs de villes. Selon une tradition arcadienne, c'est Pélagos qui fut le premier instituteur du genre humain. Tous ces héros sont les envoyés de Zeus; ils ont quelque chose de divin. Ils tiennent des dieux une connaissance infaillible des besoins humains et des moyens d'y pourvoir; ils communiquent aux pratiques, hasardeuses le plus souvent,

______

(1) Telles sont d'ailleurs aussi ses attributions dans la Grèce propre, en Thessalie, en Béotie, en Argolide. Cf. Curtius, *passim*.

mais fixes, fondées sur leurs préceptes, une assurance, une confiance calme aussi propres à fonder le bonheur que le succès le mieux éprouvé.

L'art révélé est à la fois divin et naturel. — Ces pratiques régulières (τέχναι), en tant qu'attribuées, assignées par les dieux aux mortels (νομιζόμεναι), sont des lois divines (νόμοι). Mais elles ne sont pas surnaturelles pour cela. Au contraire, c'est précisément parce qu'elles sont divines et forment le lot (μοῖρα) de l'homme parmi tous les dons (δῶρα) accordés à l'origine par les dieux aux êtres vivants (1), qu'elles font partie de notre nature et de la nature en général. L'antiquité de la plupart d'entre les arts faisait croire, en effet, que tous, depuis les coutumes morales, ces vénérables lois non écrites, sans cesse invoquées par la sagesse des sanctuaires, jusqu'à la manière de faire le pain et de labourer les champs, étaient quasi éternels et n'avaient jamais changé. C'est cette immutabilité qui était le plus fort argument en faveur de leur divinité et en même temps, si j'ose dire, de leur *naturalité.* Un usage qui a toujours existé, un procédé de culture ou de construction qui est employé de temps immémorial, une loi, une constitution que ni cette génération ni celle qui l'a précédée n'ont vue naître, sont parce qu'ils sont ; ils n'ont pas besoin de raison d'être explicite ; ils paraissent aussi *nécessaires,* comme le dit Platon, aussi naturels que l'ordre des saisons et la marche des astres, que les fonctions essentielles propres à chaque être vivant. Si vous voulez, encore de nos jours, plonger dans un grand étonnement une femme igno-

(1) Cf. Platon, **Protagoras**, 321, **d e.** Le commentaire que donne ici Platon de la fable de Prométhée, ministre des dieux homériques, Héphaïstos et Athéné, est tout à fait conforme à l'esprit de la religion populaire. Cf. les récits orthodoxes de l'origine de la civilisation présentés par le même philosophe, dans le **Politique**, 271, **d.**, et les **Lois**, livre III.

rante en train d'accomplir quelque cérémonie même toute
locale, demandez-lui-en le pourquoi : Cela se fait parce que
cela s'est fait toujours! il n'y a pas de raison à ce qui ne
peut-être autrement, ayant toujours existé! De même,
pour les Grecs d'avant le ve siècle et pour le vulgaire
même à l'âge des philosophes, les règles qui dirigeaient la
vie étaient naturelles parce qu'elles étaient immuables, et
divines parce qu'elles étaient naturelles, la nature et la volonté des dieux étant alors la même chose.

*Rapport de la volonté divine avec la conscience sociale
comme règle d'action.* — Cette conception physico-théologique des principes de l'action consiste au fond à rattacher la volonté individuelle, dans ce qu'elle a d'ordonné et
de permanent, à la volonté et à la sagesse du groupe ; elle
dérive la conscience pratique de l'individu de la conscience
pratique sociale. En suivant la tradition, en imitant ses
ancêtres, l'homme ainsi formé imite Dieu même et s'iden-
tifie avec les dessins du *daimôn*, âme de la cité, ou de la
divinité, quelle qu'elle soit, commune à telle ou telle confédération de cités. Car le dieu d'un peuple n'est pas autre
chose que sa propre conscience objectivée. Zeus, c'est ce
qu'il y a de commun dans l'idéal des Grecs disséminés depuis le Pont-Euxin jusqu'aux Colonnes d'Hercule : plus
tard, quand la réflexion fut possible, Héraclite a paru le
comprendre. « La raison commune, dit-il, qui est la raison
divine et par laquelle nous devenons raisonnables, est la
mesure de la vérité. » Et ailleurs : « La multitude vit
comme si chacun avait une raison à soi, mais il n'y a
qu'une raison commune à tout ; c'est elle qu'il faut suivre. »
Δεῖ ἕπεσθαι τῷ ξυνῷ (1). La cité n'existe que par sa participation à la raison universelle. « La raison est commune à

____

(1) Sextus, *Math.*, VII, 126, 131, 133.

tous les êtres ; il faut que les hommes pour parler avec
raison s'appuient sur la raison universelle, comme la cité
s'appuie sur la loi ; mais celle-ci bien plus fortement. Car
toutes les lois humaines s'alimentent d'une loi unique qui
est une loi divine et qui, non seulement a toute la puissance qu'elle veut, mais prête sa force à toutes les autres
et en a encore par surcroît. Sans ces lois, il n'y aurait pas
de justice (1). » La volonté individuelle n'est donc qu'une
partie de la volonté collective, une pièce du corps social :
il faut pour le bien de ce corps comme pour le sien qu'elle
marche à l'unisson dans le mouvement de l'ensemble.
Ainsi se trouve marqué tout d'abord, et d'un trait sûr, le
caractère essentiel de toute philosophie de l'action, à savoir que la conscience pratique individuelle n'a pas sa règle en elle-même.

*Cet ensemble de règles est une morale diffuse, embryon-
naire.* — Entre les techniques inférieures par lesquelles
les opérations de la vie matérielle sont réglées et les techniques supérieures auxquelles les autres se subordonne-
ront, entre les arts vulgaires et la morale, les théologiens
ne tracent d'abord qu'une démarcation incertaine. Pour
eux, tout ce qui est commandé est juste, tout ce qui est
interdit est pervers. Ils comprennent que les prescriptions
de toute technique une fois constituée ne sont efficaces
que parce qu'elles sont obligatoires à quelque degré et
sont obéies sans raison, du moins sans autre raison
que la volonté céleste vaguement invoquée. Nous avons
peine à admettre que les conceptions religieuses puissent rester longtemps étrangères à la morale (2). Il n'est

(1) Mullach, fragment 19.
(2) Cf. Taylor, *la Civilisation primitive*, t. II, p. 464 ; Réville, *les
Religions des non civilisés*, t. I, p. 120 et 123 ; Burnouf, *Revue des
Deux Mondes*, décembre 1864 et 15 août 1868. « Il y a eu, dit

pas une croyance, si rudimentaire qu'on la suppose, qui ne tende à entraîner un certain nombre d'actes. Ces actes peuvent différer de ce que nous appelons depuis Kant des actes moraux ; mais leur observance ou leur violation provoquent déjà, par cela même qu'ils ont été accomplis en vertu d'une tendance régulatrice collective une fois établie ou malgré elle, des sentiments analogues à ceux que provoquent chez nous l'observance ou la violation des règles morales. De même qu'un catholique de nos jours éprouve du remords quand il manque à l'un des commandements de l'Eglise sur la fréquentation des offices ou l'abstinence du vendredi, de même un Grec de ce temps se sentait coupable quand il négligeait d'accomplir une prescription de son culte qui nous paraît moralement indifférente, comme celle de poser le pied gauche le premier pour gravir les degrés d'un temple ou de prier sans s'être purifié ou de planter un arbre en un jour néfaste (1). L'évolution de la pratique n'est pas rigou-

Burnouf, des religions sans morale. La religion est une conception métaphysique, une théorie. Il est nécessaire de se persuader qu'il ne s'agit pas ici de morale et que la conduite de la vie est étrangère à ces questions. » Le remarquable travail de M. Marillier, *La survivance de l'âme et l'idée de justice chez les peuples non civilisés*, Paris, 1894, prouve bien que ce quo nous appelons maintenant la morale, c'est-à-dire les règles pratiques supérieures et connues comme telles, ne sont pas d'abord ni toujours rattachées à cette croyance, bref, que le processus mythique et le processus *moral* proprement dit peuvent se produire séparément ; il ne prouve pas que jamais des pratiques tenues pour nécessaires ne sont engendrées par les conceptions religieuses primitives. Voir ci-dessous l'exemple tiré d'Hésiode. Dans l'état social primitif toute règle d'action, tout usage fait partie d'une sorte de morale diffuse et paraît obligatoire.

(1) Rapprochez les deux vers d'Hésiode, *Op. et D*, v. 740 :

ὃς ποταμὸν διαβῇ κακότητι δὲ χεῖρας ἄνιπτος,
τῷ δὲ θεοὶ νεμεσῶσι καὶ ἄλγεα δῶκαν ὀπίσσω.

Il y a de la malice, de la méchanceté à ne pas se laver les mains avant de traverser un cours d'eau. Des prescriptions concernant les attitudes du corps dans la satisfaction des plus humbles

reusement synchronique à celles de la spéculation et de la création esthétique, mais les trois lignes suivent la même direction générale. Des prescriptions pratiques bizarres et incoordonnées sont naturellement contemporaines d'une représentation animiste du monde.

Si donc les actes commandés par la conscience collective d'une peuplade ne sont pas ceux que la morale moderne prescrit, s'ils ne sont pas prescrits exactement sous la même forme que les obligations de la conscience actuelle, ils n'en sont pas moins pratiquement nécessaires ; ils n'en constituent pas moins le point d'attache de l'individu à son groupe ; ils n'exigent pas moins une abdication de la volonté individuelle au profit de la volonté collective : c'est sur eux que repose l'existence de la famille et de la cité. A ce titre, bien que d'une moralité inférieure et diffuse, ils sont moraux.

Premiers essais de classification. — Peu à peu cependant les grandes lignes d'une classification rationnelle des pratiques commencent à se dessiner. Dans Homère, c'est Zeus qui donne les lois (politiques et morales), tandis que pour les arts Apollon et Athênê interviennent seuls. Hésiode insiste sur cette distinction. Il attribue à la justice parmi les autres pratiques une place de beaucoup prépondérante. Solon la met également hors de pair. Partout on voit une affinité entre la règle souveraine de l'action et le souverain des dieux : le Prométhée d'Eschyle invente jusqu'à la divination ; il n'invente pas la

besoins sont rattachées par le poète à des croyances religieuses. Voir aussi ce qui est dit plus loin des obligations qui résultent selon lui des jours et des heures. Ce qui est seulement malséant ou imprudent ne se distingue pas encore de ce qui est moralement mal, et la défense est presque également impérieuse pour tous les actes réprouvés, comme le voudront encore les Stoïciens, dont les vues étaient en cela régressives.

justice. Les interprètes les plus anciens et les plus scrupuleux des poètes (1) avaient déjà remarqué cette différence. Protagoras, mis en scène par Platon, raconte
avec toutes sortes de détails la révélation des arts par Epiméthée et Prométhée, mais l'art de la politique reste jusqu'à la fin dans la forteresse inaccessible de Zeus, confiée
à des gardiens redoutables, et c'est Zeus seul qui donne
aux hommes la pudeur et la justice sans lesquelles il n'y
aurait point de cités. On voit ainsi apparaître de très
bonne heure — car le commentateur est fidèle à l'esprit
des anciens poètes — le germe d'une classification hiérarchique des arts. Déjà même, chez les Gnomiques, une
opposition se révèle entre les diverses habiletés et la
justice ; une tendance incontestable à faire de la morale
une loi hors de pair, transcendante, comme nous dirions,
commence à se faire jour dans les fragments de Solon et
de Théognis. Mais ce n'est encore qu'une tendance, et un
naturalisme plus ou moins implicite fait l'unité de ces
curieuses énumérations des arts, qui ne paraissent soumises à aucun ordre systématique (2).

(1) Platon, *Protagoras* : sur l'habileté de ce sophiste à commenter les poètes, 338, *e*, 347, *c* ; sur la justice, don de Jupiter,
321, 322, *d*.

(2) Voir pages 25 et 27. Peut-être cependant pourrait-on dire
que Solon va en général des pratiques qui s'occupent des choses
à celles qui s'occupent des personnes, et Protagoras, dont le
mythe vient de quelque poète, des fonctions physiques dévolues
aux animaux, aux fonctions intellectuelles réservées à l'homme.
Mais les arts humains ne sont point classés. « Epiméthée était
dans un grand embarras, quand Prométhée arriva pour voir comment il s'était tiré de son partage, et trouva en effet que les
autres êtres vivants étaient soigneusement pourvus de tout, tandis
que l'homme était nu et n'avait ni chaussures, ni téguments, ni
armes... Il ne savait quels moyens de vivre il lui donnerait. Alors
il déroba à Vulcain et à Minerve leur génie pratique ἔντεχνον σοφίαν,
avec le feu — car sans le feu, ce génie ne pouvait ni s'acquérir,
ni, l'eût-on, être utilisé — et il en fit présent à l'homme... Ayant
reçu son lot dans la grande distribution divine, l'homme, en raison
de sa parenté avec Dieu, fut le seul des animaux qui reconnut

Défaut d'explication dynamique. — Il est vrai, la praxéologie de ce temps méconnaissait le côté dynamique des règles pratiques. Fondée sur l'imitation et la tradition, qui sont pour les consciences ce qu'est l'hérédité pour les organismes, elle niait le mouvement dans le domaine de la technique et en le niant elle croyait l'empêcher, puisqu'elle considérait toute innovation comme une impiété. Seules les théogonies trahissent quelque vague sentiment de régimes pratiques différents qui se seraient succédé. Mais n'était-il pas naturel qu'elle insistât avant tout sur la fixité des règles sociales? Il n'était pas facile alors de maintenir unies des volontés nombreuses, et le but, conscient ou non, des législateurs comme de leurs concitoyens devait être de fortifier le lien social en affirmant son éternité. D'ailleurs, en fait, les changements étaient plus rares dans ces sociétés primitives qu'ils ne le sont devenus à l'âge immédiatement postérieur. Dans les civilisations de tous les temps la vitesse des transformations dépend des siècles écoulés et du chemin parcouru. Comme toujours, la doctrine reflétait le caractère de la pratique qu'elle était appelée à justifier.

Les changements sont inaperçus. — Lents et espacés, ces changements, quand ils avaient lieu, passaient souvent inaperçus. Dans une population sans critique où tout ce qui est admiré est par cela même considéré comme ancien, il était facile aux législateurs et aux prêtres de donner aux innovations le prestige de l'an-

l'existence des Dieux, leur dressa des autels pour y sacrifier, et des statues. Il se servit ensuite de son art pour articuler des sons et des mots ; il inventa les maisons, les habits, les chaussures, les lits et découvrit le moyen de tirer les aliments du sein de la terre. » *Protagoras*, 321, *d*. Quant à l'énumération d'Eschyle, elle ne suit point non plus de marche régulière.

cienneté. Toute réforme s'abritait derrière une légende.
Les croyances immobilistes empêchent moins le progrès
qu'elles ne le masquent. Les arts de toute sorte avaient
évolué depuis l'organisation des croyances helléniques et
poursuivaient leur évolution, peut-être avec la complicité
secrète de ces mêmes croyances. L'état religieux n'est pas
autre chose que la confusion des trois points de vue scientifique, pratique et esthétique; pour être mêlées l'une
dans l'autre, les trois facultés de l'esprit humain, bien que
moins alertes, ne sont pas pour cela entièrement pa-
ralysées. La première floraison des cités de l'Ionie et de la
Grande-Grèce s'est presque achevée pendant la période
que nous venons de décrire : la législation de Lycurgue et
le développement de la civilisation dorienne se rattachent
aux mêmes principes et appartiennent à la même phase.
Ce n'était pas au nom de vues utilitaires, mais ce n'était
pas non plus au hasard que la religion défendait les souillures physiques et morales, protégeait la propreté des
fontaines, fixait des jours pour le repos, et interdisait les
mariages trop précoces. Ce n'était pas par hasard que l'é-
ducation des Grecs était fondée sur le respect de toutes
les traditions et placée sous l'invocation des plus antiques
divinités de chaque ville, que le droit international émané
des sanctuaires distinguait les guerres entre Grecs des
guerres entre Grecs et Barbares, que la piété envers les
dieux tendait, grâce à l'interprétation des oracles, à se
confondre de plus en plus avec la justice et l'humanité.
Beaucoup de leurs prescriptions n'étaient que des conseils
d'hygiène, de médecine, de politique ou de morale, tant
bien que mal adaptés aux besoins de leurs clients. De
même que, de nos jours, les paysans de l'Auvergne,
quand ils ont perdu un enfant, brûlent le soir la paille de
son lit selon une coutume religieuse antique, et se
mettent en prières autour du feu, accomplissant ainsi,

sans le savoir, certes, un acte conforme aux prescriptions de l'hygiène, de même, sans viser à telle ou telle utilité déterminée et comme à tâtons, la religion a laissé se produire ou introduit dans les techniques primitives des améliorations considérables.

La volonté humaine s'ignorait alors, mais n'était pas entravée par la volonté des dieux. — La volonté individuelle n'était pas, en ces temps, aussi étouffée qu'on pourrait le croire sous le poids de la volonté collective. La connaissance des lois ou coutumes non écrites, expression de la volonté des dieux, loin d'être une contrainte, passait pour un secours et un encouragement. Chaque règle, reposant sur la nature des choses, conférait un moyen assuré de se délivrer de quelque mal ; c'était un instrument, une arme, plutôt qu'une entrave. L'avenir restait, bien que déterminé en principe, assez indéterminé en fait pour que l'action gardât ses excitants ordinaires, l'espoir et la crainte de l'inconnu. La prescription pratique était claire, mais l'issue de l'événement restait incertaine ; on ne savait qu'une chose : c'est que tout devait réussir en fin de compte à celui qui observait les lois des ancêtres. Quant à la divination, qui eût pu, employée systématiquement, restreindre le champ de l'inconnu dans des proportions funestes à toute initiative, elle n'avait, comme nous l'avons vu dans le *Prométhée* d'Eschyle, que sa place parmi les autres arts, tous divins comme elle ; on ne l'employait donc que dans des cas exceptionnels, assez rares par rapport au nombre des actes possibles, que la technique traditionnelle n'avait pas prévus. On savait d'ailleurs que les oracles étaient obscurs et, loin d'en être scandalisé (1), on en profitait pour les interpréter le plus commodément.

(1) Eschyle, *Agamemnon*, v. 1255.

Enfin la personnalité des dieux, surtout celle de Zeus, était trop peu définie pour que leur volonté tînt en échec l'activité de l'individu. De telles antinomies ne se sont posées que plus tard. En se mouvant dans les limites fixées par les traditions, l'homme échappait à la fatalité : les usages qu'il suivait, les lois qu'il avait reçues de ses pères faisant partie de l'ordre cosmique, il y collaborait selon son pouvoir ; à condition d'obéir au rite, à la formule et à la loi, il s'identifiait presque avec la volonté des dieux ; il avait du moins l'assurance de conjurer ainsi autant qu'il était possible la malignité du Destin.

Les croyances physico-théologiques, première étape de la philosophie de l'action. — C'était enfin incontestablement un progrès que de concevoir les techniques dans leur ensemble comme un don de la divinité, au même titre que les fruits de la terre et les phénomènes bienfaisants de la *nature*. Car, grâce à cette conception, l'idée contraire de *l'art*, c'est-à-dire de l'initiative humaine agissant diversement selon la diversité des circonstances, a pu naître par opposition dans l'esprit des philosophes indépendants de toute croyance religieuse, en même temps que d'autres penseurs, religieux comme les théologiens primitifs, mais concevant autrement la divinité, posaient pour la première fois dans une antithèse inverse, la réalité du *surnaturel*. Le livre II nous fera assister au développement de ces deux doctrines.

CHAPITRE II

ÉTAT DES TECHNIQUES CORRESPONDANT.
LA PROJECTION ORGANIQUE

Faible division du travail. — La métallurgie; les outils et les machines élémentaires. — Projection inconsciente des uns et des autres. — L'art des transports : les bateaux vivants. — L'architecture; elle reste impersonnelle. — Indistinction des techniques et des beaux-arts. — L'écriture primitive au service du culte. — Constitution qualitative des éléments de la mesure. — Organisation des espaces par les croyances religieuses. — Projection organique des mesures spatiales. — Les éléments qualitatifs du temps fournis de même par les croyances religieuses. — La mesure des valeurs : la monnaie. — Autres mesures. Les marchés. — La médecine. — L'hygiène. — L'éducation. — Le droit. — L'art militaire. — La politique. — Résumé.

Mais, auparavant, il nous faut indiquer rapidement à quel état de la technique correspond, dans l'histoire de la race grecque, la doctrine physico-théologique que nous venons d'exposer.

Faible division du travail. — Comme on doit s'y attendre la division du travail est de plus en plus faible à mesure qu'on se rapproche des origines de la société hellénique. Les mêmes hommes exécutent les travaux les plus divers. Ulysse excelle à allumer le feu, à faire cuire le repas, à labourer, à moissonner, à construire des vaisseaux et des meubles, comme à ourdir des ruses et à déjouer celles de ses ennemis, comme à combattre, à discourir et à gouverner sa maison (1). Hésiode cultive son champ, fabrique ses instruments aratoires, entretient son navire et se risque, bien que non sans appréhension, à le conduire lui-même. L'esclavage ne s'est développé que lentement. Il n'y eut, pendant longtemps, aucune incompatibilité entre les occupations industrielles, mercantiles ou agricoles et la situation d'homme libre. Si toutes les tâches sont enseignées par les dieux, n'ont-elles pas toutes quelque dignité ? Seule la fonction de rendre la justice s'élève de bonne heure au-dessus de toutes les autres ; elle est l'apanage des rois et des princes et les rapproche de la divinité. C'est en eux que se révèle cette parenté divine que nous avons vu célébrer par les anciens poètes.

La métallurgie : les outils et les machines. — Les métaux précieux et l'émail sont largement mis à contribution au temps d'Homère pour l'ornement des demeures royales. Mais le fer, bien que connu, est rarement cité. C'est le bronze (le cuivre) qui est employé là où le fer le sera plus tard, et la trempe en est médiocre. L'épée de Ménélas se brise sur le casque de Pâris et le javelot de celui-ci s'émousse sur le bouclier de son rival : la pique d'Iphidamas plie comme du plomb sur une lame d'argent du bouclier d'Agamemnon. Hésiode désigne son temps comme l'âge de fer ; le soc de la charrue en est fait ; les campagnards s'assemblent l'hiver autour des forges. De nombreux outils de métal sont mentionnés dans les poèmes homériques, enclumes, marteaux, tenailles, haches, scies, rabots,

(1) *Od.* XV, 320 ; XIII, 365 ; V, 243 ; XVIII, 305 ; XXIII, 189.

compas (1), faucilles, sans parler des armes. La plupart
des machines élémentaires figurent dans ces mêmes poè-
r s : ainsi vers le temps de la prise de Troie, du xe au ix^e
siècle avant Jésus-Christ, les Grecs connaissaient le fu-
seau, le métier à tisser, le bateau à voile, le mors, le soufflet, la charrue, le char de guerre et le chariot, le gond, la
serrure, la tarière, l'arc, le tour du tourneur et le tour du
potier, la balance (2).

Projection inconsciente des uns et des autres. — Mais,
chose étonnante ! ni l'outil ni même la machine n'obligent
toujours l'ouvrier à prendre une conscience nette des fins
réalisées par leur moyen, et surtout du pouvoir qu'a
l'homme de varier indéfiniment ses procédés à la lumière
de l'expérience en vue de satisfaire des besoins nouveaux.
L'outil ne fait qu'un avec l'ouvrier ; il est la continuation,
la projection au dehors de l'organe (3); l'ouvrier s'en sert
comme d'un membre prolongé sans penser presque jamais
à en remarquer la structure ni à chercher comment ses
diverses parties s'adaptent si bien à leur but. Le travail
obtenu par son aide peut donc paraître encore *naturel*.
Quant à la machine, elle est une projection non plus des
parties terminales des membres, mais de l'articulation qui

(1) Le livre V de l'*Odyssée*, où sont mentionnés la plupart des
outils en fer, est suspect aux yeux de plusieurs critiques. (Helbig,
das Homerische Epos.)

(2) Voir la *Métrologie* de Hultsch, 1882, p. 128. Pour les autres
instruments, voir Blümner, *Technologie und Terminologie der
Gewerbe und Künste bei Griechen und Römern*, 1886.

(3) La théorie de la projection est de la plus haute importance
pour la philosophie de l'action : elle y joue le rôle que joue l'idéa-
lisme dans la philosophie de la connaissance. Ce point de vue a
été développé pour les œuvres de la main humaine par Kapp :
Grundlinien einer Philosophie der Technik, 1877 ; il s'étend à
toutes les productions du vouloir humain, collectif aussi bien
qu'individuel.

unit les membres entre eux et au tronc et leur permet, en jouant les uns sur les autres, d'exécuter des mouvements déterminés à l'exclusion des autres mouvements. Une machine est un ensemble de pièces rigides ou élastiques articulées de telle sorte que, quand on applique une force à l'une des parties du système, il se produit dans une autre partie un mouvement, le seul possible, et précisément adapté à un but utile. Il semble que là se révèle l'intention de l'agent, que la puissance d'adaptation et de combinaison propre à l'homme doit se saisir dans cet agencement et s'exalter de son succès. Eh bien, l'humanité s'est servie longtemps des premières machines sans en concevoir le moindre orgueil, sans songer à en inventer d'autres. Les Egyptiens, par exemple, n'étaient pas beaucoup moins avancés que les Grecs du temps d'Homère en mécanique et leur pratique a gardé son caractère religieux. Il y a plus, les premières machines paraissent avoir été offertes aux dieux et consacrées au culte avant d'être employées à un effet utile. Le foret à courroie a été inventé très probablement par les Hindous pour allumer le feu sacré, opération qui devait se faire rapidement, puisqu'elle se renouvelle encore lors de certaines fêtes 360 fois par jour. La roue fut une invention d'une portée incalculable; et pourtant elle a été tout d'abord, selon toute vraisemblance, consacrée aux dieux, vouée à leur service. « Geiger est d'avis qu'on doit considérer comme étant les plus anciennes les roues à prières qui sont encore en usage dans les temples boudhistes du Japon et du Thibet et qui sont en partie des roues à vent, en partie des roues hydrauliques en dessous (1). » Et ces faits s'accordent avec notre observation : que la plupart des fonctions

(1) D'après Reuleaux, *Cinématique*, trad. française, 1877. Coup d'œil sur l'histoire du développement des machines, p. 213.

nouvelles, soit individuelles, soit sociales, s'exercent selon le mode esthétique, comme jeu, avant de s'exercer comme travail. Les machines simples dont nous avons parlé, empruntées d'ailleurs pour la plupart par les Grecs aux peuples de l'Orient, ont pu être, pendant plusieurs siècles, contemporaines des croyances que nous avons décrites sur l'origine céleste des arts. La projection des premières articulations organiques (machines) s'est donc opérée sans une conscience beaucoup plus nette que celle des organes eux-mêmes (outils).

L'art des transports : les bateaux vivants. — Les moyens de transport sur terre étaient fort insuffisants. Les petits chariots de guerre, où il n'y avait place que pour le seigneur et son écuyer, ne pouvaient servir de véhicule pour le commerce et d'ailleurs les routes n'étaient ni commodes, ni sûres. Il est probable qu'il y a beaucoup d'exagération dans les assertions d'Homère (?) au sujet des voyages en voiture de Télémaque à travers tout le Péloponèse, et on peut croire que, pendant les siècles qui suivirent, la viabilité laissa beaucoup à désirer dans la Grèce propre : elle ne fut régularisée que quand les besoins du culte international exigèrent l'établissement d'un réseau de voies suffisant au passage des chars sacrés et de trêves qui assurassent la circulation des théories, soit entre les cités confédérées, soit des cités aux sanctuaires, ce qui n'eut lieu qu'au vi⁰ siècle. Le cheval resta pendant toute cette époque une bête de luxe. C'est par mer que se fit tout le commerce avec l'Orient et entre les villes, presque toutes en rapport avec le littoral. Mais la marine se maintint jusqu'au vii⁰ siècle dans l'état où Homère nous la montre. Les bateaux n'avaient pas de ponts véritables. Les navigateurs étaient à la merci des vents et des courants et ne se hasardaient jamais volontairement loin des côtes. L'hiver, toute navigation était suspendue. Les marins ont de tout temps été superstitieux ; on juge de ce que devaient être les matelots grecs en ces siècles primitifs. Poseidôn, les Dioscures, Aphrodite leur étaient des secours beaucoup plus assurés que leurs chétifs moyens de lutter contre les fléaux de l'air et du ciel. Le soleil, de jour, les astres, par les belles nuits, étaient leurs guides et les astres étaient des dieux. La barque portait à la poupe une image sacrée. Elle recevait le nom de quelque puissance céleste : au temps de Démosthènes ces appellations étaient encore de beaucoup les plus nombreuses. Elle paraissait aux Grecs de l'époque dont nous nous occupons quelque chose de vivant ; elle avait un *visage*, l'avant ; des *joues*, les courbures de chaque côté de l'étrave ; des *yeux*, les trous pour l'ancre ou écubiers ; des *oreilles* saillantes, les bossoirs (1). Les formes consacrées se prêtaient aussi complaisamment que possible à ces interprétations : les écubiers étaient toujours découpés en forme d'yeux ; les flancs du navire s'arrondissaient comme le corps d'un oiseau ; l'étambot se recourbait en volutes élégantes et représentait tantôt une aigrette, tantôt un corymbè. Un ensemble d'images poétiques, empruntées inconsciemment aux formes organiques, et de sentiments religieux voilait aux yeux des marins le caractère artificiel de cette machine dont la manœuvre était pourtant déjà compliquée.

L'architecture ; elle reste impersonnelle. — Le grand essor de l'architecture civile et religieuse date des VIIe et VIe siècles. Mais bien longtemps auparavant, les Atrides avaient élevé à Mycènes des tombeaux qui subsistent encore et supposent une technique avancée.

Quelques-uns d'entre ses procédés sont encore mal

(1) Cf. le bel ouvrage de M. A. Croiset sur Pindare. Paris, 1880.

éclaircis. On ne sait pas, par exemple, à quel moment les machines élévatoires ont été découvertes. Les Egyptiens ne s'étaient pas toujours contentés de rampes inclinées pour porter les matériaux d'assise en assise ; ils s'étaient servis aussi de machines faites de courtes pièces de bois (1), c'est-à-dire, selon Maspero (2), de chèvres grossières plantées sur la crête du mur. Les Grecs du VI° siècle ont peut-être, dans certains cas, si l'on en croit le témoignage de Pline (3), recouru, pour élever des architraves d'un poids exceptionnel, aux talus en spirale formés de sacs de sable accumulés ; mais il est peu probable qu'ils aient ignoré les engins connus de l'Egypte. Si les grues ou corbeaux propres à suspendre des poids lourds n'ont été mentionnés qu'au moment où ils étaient déjà parvenus à un assez haut degré de perfection (4), pour servir à arracher des pieux dans le port de Syracuse, comme l'ont fait selon le témoignage de Thucydide les navires athéniens au siège de cette ville, il est d'autre part difficile de croire que le procédé primitif des rampes ait pu être employé jusque-là normalement sans que le plus faible témoignage nous en ait été conservé. Quoi qu'il en soit, la possession des ressources variées qui contribuaient à la construction des temples, privilège des associations sacerdotales, n'a pu changer les idées des contemporains sur l'origine des arts. Ceux-ci s'employaient naturellement au service des dieux qui leur avaient donné le jour. L'architecture garde pendant toute cette période un caractère impersonnel ; c'est Apollon qui se construit ses temples par le bras de

(1) Hérodote, II, 125.

(2) *Archéologie égyptienne,* p. 48. Cf. Emile Soldi, la *Sculpture égyptienne,* Paris, 1870.

(3) Pline, XXXVI, 21 (14).

(4) Thucydide, VI, xxv. Cf. la *Technologie* de Blümner, t. III, p. 111.

Trophonios et d'Agamède ; et en effet, les procédés techniques ne sont pas moins que le style et les proportions de l'œuvre dictés soit par la tradition, soit par la volonté anonyme des collèges de prêtres. De même pour la sculpture, la période religieuse arrive seulement à son déclin quand, aux noms mythiques de Dédale, d'Eucheir et d'Eugrammos nous voyons succéder des noms de personnages historiques, et que les artistes prennent pour modèles non plus les types imposés par la tradition, mais les athlètes vainqueurs aux jeux Olympiques, nouveauté qui apparaît au vi⁰ siècle dans les écoles doriennes de Corinthe, de Sicyone, d'Argos et d'Egine (1).

Indistinction des techniques et des beaux-arts. — Les arts dont le but est pour nous exclusivement esthétique sont encore à ce moment étroitement liés à la pratique. Le peintre, le fondeur et le sculpteur sont des ouvriers dont l'habileté est avant tout estimée comme l'auxiliaire indispensable du culte. Il en est de même de la poésie. Elle est un instrument de gouvernement et de civilisation en même temps qu'un moyen de se concilier la faveur des dieux et l'organe de leurs oracles. Terpandre, qui a posé les règles de la poésie lyrique, apparaît comme le second fondateur de Sparte (vers 676) ; Thalétas (vers 620), qui savait unir selon les traditions crétoises la gymnastique, la danse et la musique à la poésie, joue un rôle important dans l'établissement de l'éducation chez les Lacédémoniens ; Tyrtée est pour beaucoup dans l'organisation de leur discipline militaire. Des chœurs exécutaient les chants lyriques que le vii⁰ siècle vit éclore et rendaient pour la première fois sensible, parmi les cités diverses,

____

(1) Curtius, vol. II, p. 94 ; Collignon, *Archéologie grecque,* p. 108.

l'union des âmes dans le culte du dieu cher à tous les Hellènes. Delphes a pesé de toute son autorité sur le choix du dialecte et des règles musicales adoptées par la poésie lyrique. La tradition attribuait à la première prêtresse de Delphes l'invention de l'hexamètre. Quand, au VIe siècle, l'inspiration poétique, au lieu de rester au service de la religion commune, célèbre les succès individuels, quand l'art devient indépendant de ses fins sociales, la période objet de ce chapitre est close virtuellement.

L'écriture primitive au service du culte. — Pendant toute cette période, l'écriture prend naissance en Grèce et se vulgarise lentement. On sait que les poèmes d'Homère n'ont pu être coordonnés qu'au temps des Pisistratides ; c'est sans doute pendant le siècle précédent (le VIIe) qu'ils avaient été transcrits peu à peu : jusque-là les poèmes des divers genres n'existaient que dans la mémoire des hommes. Or l'emprunt de l'écriture aux Phéniciens et la constitution de l'alphabet grec sont l'œuvre des sanctuaires. Les premiers documents écrits sont des sentences et des traités conservés dans les temples ioniens sur les peaux des victimes. « Dans la Grèce européenne, l'écriture s'est introduite en divers endroits indépendamment les uns des autres et tout d'abord en Béotie, où elle fut étroitement liée au culte d'Apollon. Les plus anciens caractères cadmiens se voyaient à Thèbes, dans le sanctuaire d'Apollon isménien, sur les trépieds qui y étaient dressés ; l'inscription y avait été apposée comme charte de fondation, comme l'attestation de la propriété divine. Les prêtres transcrivaient dans leur forme solennelle les prières, surtout les imprécations et les excommunications, pour prévenir les crimes par cette publicité même : enfin ils employaient l'écriture comme un dessin (γράφειν n'a pas à l'origine d'autre signification) pour orner l'édifice de sentences morales, remarquables par leur extrême concision (1). » Elle servit ensuite à dresser des listes de prêtres et de prêtresses, à noter en regard les grands événements d'ordre public contemporains, par exemple la fondation des colonies, à constituer la série des magistrats de chaque cité, à conserver les noms des vainqueurs aux jeux nationaux, en sorte que son emploi est lié aux principales fonctions du culte public. Si elle a renoncé à la direction propre aux écritures orientales, c'est, on l'a supposé avec vraisemblance, parce que la droite était le côté favorable, adopté selon des prescriptions religieuses pour tous les gestes et les démarches de la vie publique et privée. C'est seulement à partir du moment où le papyrus se répand, où l'écriture se vulgarise, devient laïque, qu'une ère d'analyse et de liberté relative commence : le système pratique fondé sur l'obéissance aveugle aux traditions consacrées n'est qu'alors définitivement compromis.

Constitution qualitative des éléments de la mesure. — On peut à peine croire qu'avant l'invention et la vulgarisation de la connotation scripturale, un système de mesures approximatives de l'espace, du temps, du poids et de la valeur se soit développé dans les pays de culture grecque. Tel est cependant le fait et ce fait commence même antérieurement à la période que nous étudions ici. Avant, en effet, que l'espace et le temps soient mesurés, il faut qu'ils soient constitués qualitativement, c'est-à-dire que, d'une part, des régions soient distinguées et rapportées à un centre, d'autre part des époques soient établies et rattachées à un commencement. C'est à cette condition que l'homme peut exercer son action à distance et s'em-

(1) Curtius, t. II, p. 60.

parer de l'espace d'une part, prévoir l'avenir d'autre part
et dominer le temps. Tout ce travail s'est fait en Grèce
inconsciemment sous l'empire des croyances religieuses.

*Organisation des espaces par les croyances reli-
gieuses.* — L'idée religieuse prend d'abord comme centre
le foyer, autel du culte domestique ; au-dessus, les régions
célestes, séjour des dieux de l'éther ; au-dessous, les
régions souterraines, séjour des mânes et des divinités
telluriques et infernales. Quand le suppliant se tourne
vers le nord, comme il doit le faire d'après les rites, il a à
sa gauche la région de l'obscurité et de la malédiction, à
sa droite la région de la lumière et du succès. Et il y a
autant de mondes que de foyers, tous immuables, tous
liés d'une manière indissoluble au coin de terre où sont
ensevelis les ancêtres. La religion de la cité fonde sur une
base semblable, c'est-à-dire sur le culte des ancêtres communs à tous les membres de l'association, et ensevelis en
un même lieu, une organisation cosmique plus compré-
hensive, à laquelle les mondes constitués par les cultes
privés se subordonnent. La religion de l'Hellade, à son
tour, choisit pour centre Delphes, ombilic du monde, et
c'est autour de l'autel pythique que se disposent les
diverses régions de l'univers peuplées de cultes locaux,
environnées par l'Océan, père des dieux. Cette religion
permet une sorte de classification technique déjà très
générale des régions, en ce sens que toutes les hauteurs
sont consacrées à Zeus et à Apollon, toutes les mers et
toutes les sources à Poseidòn, tous les volcans et les mines
à Héphaistos, toutes les villes à Minerve, tous les marchés
à Hermès, tous les carrefours à Hécate, etc. Mais cela
n'empêche pas chaque lieu d'avoir sa divinité spéciale, en
tant que consacrée à un culte privé ou public. De ce point
de vue, l'espace offre à l'action un champ exploré où aucun

lieu n'est indifférent, où l'homme sait d'avance quel risque il doit redouter, quel secours il peut obtenir. Le sort qui attribue ce morceau du sol à tel ou tel peuple lors des fondations de villes, à tel ou tel individu lors des partages qui suivent les émigrations, est une forme de la dévolution céleste, une loi d'en haut (νόμος, νέμω). C'est par une telle loi que les temples doivent être placés sur les hauteurs ou près des sources. La divination ne manque pas de compléter ces indications par des prescriptions spéciales, auxquelles se mêlent déjà une part d'expérience politique et quelque notion de l'hygiène. C'est ainsi que les établissements des colonies dans tout l'Occident et la technique religieuse des fondations de villes ont été réglés par les indications des sanctuaires. C'est à ces principes dominants que se subordonnent pendant longtemps les mesures plus ou moins exactes nécessitées pour les opérations prescrites, par exemple l'appréciation des distances géographiques pour les voyages et celle des longueurs et des surfaces pour la fondation des temples et des villes, comme pour la distribution des terres.

Projection organique des mesures spatiales. — Ces mesures présentent un bel exemple de projection organiques. Ce sont : le doigt, la paleste (largeur de 4 doigts), l'empan, le pied, la coudée, la brasse. Indirectement, par le même procédé, on avait obtenu : l'akêna, perche de six pieds qui servait à piquer le bœuf ; le pléthre, longueur du sillon que le bœuf pouvait creuser d'une haleine (le trait de charrue) ; la γύη, la surface qu'un laboureur vigoureux pouvait labourer en un jour ; le stade, la distance qu'un bon coureur pouvait parcourir à la course sans se reposer. Pour les distances de routes on se servait du pas (Alexandre avait encore ses mesureurs au pas) et des unités de temps pendant lesquelles le char ou le navire ou l'armée avaient poursuivi leur course avec une vitesse moyenne. Le pied était l'unité fondamentale, elle se trouve déjà chez les Grecs et les Italiens avant leur séparation ; cette mesure s'est établie comme la coudée des Egyptiens dans une complète inconscience sociale. L'ensemble de ces mesures est donc probablement antérieur comme date à la période physico-théologique. L'une d'elles a seule reçu le cachet des croyances propres à cette période, c'est le stade, et particulièrement le stade tel qu'on le voyait à Olympie : il passait pour contenir 600 fois la longueur du pied d'Hercule. C'était pour cette raison, disaient sérieusement quelques anciens, que ce stade était plus grand que les autres. Et en effet, ces diverses mesures variaient les unes plus, les autres moins ; la journée de marche ou de navigation était une grandeur fort élastique ; le pas lui-même devait être sujet à caution ; même le pied n'était pas partout de même longueur. Cet ensemble de mesures n'atteignit la fixité et l'universalité relatives auxquelles elles pouvaient prétendre que grâce aux progrès réalisés dans l'art de compter par les législateurs et les géomètres du vi⁰ siècle. A partir seulement de ce moment, les savants purent s'élever jusqu'à l'idée générale de l'espace et concevoir le lieu comme un ensemble de rapports moralement neutres, indifférents au bonheur ou au malheur de l'homme.

Les éléments qualitatifs du temps fournis par les croyances religieuses. — Dans la technique de la mesure du temps, on peut distinguer deux parties, la détermination des unités similaires et la détermination des périodes variables.

Comment, par l'observation des phénomènes astronomiques et météorologiques les plus saillants, se constituent les éléments de l'année et l'année elle-même, c'est ce que

nous n'avons pas à rechercher ; bornons-nous à constater
que cette détermination se fit antérieurement à la période
physico-théologique d'une manière socialement inconsciente, c'est-à-dire sans qu'aucune tradition s'établît à ce
sujet. Mais peu à peu, comme on avait remarqué que certaines heures et certains jours sont propres à certains
travaux, d'autres impropres, en raison des influences
météorologiques, et que ces influences étaient divines, on
conçut l'idée que tous les jours étaient soumis à l'empire
d'une divinité bienfaisante ou redoutable. Il devenait dès
lors d'une souveraine importance pour l'action de savoir
d'abord quelles étaient les propriétés des heures et des
jours ; lesquels étaient « heureux », lesquels « malheureux », et ensuite ce que les dieux prescrivaient ou défen-
daient d'y faire. Nulle observation ne pouvant, en effet,
être tentée en cette matière qu'aux risques et périls de
l'observateur, il était naturel qu'on s'en rapportât là-dessus
aux enseignements divins. Or les dieux avaient manifesté
leur volonté sur ce point avec la dernière précision. Non
seulement on savait quelles fêtes solennelles devaient
être accomplies dans les divers mois ; mais encore chaque
jour avait sa physionomie propre et comportait des opérations spéciales. A Athènes, le premier et le septième jour
du mois étaient consacrés à Apollon, le second était le
jour du bon génie (ἀγαθοῦ δαίμονος), le troisième appartenait
à Athéné, le quatrième se partageait entre Mercure et
Hercule; le sixième, placé sous l'invocation d'Artémis,
était un jour heureux parce que c'était ce jour-là que les
dieux avaient vaincu les Géants ; le huitième était sous la
protection de Thésée et de Poseidôn ; le trentième, le jour
d'Hécate, appartenait aux divinités infernales. De là des
obligations définies marquées pour chacun d'eux. Mais si
l'on veut voir jusqu'à quel point ces obligations enchaî-
naient (ou soutenaient) dans le détail le plus menu l'acti-

vité des petites gens, il faut lire dans Hésiode le tableau
des occupations et des dispositions d'esprit convenables à
chaque jour d'après les prescriptions de Jupiter. « Tel est
comme une marâtre, tel autre comme une mère (1). » Il y
en a un dans chaque mois (le 6ᵉ), où il est à propos de
châtrer les moutons et de plaisanter ; un autre (le 10ᵉ), où
il y a lieu de chercher à apprivoiser les bêtes demi-domes-
tiques, et qui est bon pour la naissance des enfants mâles ;
un autre (le 4ᵉ), où il faut se garder d'être triste, et où
on peut se marier, après avoir toutefois consulté les
oiseaux, etc. « Le 19ᵉ est bon *dans l'après-midi.* » Car les
heures ne sont pas moins spécialisées que les jours pour
les diverses actions et les diverses dispositions de l'âme.
Et ces prescriptions ne sont pas moins sûres que celles
qui sont données par les phénomènes météorologiques :
tous les travaux de l'année distribués par les dieux, toutes
ces désignations de temps sont des lois, νόμοι (2). Il n'y a
pas seulement avantage à s'y conformer, risque à les
méconnaître ; on est innocent dans un cas aux yeux des
Immortels (ἀναίτιος), coupable dans l'autre. Le calendrier
est un programme d'exercices religieux obligatoires (3).

Il était facile de dire quand commence l'année ; c'est au
printemps où tout renaît que débute la série des mois.
Mais quand commence la série des années ? Dans la religion domestique, le temps est constitué par la succession
des générations à partir du père de la race ; dans la religion de la cité, il commence à la fondation du culte public,
c'est-à-dire à la fondation de la ville par l'*œkiste* ; dans la
religion panhellénique, il a pour point de départ l'inaugu-
ration des fêtes communes et se compose de cycles au

(1) *Op. et D.*, vers 825.
(2) *Op. et D.*, vers 338, 398.
(3) Platon, *Lois*, II, 653, *d*, V, 738, *e*, et VII, 800, *d*.

terme desquels ces fêtes sont célébrées de nouveau. De plus longues périodes embrassent ces périodes restreintes. La religion d'Hésiode tend déjà par un côté à dépasser les limites du culte individuel ou national ; elle prend ses points de repère dans la succession des divinités cosmiques et des âges du monde. Cette conception se retrouve dans Eschyle et dans les légendes rapportées par Platon. Les séries de temps sont adéquates à l'extension de la conscience religieuse.

Mais l'année lunaire et l'année solaire ne concordent pas. De plus, chaque État avait son calendrier. Quand des confédérations se formèrent autour des oracles les plus renommés, et que les cités confédérées voulurent établir une concordance entre leurs fêtes, on se trouva en présence d'une terrible confusion. Pour en sortir, on consulta l'astronomie. Des périodes furent établies en vue des compensations nécessaires. Cette création scientifique, cette distribution artificielle du temps enlevait d'emblée aux jours leur signification morale, leurs vertus propres ; ils devenaient des durées vides de tout contenu émotionnel et pratique ; ils étaient neutralisés. Une nouvelle technique de la mesure du temps commençait.

La mesure des valeurs : la monnaie. — Tandis que les Grecs préhistoriques se servaient encore, pour mesurer la valeur, de l'objet qui prime tous les autres aux yeux de peuples pasteurs et agriculteurs, à savoir le bœuf, les Égyptiens, les Chaldéens et les Assyriens se servaient depuis des siècles des métaux précieux dans leurs échanges commerciaux. Comme ils connaissaient la balance et avaient des séries de poids, il leur était possible de donner aux lingots mis en circulation, avec la forme traditionnelle, le poids fixe qui les rendait propres aux transactions commerciales. Mais il est certain que cette mensuration exacte ou du moins approximative du poids avait été précédée par une mensuration tout à fait empirique, par l'œil qui juge de la couleur et des formes, par la main qui apprécie la pesanteur, car toute pesée est une évaluation comparative et le choix de l'unité est toujours, à l'origine, le résultat d'une préférence d'impression devenue traditionnelle. Il est probable que là où la balance était connue, tous les petits marchands n'avaient pas la leur et que les métaux, même non marqués d'une empreinte, circulaient sur les marchés, évalués d'après la forme et le poids des lingots. C'est le point où en sont précisément les Grecs du temps d'Homère. Ils connaissent la balance, ils appellent l'unité d'or un talent, c'est-à-dire une pesée, mais il est évident qu'à défaut d'une empreinte qui certifie la valeur et dispense de la vérification, ils ne pouvaient sans cesse employer la balance pour contrôler le poids. D'ailleurs le talent étant le poids même, la vérification ne pouvait se faire que par comparaison avec des lingots égaux ou plus petits supposés exacts eux-mêmes ; ce qui devait offrir dans la pratique de nombreuses difficultés. C'est donc à l'œil et à la main qu'ils jugeaient le plus souvent ces espèces de glands, de broches, de barres, qui, dans la Grèce primitive, furent les avant-coureurs de la véritable monnaie. Nous trouvons donc encore une fois la projection organique à l'origine des arts. La mesure de la valeur a été une sensation, soit que les Grecs aient reçu leurs lingots d'échange des peuples orientaux, lesquels avaient dû suivre la voie que nous avons indiquée pour leur détermination, soit que, en vertu de quelque raison organique, il y ait eu rencontre dans les inventions des deux races. Le talent homérique est, en effet, assimilé sans hésitation par les métrologues au shequel ou sicle babylo-phénicien (16,8 g. d'or).

Des idées religieuses furent-elles dès le début mêlées à

cette évaluation par les sens, et si elles n'intervinrent que plus tard, quand le furent-elles ? C'est ce que nous ne pouvons savoir en aucune façon. Il est certain seulement que ces usages naquirent dans la plus complète inconscience sociale. Il est certain aussi que, de bonne heure, puisque les mesurages incessants étaient impossibles et que le contrôle des sens était insuffisant, la confiance qu'inspiraient les mains desquelles on tenait ces lingots a dû jouer un grand rôle dans leur acceptation ; la circulation était assez limitée pour qu'on pût de proche en proche remonter jusqu'à l'origine. Il est difficile qu'un phénomène social de cette importance ait pu se produire sans la coopération de la *croyance*. Bientôt certaines marques particulières furent employées pour attester cette origine (1). Les grands empires asiatiques qui connaissaient les cachets et les sceaux n'avaient point songé à les utiliser pour la garantie des métaux d'échange ; certaines cités de la Grèce asiatique conçurent cette pensée et la monnaie naquit. Mais pour cela il fallut que les membres de ces associations politiques eussent pour l'autorité qui garantissait la pureté et le poids des lingots ainsi marqués, une confiance, un respect dépassant de beaucoup ce qu'on pouvait accorder alors de confiance et de respect à un homme ou à un gouvernement humain. Il fallut que la marque ait un caractère religieux : la foi a eu sa part dans la création de la monnaie.

Deux États, l'un d'Europe, l'autre d'Asie, sont cités par des auteurs dignes de foi comme ayant frappé les premières monnaies ; les rois de Lydie auraient frappé la première monnaie d'or à Phocée ; Phidon, roi d'Argos, la première monnaie d'argent à Egine. L'assertion d'Héro-

(1) Telle est la conclusion de Curtius, t. I, p. 293, et de Lenormant, *Monnaies et médailles*, Quantin, p. 22. Il est encore normal que l'or ait été frappé avant l'argent.

dote et de Xénophon attribuant la priorité à la Lydie nous paraît comporter la vraisemblance la plus haute. Phidon ne peut être que de la première moitié du viie siècle; avant ce moment, il n'y a pas d'inventeurs ou de vulgarisateurs nommés. De plus, s'il a, comme on le raconte, déposé les *obéliskoi* d'argent dont on se servait avant lui, dans le temple d'Héra, en même temps qu'il lançait dans la circulation ses écus ovaloïdes, très probablement ce n'est pas lui qui a inventé ceux-ci, car il est contraire à toutes les lois du devenir social qu'une invention de cette sorte se produise ainsi brusquement au lieu de provenir par transformation lente d'un type d'action antérieur. Il n'a fait que ce que pouvait faire l'introducteur d'une nouveauté étrangère, essayer de fléchir les dieux en leur rendant en quelque sorte l'ancienne monnaie qu'il osait abandonner. Les statères d'électron (or mêlé d'argent) de Lydie apparaissent au contraire sans nom d'inventeur; ils accusent une technique perfectionnée par de longs essais; ils portent l'effigie du renard, attribut de Bassareus, le grand dieu de la Lydie. Nous n'hésitons pas à les considérer comme le type original dont les pièces d'argent éginètes ne sont que l'imitation.

« Les temples, dit Curtius, ont été le berceau de la circulation monétaire et le champ des pièces a été pendant de longs siècles réservé à quelque emblème sacré. » En effet, la tortue à Égine (1), le gland de chêne à Orchomène, le bouclier béotien à Thèbes, le griffon à Téos, la partie antérieure du loup à Argos, le cantare à Naxos, la tête de lion à Milet, le pégase à Corinthe, ont, dans les monnaies archaïques, une signification évidemment reli-

(1) Elle représentait la voûte du ciel et était le symbole d'Aphrodite Ourania.

gieuse. Dans les monnaies postérieures, les emblèmes
religieux persistent pendant de longs siècles : l'épi de
Métaponte, attribut de Déméter, et le taureau dionysiaque
ont le même caractère sacré que l'aigle de Zeus à Agrigente et la chouette d'Athéné à Athènes. Même les figura-
tions parlantes qui rappellent, par une sorte de jeu de
mots, le nom de la ville (la pomme, μῆλον, de l'île de Mélos,
la grenade, σίδη, de Sidé de Pamphilie, le grain d'orge,
κριθή, de Crithoté, la feuille de persil, σέλινον, de Sélinonte ;
plus tard la rose, ῥόδον, de Rhodes) se rattachent pour le
choix du type à quelque motif de même sorte (1). Quand
les progrès de l'art le permirent, les gravures représentè-
rent la figure même des dieux. Ajoutons que, partout où
nous saisissons la trace des ateliers de fabrication monétaire, nous les trouvons en relation avec un édifice sacré.
Les temples étaient à la fois alors hôtels des monnaies et
trésors publics.

Il n'est donc pas étonnant que, là où on s'interrogea sur
les origines de l'art, on les fit remonter sinon à un dieu,
l'invention avait été trop tardive, du moins à un héros,
par exemple chez les Athéniens à Thésée, au sanctuaire
duquel l'atelier public était annexé. La technologie s'inspira encore ici directement de la technique. Seulement de
telles légendes ne purent se multiplier ; la période historique, c'est-à-dire de conscience sociale, commença pour les
monnaies dès le vıᵉ siècle, sinon auparavant. Bientôt
même la portée du mot par lequel on distinguait la monnaie cessa d'être comprise ; on l'avait appelée νόμισμα,
comme le dit Aristote (2), parce qu'elle résultait d'une loi,
νόμος, c'est-à-dire d'une volonté sociale supérieure et mys-
térieuse, ou en d'autres termes de la religion, mais on ne

______

(1) Les dauphins de Delphes étaient consacrés à Apollon, etc.
Cf. Lenormant, *passim.*
(2) *Éthique Nic.*, V, 8, 1133, a.

l'avait pas nommée ainsi ὅτι οὐ φύσει ἐστί, parce qu'elle était le fruit d'une décision politique opposée à la nature. Cette opposition, comme nous le verrons, ne s'est produite que plus tard. Liées aux croyances locales, les monnaies différaient donc avec les cités et leur essor fut entravé tant qu'on ne parvint pas à inventer des moyens de les mettre en rapport les unes avec les autres.

Autres mesures. Les marchés. — Les poids, nous l'avons vu, n'étaient autres que les monnaies mêmes. Quant aux mesures de capacité elles sont, dès l'origine, dérivées de sensations moyennes prises pour types ; par exemple le chénix contenait autant de blé, disait-on, qu'il en fallait à une personne pour la nourriture d'un jour ; le médimne correspondait à la charge d'un homme vigoureux. Peu à peu ces mesures participèrent au caractère religieux qui envahissait toutes les branches de la pratique sociale ; elles furent déposées dans les temples. Les premières foires eurent lieu aux jours des grandes solennités sacrées, les transactions quotidiennes furent placées sous la protection et le contrôle de divinités dont la statue s'élevait dans les marchés. Le crédit naquit dans les temples et les prêtres de Delphes furent les premiers grands banquiers des Etats grecs.

La médecine. — Un savant critique s'est appliqué à montrer que la médecine dès les temps homériques est indépendante de la religion dans une certaine mesure. Esculape est un homme et la connaissance qu'il a des régions du corps, de la gravité des blessures et des remèdes efficaces semble due à l'observation plutôt qu'à une révélation divine. Mais il ne faut pas oublier d'abord que le médecin par excellence n'est pas pour Homère Esculape, mais Paeon, le médecin des dieux ; que la peste est pour le poète une affliction céleste, et que ce n'est pas un médecin, mais Calchas, que l'on consulte pour aviser aux moyens de conjurer le fléau. Ensuite on doit craindre de se méprendre sur la vraie signification du naturalisme homérique. Tant que la doctrine contraire du surnaturel n'a pas été formulée, il n'y a pas de naturalisme véritable. Certes beaucoup de pratiques se sont développées au début de la civilisation hellénique sans être rattachées à une origine religieuse ; nous l'avons constaté pour plusieurs des techniques ; il ne faut pas en conclure que ces techniques ont traversé alors une période proprement laïque. Boire quand on a soif, manger quand on a faim, poser sa main ou un bandeau sur une blessure pour empêcher le sang de couler, jeter de l'eau froide sur une brûlure, éviter de froisser une plaie en voie de cicatrisation sont des actes instinctifs comme celui du chien qui se purge avec de l'herbe ou lèche une région enflammée de son corps. La médecine laïque digne de ce nom, c'est-à-dire consciente de son indépendance rationnelle, n'apparaît qu'après la médecine religieuse et en opposition avec elle.

Avec ces réserves, on peut dire que la médecine fondée sur la tradition religieuse, considérant la maladie comme une infliction divine que les moyens enseignés par les dieux peuvent seuls ou le plus efficacement guérir, a pris en Grèce depuis Homère jusqu'au vᵉ siècle une extension considérable. On l'a vu, Hésiode croit que la maladie est envoyée par Jupiter. Pour Solon les médecins exercent le métier de Pæon, le médecin des dieux. Aux remèdes adoucissants, ils ajoutent l'effet d'attouchements mystérieux. Mais leur art est peu efficace. « Le Destin distribue aux mortels tantôt le bien, tantôt le mal ; les dons (heureux ou funestes) que les dieux nous envoient ne peuvent pas être évités. Toute œuvre est pleine de dangers et nul ne sait où aboutira le travail commencé (1). » L'idéal du médecin a été, selon Pindare, réalisé par Chiron (2), fils de Philyre, rejeton de Kronos et maître d'Esculape ; celui-ci se sert, pour guérir, de remèdes, d'incisions et d'incantations ; mais la science du maître ne peut être égalée par celle du disciple, qui est mortel. Eschyle (3), Hérodote (4), Sophocle (5) font encore dépendre les épidémies de la colère des dieux. Euripide enfin distingue deux sortes de maladies : celles qui viennent d'elles-mêmes, par un enchaînement de causes physiques, selon les théories de ses contemporains, et celles qui nous viennent des dieux ; *celles-ci, nous les guérissons par des rites* (νόμῳ). En présence de l'opinion universellement accréditée que la maladie vient des dieux et que certaines familles ont seules le don de la guérir, est-il possible de douter que ces familles aient reçu des dieux un tel privilège ? Un moment vint, il est vrai, où dire de quelqu'un qu'il était fils d'Esculape signifia seulement qu'il avait puisé à bonne source la tradition indispensable, qu'il était médecin, en un mot ; mais une telle locution n'a pu s'établir que si, à l'origine, les Asclépiades et les Pæonides ont été regardés comme dépositaires exclusifs d'un art divin et comme mandataires du dieu révéré dans l'Asclépéion ou le Pæonéion. Il est tout à fait certain que la médecine a été exercée dans les temples comme une branche de l'art

(1) Fragment 13 dans Bergk. Cf. Daremberg : *État de la médecine entre Homère et Hippocrate*, 1869, p. 8.

(2) A rapprocher de Eucheir. Chiron est habile de la main, et les médecins sont des χειρουργοί. La chirurgie, art de bander et de panser les plaies, semble avoir devancé la médecine.

(3) *Supplic.*, vers 650-680.

(4) *Hist.*, VI, 27.

(5) *Antigone*, v. 1141-1145 ; *Œdip. rex*, v. 25 et sqq. et 190.

divinatoire (1) : il l'est beaucoup moins qu'il y ait eu
depuis Homère jusqu'à Eschyle des médecins laïques,
exerçant leur art d'après les seules indications de l'expérience. Pour nous, nous ne pouvons croire à un tel
anachronisme sur les preuves qu'on nous en fournit. Ce
qui caractérise la médecine de ce temps, c'est précisément
l'absence de documents écrits, car les inscriptions qui
constataient pour chaque cas dans le temple de Cos la
maladie, le traitement et l'issue n'étaient que les premiers vestiges de véritables observations médicales, et
les sentences cnidiennes appartiennent, comme les sentences des gnomiques en général, à une période où, les
longues rédactions scripturales étant encore impossibles,
on était forcé de condenser les résultats de l'expérience et
de la réflexion en brefs apophtegmes que la mémoire pouvait facilement retenir. Or là où l'écriture ne peut encore
servir aux discussions scientifiques, la tradition, l'autorité gardent encore leur empire.

L'hygiène. — L'hygiène joue un grand rôle dans cette
médecine dépourvue de ressources et trop souvent réduite, quand elle veut intervenir, à des pratiques brutales. Si la nature est divine, la maladie n'est plus qu'un
châtiment et le corps, préservé des excès, développé par
des exercices convenables, doit garder l'équilibre parfait :
de là l'importance accordée de bonne heure au régime et à
la gymnastique. Les cités doriennes avaient institué un

---

(1) M. Bouché-Leclercq l'a démontré dans son livre sur *la Divination*, t. I, p. 287 ; II, 373 ; III, 373. M. Daremberg le reconnaît lui-même, *Hist. des sciences médicales*, t. I, p. 81, en note.
Cf. Blümner, *Manuel de Hermann*, § 38. Les médecins vont des
lors de ville en ville, quelques-uns même sont attachés d'une manière durable aux Etats ; mais dans les Etats doriens, à Sparte,
par exemple, ils ont dans l'armée leur place marquée à côté des
aruspices et des musiciens, comme servants d'Apollon.

système d'éducation où l'entraînement musculaire tenait
une place considérable. Mais d'une part ce système laissait périr tous les débiles, tous les mal conformés, comme
si Dieu lui-même n'avait pas voulu qu'ils vécussent (1) ;
et d'autre part on faisait courir les fiévreux pour les ramener à l'état de nature! Dans les grandes agglomérations d'hommes, le défaut de précautions hygiéniques
faisait éclater des maladies terribles, comme par exemple
à Delphes où nous voyons périr une fois — et cela devait
arriver fréquemment — quatre-vingt-dix-huit sur cent des
jeunes garçons envoyés par les habitants de Chios (2).
Quand les prêtres assignaient des lieux choisis pour la
fondation des villes et l'érection des temples, ils se gui-
daient moins sans doute d'après des motifs scientifiques
que d'après la prédilection attribuée aux dieux pour l'air
libre et la lumière. Et les grands feux nocturnes allumés
sur l'ordre des personnages sacrés qu'on faisait venir en
temps d'épidémie, avaient pour but plutôt une purification
religieuse, que l'assainissement de l'air, d'ailleurs tout à
fait impossible par ce moyen.

L'éducation. — Dans l'éducation, la religion était
maîtresse. La récitation et le chant des poètes, sources
des croyances mythiques, étaient les seuls travaux intel-
lectuels dont on jugeait alors que la jeunesse eût besoin,
les seuls à vrai dire qui fussent possibles, puisque la
poésie tenait lieu de science. Les jeunes gens ainsi formés
pouvaient prendre part à l'exécution des poèmes lyriques
qui précédèrent les odes de Pindare, et des odes de Pindare elles-mêmes, dernière floraison d'un art déjà ancien.
Les exercices gymniques de toutes sortes faisaient de

(1) Platon, *République*, livre III.
(2) Hérodote, VI, 27.

l'éphèbe un chef-d'œuvre de force, de grâce et de souplesse
digne d'être offert à la vue des dieux dans les processions
et dans les concours. Les exercices hippiques avaient le
même but. Soixante chars de guerre figurent encore vers
le commencement du vie siècle dans la procession d'Artémis à Érétrie. Plus tard les cavaliers les remplaceront.
Des concours hippiques s'établissent près des grands
sanctuaires ; ils ont lieu dans l'après-midi des fêtes religieuses, après la procession et le sacrifice. D'abord ils ne
comprennent que des courses de chars (680), puis en 648
apparaissent les chevaux montés. L'éducation aboutit
donc d'abord à rendre le jeune homme capable de figurer
dans ces grandes manifestations nationales, où, comme
chanteur, comme membre d'une troupe qui défile ou
évolue, comme concurrent soumis à la règle des jeux, il
doit subordonner spontanément sa volonté à l'ordre aimé
des dieux, et réaliser un type de groupement et d'action
traditionnel. Le *chœur* symbolise cette activité sociale.
Une cité, confédération de familles, est un vaste chœur ;
c'en est un encore, mais plus grand, que la confédération
des cités représentée à Olympie ou à Delphes. Mais le
chœur terrestre est l'imitation des chœurs célestes, des
groupements et des mouvements harmoniques que réalisent les astres dans le ciel comme au fronton du temple
de Delphes. Apollon avec les Muses forme un chœur, lui
aussi ; lui aussi s'avance sur un char suivi des autres immortels. L'éducation rend donc les citoyens semblables
aux dieux et fait de la cité l'image du ciel.

Le droit. — Ebauché par les cités ioniennes d'Asie, ce
type d'éducation a été constitué par les cités doriennes
sous l'influence continue de Delphes, puis porté à sa
dernière perfection par l'Athènes du vie siècle. Il est hautement aristocratique, mais dans une aristocratie d'égaux ;

la société où il domine est une société agricole et militaire, jadis gouvernée par des rois, puis par les chefs de familles féodales qui régnaient de très haut sur une population chétive. Ces nobles étaient détenteurs du droit, parce qu'ils l'étaient des rites religieux avec lesquels le droit s'identifiait. Les lois étaient inconnues du menu peuple ; comme il ne pouvait les lire écrites nulle part et que l'accès des sanctuaires, où elles étaient très sommairement résumées d'ailleurs, lui restait défendu, l'art du gouvernement, la justice et l'administration, choses divines pour ses maîtres, l'étaient encore bien plus pour lui : il en recevait les bienfaits ou les disgrâces comme les sourires ou les intempéries du ciel. Peu à peu, il est vrai, le nombre des familles aisées augmenta ; les situations s'égalisèrent et le pouvoir des nobles fut menacé. Alors, ou bien les avantages sociaux furent partagés entre tous ceux qui pouvaient justifier d'un certain revenu : la timocratie fut une halte sur le chemin de la démocratie ; ou bien la foule croissante des petits propriétaires aidée du vil peuple se fit un chef pour lutter contre les nobles : la tyrannie apparut. Avec cette série de révolutions commence une nouvelle ère politique ; mais jusque-là l'idée même de changer les lois fondamentales ne pouvait venir pas plus aux classes gouvernées qu'à la classe gouvernante. Il n'y avait personne qui pût changer le droit. Il était immanent aux familles anciennes. « Le droit familial et le droit de propriété, les devoirs du père, les obligations de la femme et des enfants, même la répression des crimes et délits commis dans l'intérieur du γένος, échappaient à l'action des pouvoirs publics. A Athènes, le parricide fut jugé et puni, jusqu'à la fin du VII° siècle, non par le magistrat, mais par le chef de famille. On n'aurait pas toléré davantage dans les temps les plus reculés que le roi portât une loi sur les successions ou

modifiât en quoi que ce fût la condition des terres (1). »
La société civile et politique était pour tous comme un
chœur céleste à jamais enchaîné aux mêmes mouvements.

Un des symboles de cette fixité était la permanence de
la propriété familiale. A aucun moment, pas même à la
mort du chef, la continuité de cette possession n'était interrompue ; il n'y avait place par conséquent ni pour un
partage, ni pour un testament. Il était partout interdit de
vendre le lot de terre auquel la famille était incorporée,
où les ancêtres reposaient. Le déplacement des bornes
était un sacrilége. La cité était à un point de vue l'ensemble de ces lots inaliénables, habités par des divinités
domestiques immortelles, dont les vivants n'étaient que
les représentants passagers.

« Dans un pareil système, dit M. Guiraud, l'individu
n'est rien par lui-même ; il n'a de valeur ni de sécurité
que par l'appui que lui prêtent tous les siens. Sa force,
ses droits, ses ressources, lui viennent de sa famille. Un
lien d'étroite solidarité le rattache à elle. S'il porte atteinte aux intérêts d'un étranger, elle est tout entière res-
ponsable de sa faute ; s'il est, par contre, victime d'un
acte délictueux, elle s'unit pour poursuivre la réparation
du dommage. » L'individu ne possédait rien en propre.
La propriété familiale était collective. Quand les familles s'unirent plus étroitement pour constituer un organe
commun de police intérieure et de protection au dehors,
l'individu garda longtemps comme citoyen et comme
soldat son rôle anonyme et resta subordonné dans sa
personne et dans ses biens à la cité, comme il l'avait été
à la famille (2).

(1) Guiraud, *la Propriété foncière en Grèce*, p. 114.
(2) Guiraud : *la Propriété foncière en Grèce*, pages 52 et 60.

L'art militaire. — L'armée était l'expression la plus exacte de cet état social. Du temps d'Homère, les rois et les princes sillonnaient le champ de bataille des allées et venues de leurs chars, et le peuple avançait ou reculait avec eux ; eux seuls étaient redoutables ; eux seuls pouvaient récolter la gloire des combats. Plus tard la cavalerie attelée fut peu à peu délaissée ; la formation d'un hoplite exigeait un apprentissage prolongé qui excluait l'instruction également fort longue du cavalier ; au vi⁰ siècle, Athènes n'a presque pas de chevaux et les Spartiates n'en ont pas du tout, l'infanterie d'élite tient partout le premier rang. Or quelle est la tactique de ces hoplites, bardés d'airain ? Ils s'avancent contre l'ennemi groupés par tribus et par phratries en une seule ligne ou en rangs peu épais, serrés les uns contre les autres, d'un pas cadencé, au son des instruments, de manière à ne former qu'une seule masse, et doivent frapper tous ensemble la ligne ennemie du choc de leurs boucliers (1). C'est encore le chœur, tourné cette fois contre l'ennemi de la cité : il vaut par son ordre simple, par l'homogénéité de ses éléments, non par la rapidité et la variété de ses évolutions ; il est d'autant plus sûr de la victoire qu'il est plus solide et plus fixe. Au lieu de quelques héros combattant çà et là dans la mêlée confuse des gens de pied, nous voyons en présence deux cités, c'est-à-dire deux groupes de γένη attachés à deux territoires et dans chacune d'elles un accord des volontés, une abnégation de l'individu, une solidarité matérielle et morale qui donne l'idée d'un seul γένος marchant et combattant avec des milliers de membres et une âme unique. Cette âme est, en effet, celle du dieu qui fait l'unité du groupe.

(1) Alb. Martin, *les Cavaliers athéniens*, p. 128.

La politique. — En l'absence d'un droit écrit, la politique devait se confondre avec la morale. Le ressort interne de l'organisation politique que nous venons d'indiquer était le sentiment d'une obligation collective envers des pouvoirs divinement institués. De même que dans la maison les membres de la famille s'inclinaient devant leur chef, parce qu'il était le ministre du culte ancestral, dans la cité les citoyens obéissaient aux archontes et antérieurement les membres de la tribu obéissaient au roi, parce qu'ils leur attribuaient une nature supérieure, parce qu'ils les considéraient comme étant d'une autre race qu'eux-mêmes, et pouvant seuls par leur parenté avec les dieux collectifs assurer le salut commun. Ce que Platon et Aristote disent du roi (βασιλεύς) (1) primitif, qu'il est supérieur de naissance aux autres hommes, exprime, en effet, l'opinion que les sujets avaient d'eux. La subordination envers de tels maîtres était donc, comme le disent avec raison ces philosophes, volontaire, en tant que reposant sur des lois ou règles inscrites dans la conscience. De même que, dans le chœur apollinien, les muses savent de science innée et exécutent librement leur partie à l'unisson, ainsi dans la société antérieure aux institutions démocratiques, des impulsions naturelles mettent les volontés des sujets d'accord avec les volontés des princes. La crainte des supplices, la misère, l'impuissance et l'ignorance des uns, la richesse, les lumières et la puissance des autres et par dessus tout la crainte des dieux ne jouaient-elles aucun rôle dans la cohésion de cette société ? Loin de nous la pensée de le soutenir. Mais ce qui était au premier plan et ce qui méritait de l'emporter dans le souvenir des historiens phi-

(1) Platon, *le Politique*, 271, e ; Aristote, *Politique*, livre V, 1313, a.

losophes, c'était la spontanéité du concours prêté jadis par les Grecs à leurs chefs sous l'empire de croyances qu'ils avaient faites, de règles qu'ils s'étaient données à leur insu et qu'ils croyaient divines.

De telles règles n'obligeaient que les citoyens envers les citoyens de la même ville. Le droit, la morale, étaient bornés aux mêmes limites que le culte. Quand se formèrent les confédérations religieuses, les cités associées eurent des devoirs les unes envers les autres sans que ces obligations eussent le temps de revêtir le caractère de droits positifs. Mais le non-Grec et l'esclave restèrent en dehors de la société politique et morale, comme ils étaient en dehors de la religion. Les techniques traditionnelles sont toujours héréditaires comme les instincts sont spécifiques.

Résumé. — Toutes les techniques de cette époque ont donc les mêmes caractères. Elles sont religieuses, traditionnelles, impersonnelles, locales. Les mythes que nous avons exposés d'abord en sont donc l'expression fidèle bien que symbolique. Nous avons opposé ce mode d'explication à la projection organique, qui consiste en une objectivation inconsciente de l'une des parties de l'organisme humain. En réalité le symbolisme mythique relève d'un procédé analogue et n'est pas beaucoup plus conscient. Il est le produit d'une projection psychologique et sociale ; c'est-à-dire que les choses de l'art sont par lui conçues comme des sentiments bienveillants ou irrités, comme des inventions ou combinaisons intelligentes que l'on prête à des hommes fictifs idéalisés, comme des échanges que l'on fait avec eux, comme des dons ou des enseignements que l'on en reçoit, ou des ordres que leur volonté impose. Ce sont donc des opérations psychiques ou des rapports sociaux tirés de la conscience humaine à son insu qui, personnifiés, se trouvent invoqués par elle pour s'expliquer à elle-même ses propres créations. Nous retrouvons ainsi entre les divers procédés que nous avons dû opposer les uns aux autres pour les distinguer, un lien de filiation ; ce sont des stades divers de projection ou d'objectivation, là organique, ici psychologique et sociologique. Nous allons assister à la réintégration de ces éléments dans l'esprit humain qui se reconnaîtra dans son œuvre et s'apercevra que ces sentiments, ces volontés, ces combinaisons intelligentes sont les siennes, que ces rapports d'obéissance et de direction sont ceux mêmes qui constituent la société formée par lui. Il suffira pour cela que les arts et les relations sociales se perfectionnent : des théories nouvelles sur leur nature et leur origine se développeront parallèlement.

LIVRE II

LA TECHNOLOGIE ARTIFICIALISTE

—

CHAPITRE PREMIER

LA TECHNIQUE DE L'ORGANON (DU VIIe AU Ve SIÈCLE)

Etablissement d'une forme politique et sociale nouvelle : la
tyrannie. — Accroissement de la division du travail. — Distinction plus marquée des rangs qui en résulte. — Importance
des artisans. — Curiosité et confiance des esprits dans leurs
propres ressources. — L'activité pratique du VIIe au Ve siècle :
difficultés de cette étude. — Moyens d'action sur la matière. —
L'ustensile. — L'instrument ou *organon*. — La machine. — La
multiplication des *organa*, fait dominant de cette période. —
L'art des transports en général. — La navigation. — L'art de
la construction. — Les banques. — Commencements de la personnalité artistique et industrielle. — Distinction entre les
beaux-arts et les arts utiles. — L'écriture et les arts de la
parole. — L'art du calcul. — La géométrie pratique. — Mesure
du temps. — Division du jour. — « Neutralisation » du temps.
— La monnaie. — Rapports des monnaies et des poids. — La
médecine. — Diagnostic. — Traitement des maladies. — Abstention. — Intervention : confiance du praticien dans son art.
— Les causes. — Conceptions biologiques et pathologiques du
Ve siècle. — 1° Conception éléatique de l'unité de substance. —
2° Accord et conflit des forces : A qualités intensives. — B espèces physiques. — 3° Théorie des humeurs et des crises. — 4°
Théorie mécaniste : les appareils. — Caractère laïque de cette
conception de l'art médical. — L'élevage. — Le dressage. —
L'éducation ; la pédagogie sophistique. — La politique. — La
tyrannie ou la politique sécularisée. — Le droit nouveau. —

Transition entre la tyrannie et la démocratie. — La morale. —
L'art militaire : l'armée est un *organon*. — Résumé.

*Établissement d'une forme politique et sociale nou-
velle : la tyrannie.* — Les oligarchies se maintinrent
longtemps dans les populations agricoles du Péloponèse
et de la Grèce du Nord ; mais les cités maritimes de l'Asie-
Mineure, des îles et de la Grèce centrale, composées d'é-
léments ethniques très variés et adonnées au commerce,
inaugurèrent, à partir du viie siècle (1), un régime politique nouveau. La tyrannie suppose partout où elle naît
l'existence d'une population urbaine de non nobles, artisans, petits commerçants et marins, qui commence à
sentir sa force, mais qui, n'ayant pas d'organisation politique puisqu'elle n'a pas de culte héréditaire, doit se
donner un chef pour organiser la lutte contre l'oligarchie.
Ce chef, une fois institué soit par la violence, soit par des
voies plus ou moins légales, a dû naturellement, surtout
dans les premières années de son règne, donner satisfaction aux besoins de la classe qui l'avait élevé au
pouvoir ; de là pour lui la nécessité de multiplier, au
grand avantage des non nobles, les entreprises commerciales, les constructions navales, les travaux publics
de toutes sortes. De là aussi des mœurs nouvelles et l'acceptation d'idées morales et politiques considérées comme
sacrilèges dans les États oligarchiques fidèles au type
dorien. Ce n'est pas sans raison que Platon répète si
souvent qu'une cité maritime est incapable de vertu ; cela
veut dire qu'elle est incapable de conserver les usages et
le genre de vie des populations agricoles, pauvres, soumises aux grands propriétaires, invariablement attachées,

(1) Milet donne le signal avant le viie siècle par la création de
ses æsymnètes Thoas et Damasénor. Au vie siècle, la Sicile, « mère
des tyrans », entre dans la même voie pour n'en plus sortir.

faute de points de comparaison, aux pratiques traditionnelles et aux institutions antiques. Cette opposition
n'est pas une vue théorique ; elle se traduisit dans les
faits par une lutte ardente partout où les oligarchies doriennes furent en contact avec les gouvernements nouveaux.

L'établissement de la tyrannie ne fut donc pas une
crise passagère. Dans certains États, elle vécut cent ans
(par exemple à Sycione, les Orthagorides), les tyrans
ayant réussi à fonder une dynastie et à recouvrer quelque
chose du prestige des anciens rois ; dans d'autres, elle
sombra sous la haine publique peu de temps après son
apparition ; mais partout elle laissa la classe des nobles
décimée et à jamais dépouillée de ses privilèges et la
classe des non nobles plus riche, plus cultivée, plus puissante et par suite plus attachée aux idées et aux institutions nouvelles qu'elle n'était auparavant. Ainsi l'é-
branlement des esprits qui lui avait donné naissance fut
par elle précipité et prolongé. En somme, elle signale et
confirme un état de choses qui dure plus de deux siècles
et nous conduit jusqu'à l'apogée des institutions démocratiques, c'est-à-dire pour Athènes, qui entre en scène à
son tour, jusqu'à la fin de la guerre du Péloponèse.

Accroissement de la division du travail. — Le premier
caractère au point de vue technologique de la société ainsi
formée est l'extrême multiplication des professions. Les
conservateurs en sont scandalisés : Platon la déplore. Les
besoins s'étaient multipliés et accrus ; de plus, l'extension
du commerce invitait les artisans à travailler pour les besoins des autres cités ; enfin les loisirs résultant de la
richesse impriment à tous les arts du luxe une vigoureuse
impulsion. De nombreux esclaves ou manœuvres étaient
occupés à l'extraction de la pierre dans les carrières et des

métaux dans les mines, à la coupe du bois dans les
forêts, à la pêche, à la chasse, à l'élevage du porc, du
mouton, du bœuf et du cheval, à l'agriculture et à la vi-
ticulture. L'industrie de l'alimentation était représentée
par des meuniers se servant de la meule à bras, des bou-
langers, des bouchers, des cuisiniers ; celle du vêtement
comptait des tisseuses, des fileuses de laine et de lin, des
brodeurs, des teinturiers, des foulons, des feutriers, des
fabricants de tissus et de filets pour la coiffure, des fabricants de manteaux ou de tuniques, des corroyeurs et
des tanneurs, des cordonniers, des savetiers ; celle de la
construction et du mobilier présentait des tailleurs de
pierre, des briquetiers, des charpentiers, des forgerons,
des orfèvres, des fondeurs de lampes, de vases et de trépieds, des serruriers, des couteliers, des armuriers de
diverses sortes et des menuisiers dont les uns livraient
des sièges, les autres des lits, d'autres des portes et des
fenêtres, d'autres des chars, des roues ou des jougs ; des
cordiers, des vanniers, des fabricants de filets, d'outils et
d'instruments de musique, des copistes de livres... ; les
potiers munis du tour confectionnaient une multitude
d'objets, depuis la vaisselle et les lampes d'usage vulgaire jusqu'à des poupées, jusqu'à des vases peints ou
sculptés de grand luxe. Les transports se faisaient surtout par les soins des gens de mer ; car les routes ne
paraissent avoir été ni sûres ni bien entretenues sur les
confins des États ; d'innombrables revendeurs colpor-
taient partout les produits de l'agriculture et de l'industrie ; des changeurs et des banquiers facilitaient les
transactions : des marchands de philtres, des phar-
maciens, des médecins d'ordre plus ou moins relevé
avaient le plus grand crédit auprès des différentes classes.
Il y avait, pour la distraction des oisifs, des lutteurs, des
équilibristes, des prestidigitateurs, des bouffons, des

écuyers dresseurs de chevaux, des éleveurs de chiens et d'oiseaux, des musiciens et des mimes. Des artistes : sculpteurs, peintres, ciseleurs, fondeurs et émailleurs embellissaient de leurs produits les maisons des particuliers, mais surtout les édifices publics. Des compositeurs de plaidoyers, des professeurs de tout ordre se multipliaient de jour en jour. Des architectes, des ingénieurs, des capitalistes capables d'entreprendre de grandes opérations commerciales ou industrielles, des armateurs, devenaient de plus en plus nécessaires dans un état social comme celui que nous avons décrit. Enfin, à mesure que la démocratie s'étendit et se compliqua, le personnel politique devint plus considérable ; presque tous les citoyens exerçaient quelque fonction, tantôt l'une, tantôt l'autre. De plus, les grands services de l'État : finances, enregistrement, justice, armée, marine, missions religieuses ou politiques à l'étranger, éducation, législation, assemblées, gouvernement, exigeaient de ceux qui occupaient les emplois supérieurs des capacités diverses qu'une adaptation spéciale et une expérience prolongée leur permettaient seules d'acquérir (1).

Distinction des rangs qui en résulte. — Une telle division du travail avait pour effet de mettre une grande distance entre les diverses professions. Les uns étaient absorbés par le travail manuel ; leur pauvreté, la rudesse ou la sédentarité de leurs occupations, en leur interdisant la gymnastique du corps et de l'esprit, leur avaient laissé contracter un pli reconnaissable ; les autres, au contraire, vivaient depuis leur enfance dans les exercices qui donnent l'adresse et la bonne grâce ; les premiers étaient,

(1) Nous ne pouvons rapporter les textes très nombreux d'où ces allégations ont été tirées ; aucune n'est conjecturale.

comme leurs occupations, vils et serviles βάναυσοι, ils tenaient de l'esclave ; les seconds étaient par excellence les hommes libres et leurs occupations libérales.

Importance des artisans. — Mais ce qui, l'esclave et l'étranger domicilié mis à part, atténuait la distance entre ces deux extrêmes, c'était ce qui faisait précisément la raison d'être du régime démocratique, à savoir l'importance des artisans et des marins dans des sociétés commerçantes et maritimes : c'était aussi la nécessité d'employer les gens de la dernière classe comme soldats auxiliaires dans des armées où les hoplites étaient en petit nombre : c'était enfin l'égalité de culture et d'aptitudes que l'éducation publique assurait à tous.

Curiosité et confiance des esprits dans leurs propres ressources. — Le caractère commun de toutes les techniques que nous venons d'énumérer était de viser à une utilité déterminée, de répondre à un besoin social d'ordre humain : la divination et les sacrifices n'avaient pas cessé d'être employés ; mais il y eut un moment où leur efficacité fut mise en doute même par les esprits attachés aux anciennes croyances — nous l'avons vu en exposant les idées de Solon et d'Eschyle — à plus forte raison par les hommes d'affaires entraînés dans le mouvement de la vie moderne. Les différents moyens d'action dont on disposait valaient aux yeux de ces hommes par leur efficacité, non par les prescriptions religieuses dont on avait d'ailleurs dû s'écarter pour les découvrir. Non seulement l'antiquité des traditions ne recommandait plus à elle seule telle ou telle manière d'agir ; mais il y a des traces d'une faveur qui commençait à s'attacher aux pratiques récentes en raison même de leur nouveauté. Qu'y a-t-il de nouveau ? demandait-on sur les places de ces

villes où abordaient chaque jour les voyageurs revenant
de toutes les parties du monde connu, et cette avidité de
mouvement et de changement dans les impressions quotidiennes était vivement blâmée par les conservateurs,
parce qu'elle entraînait nécessairement une sympathie
pour les innovations dans les usages et dans les mœurs.
On se rendait compte du rôle considérable joué dans ces
perfectionnements si désirés par l'expérience, la réflexion, la méthode, et quand un homme découvrait un
point de vue ou un procédé nouveaux, réalisait une
œuvre d'espèce ou de proportions inconnues jusque-là,
l'applaudissement de ses concitoyens, bientôt répercuté
dans toute l'Hellade, lui eût appris, s'il en eût douté,
que le mérite en revenait à lui-même et non aux dieux.
Comment ne pas éprouver quelque joie et quelque orgueil
quand on trouve ce que l'on a cherché avec effort, quand
on arrive soudain par des combinaisons complexes à
quelque effet merveilleux qui décuple les ressources de
l'art et satisfait un besoin vivement ressenti !

*L'activité pratique du VIIe au Ve siècle : difficultés
de cette recherche.* — Nous allons montrer cette transformation dans l'activité pratique des populations hellé-
niques du viie au ve siècle. Mais il ne faut pas attendre de
nous plus que nous ne pouvons donner. D'abord l'inno-
vation ne peut jamais porter, comme nous l'avons vu dans
notre Introduction, que sur une partie assez restreinte de
chaque technique : une création totale en pareille matière
est chose inintelligible. Ensuite beaucoup de procédés et
de règles changèrent de caractère parce que de nouveaux
motifs vinrent les vivifier, sans changer pour cela de
nature. Enfin, de tout temps, il y a des progrès techniques
qui naissent et se répandent sans éveiller l'attention, bien
qu'ils ne soient pas engendrés par une inspiration reli-

gieuse : nous en citerons un grand nombre quand nous viendrons aux temps modernes. A plus forte raison, l'histoire de ce temps a-t-elle laissé échapper un grand nombre de faits dont la relation nous eût été précieuse : et encore de cette histoire, nous n'avons que des débris ! Essayons cependant d'indiquer sommairement pour cette période l'état des techniques dont les changements ont pu influer le plus sur la technologie contemporaine.

Moyens d'action sur la matière. — Bien que plusieurs catégories d'objets fabriqués, qui sont de nos jours en fer, soient alors en bronze (1), l'emploi du fer s'est généralisé à mesure que les procédés de fabrication de l'acier se perfectionnaient. Par suite le mot χαλκός désigne l'artisan en métal par excellence, celui qui travaille le fer. On ne se plaint plus que les armes se faussent dans le combat. Les scies employées dans l'atelier de Byzès à Naxos (vi° siècle) mordent assez bien pour tailler des tuiles de marbre. A Chios, dès le commencement du vii° siècle, la soudure du fer a été découverte par Glaucos et l'invention a causé un grand étonnement dans tout le monde grec ; à Samos, vers la même époque, Théodore et Rhœcos ont réussi malgré les difficultés de l'opération à couler en fer des statues (de petite dimension sans doute). On voit dans les figures reproduites par Blümner que le fourneau du fondeur s'est peu à peu perfectionné. A partir du moment où Colœos dédie dans l'Héræon de Samos un bassin d'airain soutenu par trois colosses agenouillés, les mouleurs d'airain sont en mesure d'aborder les dernières difficultés de leur art ; Agéladas, l'Argien, monte de grandes pièces

(1) Les mines, μέταλλα, sont mentionnées pour la première fois par Hérodote ; le travail du mineur était trop pénible et trop méprisé pour attirer l'attention autrement que par son côté économique.

représentant des chevaux et des hommes, enfin Onatas
d'Égine fait mouvoir au fronton des temples des groupes
complexes. Cléætos incruste l'airain d'argent ; Kanakhos
mêle l'or et l'ivoire. Enfin une multitude d'ustensiles et
d'outils en fer et en bronze remplissent les chantiers, les
ateliers, les maisons ; partout l'instrumentation la plus
variée rend sensibles aux yeux, d'ailleurs bien plus
attentifs maintenant, les ressources de l'invention
humaine.

Cependant l'œuvre frappe d'abord plus que l'instrument : on cite les artisans qui ont exécuté, les hommes
politiques qui ont commandé des travaux remarquables ;
les outils, les machines et les procédés techniques en général grâce auxquels ces travaux ont été exécutés, ont été
inventés par des inconnus : la plupart du temps, ils nous
échappent ; quand nous les connaissons, c'est par des indications vagues et des témoignages indirects. Il est vrai
que la plupart des traités techniques ont été perdus de
bonne heure en raison de l'indifférence des siècles postérieurs pour tout ce qui ne touchait pas aux intérêts
moraux de l'humanité ; mais ce qui nous reste de cette
littérature nous montre que, si les inventions pratiques
étaient signalées et les noms de leurs auteurs cités avec
éloge, les moyens dont ceux-ci s'étaient servis pour les
réaliser ne paraissaient pas la plupart du temps dignes de
mémoire. De plus, leur perfectionnement était graduel ; il
résultait souvent d'un emprunt fait aux civilisations plus
avancées quant aux procédés techniques. Quoi qu'il en
soit, nous en sommes réduits, pour reconstituer l'idée que
les contemporains se faisaient des classes les plus générales des moyens d'action alors disponibles, à consulter
le langage courant.

L'ustensile. — Nous trouvons d'abord l'ustensile, objet

de bois, de métal, de terre ou de fibres textiles affectant
une forme utile, mais la plupart du temps incapable de
communiquer le mouvement, d'imprimer une forme à la
matière, par exemple les vases, les paniers, les cordes et
les agrès ; c'est le σκεῦος, l'ensemble est la σκευή. L'action de
plier la matière à une forme utile, d'agencer des parties
diverses en vue d'un but, d'appareiller, de gréer, de réunir
les objets servant à une même destination, à un même
métier, porte le nom de σκεύασμα ou de κατασκευή. S'il s'agit
de parties qui doivent recevoir une préparation préalable
attentive et ne peuvent former un tout que grâce à une
correspondance exacte, cet assemblage, cet ajustement est
une ἁρμονία : l'adaptation des cordes à la boîte de résonance
dans la lyre, du fer au manche dans l'arme ou l'outil, des
pièces diverses dans l'armure, des planches entre elles
dans la table ou sur les flancs du navire, des pierres entre
elles et avec les crampons de fer ou d'airain qui les relient
est désignée par le même mot. Aucun de ces objets, an-
ciennement connus, n'était de nature à attirer à lui seul
l'attention des esprits réfléchis.

L'instrument ou organon. — S'il s'agit maintenant
d'un objet destiné non plus à former un ensemble fixe
dont la résistance ou la durée est le principal caractère,
mais à produire un effet défini, à communiquer sous l'impulsion de la force humaine une forme ou une direction
déterminée à quelque matière, nous sommes en présence
de l'ὄργανον. Le levier, le coin, la hache, le marteau, la scie,
la serrure, le gond avec sa mortaise de métal, la rame et
la voile, le gouvernail (en forme de rame), le foret, le
métier à tisser, la lyre et la flûte, sont de tels organes
ou des instruments. L'idée est empruntée aux organes
de l'homme ; c'est la main qui est le modèle de la plupart des instruments, l'instrument par excellence. Peu

importe que l'instrument soit composé de plusieurs articulations ; à l'origine en effet le nom de machine ne lui est pas appliqué pour cela. De tels objets, non seulement en bronze et en fer, comme nous venons de le dire, mais faits de bois, d'os et de cordes furent alors inventés et multipliés en nombre considérable. Ce sont eux qui fournissent, à notre avis, le type de l'action au temps qui nous occupe. Mais achevons notre examen.

La machine. — Nous arrivons au mot μηχανή. Il eut pendant longtemps une signification morale. Il désigna en général toute combinaison ingénieuse, toute série de moyens employée avec réflexion en vue d'un but, quelque chose comme un stratagème, un artifice (1).

Ensuite on s'en servit pour représenter simultanément deux sortes d'objets matériels où l'artifice humain est manifeste, vu l'unité d'effet et la complexité des parties subordonnées, à savoir : les *thaumata* et les engins servant au génie civil ou militaire. Nous avons sur ces deux catégories d'objets plus spéciales quelques renseignements positifs. Voyons s'ils pouvaient dès le ve siècle servir à édifier une philosophie de l'action de préférence à l'*organon*.

Les ouvriers habiles ou les curieux de combinaisons savantes prirent à une époque qui n'est pas déterminée, peut-être du viie au vi^e siècle, l'habitude de dédier dans les temples leurs « chefs-d'œuvre » à la divinité. Le propre du θαῦμα est de produire quelque effet mécanique par des ressorts cachés ; la cause du mouvement restant invisible, la machine a l'air de se mouvoir elle-même, ou du moins

(1) Par exemple dans Platon, *Gorgias*, 459 a, μηχανὴ δέ τινα πειθοῦς εὑρετικήν, le mot est employé comme dans Eschyle avec son sens primitif.

il y a quelque chose qui paraît merveilleux dans son mouvement (1). Ce quelque chose de merveilleux, c'est que le mouvement conforme aux lois générales de la mécanique, *selon la nature*, qu'on attend, est remplacé par un **mouvement** inattendu, paradoxal, *contre nature*. Or comme le pouvoir de produire des mouvements qui **vont** contre les lois de la pesanteur appartient aux êtres vivants, la merveille est ici, en réalité, qu'un objet **inanimé** prenne l'apparence de la vie. Aussi les **fabricants** de θαύματα ne manquèrent-ils pas de donner à leurs œuvres la forme d'être vivants (2). On les appela automates (3). Nous en avons plusieurs exemples : Homère (?) parle de trépieds « posés sur des roues d'or, qui d'eux-mêmes, chose merveilleuse, se rendent à l'assemblée des dieux et d'eux-mêmes reviennent à leur place, » et d'un chœur de marionnettes qui tantôt tourne tout entier comme la roue du potier, tantôt se sépare en deux files qui vont l'une au-devant de l'autre (4). Il est question dans les mêmes poèmes de liens à constriction automatique dont Vulcain enlace Mars et Vénus. Bien que des poupées articulées aient existé dans les temples égyptiens (5), on a peine à croire que ces passages des poèmes homériques soient antérieurs à la recension de Pisistrate. Des traditions, sans doute du même temps, mais reculées de même dans une lointaine perspective et rattachées au nom de Dédale, racontaient qu'on avait vu une Vénus de bois se mettre en marche

(1) Aristote, *Questions mécaniques*, 848, a, εἰ δημιουργοὶ κατασκευάζουσιν ὄργανον κρύπτοντες τὴν ἀρχὴν ὅπως ᾖ τοῦ μηχανήματος φανερὸν μόνον τὸ θαυμαστόν, τοῦ αἰτίου ἄδηλον.

(2) Platon, *Lois*, 644, c, θαῦμα τῶν ζῴων θεῖον.

(3) Arist., περὶ ζῴων γενέσεως, 734, β, 10, τὰ αὐτόματα τῶν θαυμάτων, et 741, β, 10, ὥσπερ ἐν τοῖς αὐτομάτοις θαύμασι.

(4) *Iliade*, XVIII. Héron montra plus tard comment ces automates avaient pu être réalisés. Voir A. de Rochas, *Origines de la science et ses premières applications*, Paris, 1884, p. 153.

(5) Maspéro, *Archéologie égyptienne*, Paris, Quantin, p. 107.

quand on y versait du mercure (1) et que d'autres statues, toujours prêtes à rouler, s'échappaient dès qu'on les
déliait (2). Ces mécanismes anciens étaient sans doute
faits de cordes et de poulies. D'autres plus récents, mais
qu'Aristote mentionne sans les considérer comme une
nouveauté, étaient composés d'une série de roues de fer ou
d'airain qui roulaient l'une sur l'autre à frottement dur et
se transmettaient le mouvement dans des sens opposés (3).
Il ne semble pas que la religion grecque ait fait usage
de pareilles merveilles pour tromper les simples. Elles
étaient très rares. Placées dans les temples, elle partici-
paient de leur mystère ; elles ne produisaient pas, comme
le font les engins de guerre, un effet social décisif qui
frappât l'esprit public ; peut-être tout au plus en fit-on
des jouets de luxe avant de songer à les utiliser pour
les besoins de l'homme.

Pendant ce temps, il est vrai, les machines usuelles se
développaient sans mystère. Déjà les machines théà-
trales que suppose par exemple le *Prométhée* d'Eschyle
sont des applications notables des connaissances mécaniques de l'ordre le plus simple. Le v⁰ siècle les vit se
multiplier. Xerxès se servit de cabestans, — on les appelait des ânes, — pour tendre d'un rivage à l'autre de
l'Hellespont des câbles destinés à retenir le pont de
bateaux. Et quand le même Xerxès fait couper par
un canal l'isthme qui rattache le mont Athos à la terre
ferme, l'historien s'étonne qu'il n'ait pas fait simplement
traîner les navires par terre, montrant ainsi que l'emploi
de cabestans, de poulies et de moufles, indispensable à
un pareil travail, était alors chose ordinaire. Grâce à de
tels engins les navires corinthiens avaient pu franchir

(1) Aristote, *De l'âme*, 406, *b*, 18.
(2) Platon, *Ménon*, 97, *c*.
(3) Aristote, *Questions mécaniques*, 848, *a*, 30.

l'isthme, traînés sur le διολκος. Les marins et les architectes en utilisaient couramment de semblables. Les médecins, comme nous le verrons bientôt plus en détail, avaient les leurs pour réduire les luxations rebelles. L'attaque et la défense des places fortes mirent à leur tour à contribution les progrès de l'art mécanique. Les Perses, imitant les Assyriens, s'étaient servis de machines au siège de Milet, Miltiade au siège de Paros. Périclès battit les murs de Samos avec des engins inventés et dirigés par un ingénieur, Artémon (439). Il y eut de tels engins en 429 au siège de Platées. Xénophon montre son stratège idéal, Cyrus, obligeant ses parents et ses amis à fournir chacun sa machine de guerre. Mais il semble qu'il ne s'agit encore que d'abris roulants poussés à force de bras qui portaient l'assaillant à couvert avec le bélier soit au pied du mur, soit, grâce à un remblai (χῶμα), jusqu'au chemin de ronde. C'est plus tard, d'après Diodore de Sicile, que la catapulte fut inventée à Syracuse dans la guerre contre les Carthaginois (vers 396). Il est vrai qu'un soldat est signalé dans la collection hippocratique comme ayant été blessé par une catapulte devant Datos, à la date de 453, selon certains auteurs; mais cette interprétation est sujette à controverse et nous devons nous en tenir au témoignage de Diodore confirmé par Aristote. Celui-ci rapporte clairement l'invention comme récente et reflète l'émotion qu'elle a causée. Dans un autre passage, il cite comme exemple de meurtre involontaire le cas d'un homme qui fait partir une catapulte en la touchant maladroitement, ce qui prouve que, de son temps, le maniement de ces engins nouveaux exigeait des connaissances spéciales. Avec eux seulement commencera pour la technologie une nouvelle période.

La multiplication des organa est le fait technique

dominant de cette période. — Les mécanismes automatiques (à poids ou à ressorts), les seules vraies machines, qui existassent au V° siècle étaient donc rares et furent peu remarqués. Tous les « appareils » employés par l'art de l'ingénieur étaient mus directement par le bras de l'homme ; c'étaient pour les contemporains de simples instruments ; on les appelait communément ὄργανα. Hippocrate se sert, comme nous le verrons, du mot μηχανή pour désigner des appareils de réduction ; mais ces appareils, outre le *banc* à manivelles, comprennent le levier et même le coin, simples instruments sans aucun doute : ils n'agissent que poussés par la main humaine ; ils exigent pour chaque traction nouvelle un nouvel effort. Son emploi du mot est plus littéraire que technique ; il sent un peu l'emphase médicale ; chez lui μηχανή signifie plutôt encore ressource extraordinaire, artifice, moyen ingénieux que machine au sens moderne. Nous citerons en son lieu une phrase qui permettra au lecteur d'en juger. Du reste Hippocrate est de la fin du V° siècle. Aristote lui-même désignera encore la plupart du temps par le mot *organon* les machines les plus complexes à lui connues. A plus forte raison, au temps de Périclès, l'idée de la machine à mouvement spontané était-elle étrangère à l'immense majorité des esprits. Les *thaumata* étaient des exceptions ; ils étonnaient et charmaient le vulgaire, sans provoquer encore la réflexion sans exiger des philosophes une analyse exacte de leur structure. La machine à détente interne n'influera qu'à la période suivante sur les doctrines technologiques. Nous arrivons ainsi à cette conclusion, que *le fait technique dominant du V° siècle est l'existence et la prodigieuse multiplication des* ὄργανα. Nous allons constater que toutes les techniques contemporaines en portent l'empreinte.

L'art des transports en général. — Les routes étant peu sûres et les chevaux mal ferrés, l'industrie des transports par terre fit du VIIe au Ve siècle des progrès médiocres. Les fardeaux étaient le plus souvent portés directement par les bêtes de somme. Cependant pour les femmes et les enfants, lors des longs voyages que l'on faisait pour se rendre aux jeux sacrés, on employait des chars plus longs et plus spacieux que les chars de guerre, et dans lesquels on pouvait même dormir la nuit. La Sicile était renommée pour la fabrication des voitures et il est probable qu'elle avait précédé sur ce point la Grèce propre. Ce mode de locomotion exigeait des chevaux très doux et bien dressés : il n'était pas à la portée des petites gens : le transport par voitures des matériaux lourds et à de grandes distances était également très dispendieux et ne pouvait guère se faire que pour le compte des États et des grands sanctuaires. Le triomphe de l'art du dressage et de la fabrication des chars était la course, où des attelages de quatre chevaux se disputaient les prix. Ici encore l'activité esthétique fraye la voie aux applications pratiques : elle donne au Grec du VIIe et du VIe siècle la démonstration de ce que peut faire la volonté de l'homme pour se subordonner la volonté de l'animal; elle lui met en main avec les rênes du quadrige la direction d'un instrument fait en partie de forces vivantes, mais d'autant plus docile à sa pensée.

La navigation. — C'est par eau que se faisaient la plupart des transports. Toujours incapable de tenir la mer par les gros temps malgré la ceinture de cordages (ὑποζώματα) dont on l'enserrait de bout en bout, toujours incertain dans sa marche par les nuits sombres et les temps couverts, le bateau ne trouve son salut que dans la création d'une force obéissant à la volonté du pilote et qui puisse au besoin, en dépit du courant et des vents, le porter rapidement près du rivage où il sera hissé en attendant l'embellie. Cette force, l'accumulation des rameurs la fournit : son emploi suppose des bateaux légers d'une certaine longueur qui exagèrent les formes des navires phéniciens. Les Phocéens réalisent cette modification. On peut ainsi mettre sur ces bateaux pour les rendre plus rapides et plus indépendants dans leur marche un nombre de plus en plus considérable de rameurs.

Si nous en croyons Pline l'Ancien, c'est Erythrée, ville ionienne, qui eut la première des vaisseaux à deux rangs de rames. A partir de ce moment, en allongeant le navire, en élevant ses bords et en superposant un rang de rameurs à un autre, on put accroître presque indéfiniment la force motrice intelligente : la rapidité des évolutions n'étant plus qu'une question de discipline. Mais alors les limites imposées aux frais des transports par le peu de valeur de certains matériaux volumineux étaient dépassées ; on comprit qu'il fallait renoncer à la vitesse et à la sécurité que procurait la propulsion par les bras pour garder l'impulsion gratuite fournie par le vent. Deux types de navires se formèrent ainsi : l'un, le bateau marchand, à flancs larges et à grandes voiles, d'allure lourde, soumis au bon plaisir du vent, portant, avec des marchandises en grande quantité, un équipage peu nombreux; l'autre, le vaisseau de combat, étroit et allongé, où la voilure était l'accessoire, portant au contraire plusieurs rangs de rameurs serrés les uns contre les autres, armé d'un éperon, pouvant développer à un moment donné, même avec un vent contraire, une grande vitesse, et capable d'évolutions presque instantanées. C'est à Corinthe que ce second type se constitue par la création d'un troisième rang de rames et des changements de structure appropriés, que nous voyons l'ingénieur Aminoclès aller enseigner à Samos vers le commencement du vII[e] siècle. A la birème de 30 à 50 rameurs, succède ainsi la trirème qui en comptera, quand elle aura reçu sur les chantiers des tyrans siciliens, des Corcyréens et des Athéniens ses derniers perfectionnements, 87 de chaque côté, ce qui fera, avec l'état-major et les gens de service, pour un vaisseau de 35 mètres, un équipage de 200 hommes. Ce n'est plus seulement la tradition, c'est le besoin né des circonstances, c'est l'ingéniosité du constructeur dont la trière doit porter le nom sur les inscriptions publiques, qui règle les détails de sa forme et de son armement. Il est pourvu d'un pont armé de deux tourelles, l'une à l'avant, l'autre à l'arrière ; ses hautes parois défendent au besoin les rameurs contre les paquets de mer et contre les projectiles ; un rebord sur lequel les hommes d'armes peuvent circuler court autour du pont ; il porte suspendues à ses vergues des masses de plomb ou de fer (les dauphins) qu'il jette sur l'adversaire pour le défoncer ; Périclès le munit de crampons de fer. Pendant la guerre du Peloponèse, il se trouva que les trières athéniennes avaient les façons de l'avant trop élancées et trop fines, et étaient facilement avariées par les trières péloponésiennes plus massives qui les abordaient de front : pour parer à cet inconvénient on rendit leur avant plus court et plus trapu (1). Les hommes sont entassés dans cet engin de guerre. « Pour ne pas se gêner mutuellement, dit Xénophon, les rameurs sont obligés d'observer dans tous leurs mouvements une régularité parfaite, lorsqu'ils s'asseyent, qu'ils se penchent en avant ou en arrière, qu'ils gagnent ou quittent leurs places. » La manœuvre est réglée par les sons de la flûte, scandée par les cris de la chiourme ; elle obéit aux ordres

(1) Cartault, *la Trière athénienne*, p. 21.

de deux sous-officiers, un pour chaque bord, subordonnés
eux-mêmes au kéleuste ; à son tour le kéleuste est subordonné au pilote, qui est enfin sous les ordres du triérarque. Le commandant a donc dans sa main toute la force
motrice de l'engin qu'il dirige ; tantôt il le lance droit
contre l'ennemi de manière à percer celui-ci de son éperon,
tantôt il le fait passer rapidement près de l'adversaire de
manière à briser ses rames ; il s'en sert comme le soldat
de son arme ; la comparaison est venue à l'esprit de ceux
mêmes qui l'ont nommé : la trière n'est pas seulement
l'*Ailée*, la *Volante*, la *Véloce*, la *Puissante*, elle est encore
l'*Obéissante*, la *Pointe*, le *Javelot*, la *Lance*, la *Fronde*.
Jamais puissance plus redoutable et plus docile à la fois
n'avait été à la disposition de l'homme pour l'attaque et la
défense ; on conçoit que l'unes d'elles ait inspiré à ses
constructeurs une haute idée de l'invention humaine et
qu'ils l'aient appelée *Techné*, l'Art.

L'art de la construction. — Avec l'outillage et les
moyens de transport que nous avons décrits, l'art de la
construction fait de rapides progrès. De grands travaux
civils sont entrepris ur l'initiative des tyrans avec l'aide
d'ingénieurs dont le nom a quelquefois été conservé. Pour
la première fois on voit des ports, des bâtiments civils,
des forteresses, des quartiers de cités, des tunnels pour la
conduite des eaux s'élever en peu de temps sur des plans
réguliers. C'était déjà une innovation que la construction
de temples infidèles au style dorien ; « ce fut, dit C. Curtius, un manifeste contre l'inflexible esprit dorien que le
Trésor de style ionique bâti par Myron à Olympie vers
648, à côté de l'édifice dorique déjà existant » (vol. II,
p. 80). Mais voici des œuvres de pure utilité. Les Corinthiens construisent à travers l'isthme le δίολκος et font
fabriquer des navires spéciaux se prêtant à cet étrange

moyen de transport : ils creusent et entourent de jetées le premier port artificiel. On ne peut s'empêcher de penser que Périandre eut quelque part à ces entreprises, quand on le voit projeter de percer l'isthme même. A Mégare, « Théagène amène au moyen d'un long canal les sources de la montagne au cœur de la ville, où une fontaine jaillissante orna l'Agora. » Athènes fut dotée par ses tyrans de grands aqueducs souterrains et de vastes bassins où l'eau se clarifiait avant d'entrer dans la ville : la fontaine de Callirhoé fut décorée d'un portique à colonnes et d'un déversoir à neuf bouches. Des routes rayonnèrent du Céramique aux bourgs dans toutes les directions et ces routes furent jalonnées d'Hermès portant l'indication des distances. A Samos, un élève de Théagène, Cupalinos, perça pour amener l'eau jusqu'à la ville un tunnel long de sept stades dans lequel les promeneurs pouvaient prendre le frais. Un tyran, Polycrate, est le promoteur de cette entreprise : toutes ses constructions présentent un tel caractère d'originalité qu'Aristote les appelle encore ἔργα πολυκράτεια. Syracuse, avec ses trois quartiers dont chacun était une ville, « ses ports, ses palais, ses sanctuaires, ses édifices publics, ses aqueducs, » dont une branche, dit-on, passait sous la mer, est l'œuvre de ses tyrans. Agrigente doit aux siens ses conduites d'eau et de superbes édifices. Là où les tyrans disparurent, le mouvement inauguré par eux continua. Thémistocle s'inspirant de vues politiques hautement réfléchies édifia les longs murs dont il fit joindre les pierres avec des tenons de fer et de bronze. Cimon planta sur les places publiques de son pays de longues allées de platanes. Hippodamus, d'accord avec Périclès, rectifia sur un plan géométrique les rues tortueuses du vieux Pirée. L'intelligence individuelle entre partout, pour le service des besoins les plus importants de l'homme, en lutte avec les forces de la nature et avec la routine, et ses victoires sont partout célébrées.

Les banques. — Au milieu des villes pleines d'ateliers, retentissantes du bruit des chantiers maritimes, s'ouvraient des marchés où s'étalaient les produits de toutes les plages méditerranéennes. Là se dressaient les tables des changeurs. Ceux-ci non seulement savaient déterminer la valeur d'une multitude de monnaies diverses, mais faisaient les comptes des négociants, servaient de témoins aux engagements et recevaient les dépôts ; de plus ils prêtaient sur gages, sur hypothèques et sur immeubles : ils commanditaient les entreprises industrielles et maritimes, bref ils tenaient de véritables banques, pourvues d'employés aux écritures, car chacune de ces maisons avait ses registres. Des États comptaient parmi leurs clients. A la propriété foncière, immobile, garantie par les dieux, à la richesse don de la nature et du ciel, succédaient la propriété mobilière, fondée sur le crédit, la richesse, fruit de l'intelligence individuelle, créée de toutes pièces par des métèques et des esclaves. Le pouvoir de l'argent, chose artificielle et humaine s'il en fut, se révélait. Bien que ces banquiers ne fissent que laïciser le prêt à intérêt pratiqué naguère par les sanctuaires envers les cités, bien qu'ils se servissent pour leurs dépôts de numéraire de l'opisthodome des temples, l'édification soudaine de leur fortune était le scandale des conservateurs et il paraissait étrange au public que l'on pût avec un peu d'or et des tablettes fabriquer des trésors royaux.

Commencements de la personnalité artistique et industrielle. — Nous n'avons à nous occuper des beaux-arts que dans leur rapport avec les arts utiles. Les premiers ont d'abord à cette époque cela de commun avec les seconds que l'artiste, comme l'architecte et l'ingénieur, commence à prendre conscience de la part d'invention qui lui revient dans l'œuvre produite. Les sculpteurs par exemple savent qu'ils ont reçu de leurs prédécesseurs les procédés de leur art ; mais ils tiennent dès le viie siècle à inscrire leur nom sur leurs statues ; ils les ont faites, elles sont leur création (1). Ils font effort pour reproduire des formes et des physionomies individue'les ; par cela même, ils ont une perception distincte de leur propre personnalité et quelques-uns sont tentés de placer leur portrait jusque sur le fronton des temples, d'où la loi religieuse bannit toute figuration individuelle. Les peintres de vases nous ont légué leurs noms. mais les potiers ne se piquent pas moins d'invention et ils nous ont transmis les leurs. En sorte qu'on ne saurait dire si c'est l'artiste ou l'ouvrier qui du viie au ve siècle er. Grèce a le premier reconnu que la forme imposée par lui à la matière était une dérivation de sa personne, un prolongement de sa pensée.

Distinction entre les beaux-arts et les arts utiles. — Mais d'autre part la production esthétique, qui n'a d'autre but qu'elle-même et le plaisir désintéressé qu'elle cause, se distingue déjà du travail utile. destiné à satisfaire un besoin, et ce fait est la condition sans laquelle une philosophie technologique ne saurait prendre naissance. Certaines cérémonies religieuses, nécessaires comme telles au salut de la cité. tendent à devenir de simples réjouissances publiques, par exemple les représentations théâtrales. Les odes perdent leur caractère sacré ; au lieu de servir à attirer la bénédiction des dieux, elles sont consacrées surtout à l'embellissement et à la glorification d'existences privées. Les instruments se refusent à accom-

(1) Collignon. *l'Archéologie grecque,* p. 100, 121, 130, 260, 280.

pagner modestement les voix ; ils prétendent se faire entendre seuls, pour le plaisir, et cette apparition de l'art pour l'art scandalise les conservateurs. Des représentations scéniques composées pour des particuliers sont jouées dans les maisons à la fin des repas, et des auditions oratoires, des exhibitions, ἐπιδείξεις, sont données à Athènes chez de riches citoyens par les virtuoses de la parole. La céramique et la toreutique multiplient pour l'ornement des demeures et la toilette des femmes les œuvres ne répondant à aucun besoin vital. Or, un tel développement des arts profanes ne pouvait manquer de mettre en relief par opposition l'existence des arts utiles : les protestations de Socrate et de ses disciples contre l'art pur nous montrent que la distinction entre les productions seulement belles et les productions seulement utiles avait été remarquée, ce qui suppose qu'elle s'était révélée dans les faits (1). Ainsi prend fin, au moins partiellement et pour un moment, l'état religieux dans lequel l'activité esthétique et l'activité pratique sont confondues ; ainsi naissent des règles d'action dont l'utilité clairement conçue est le seul principe.

L'écriture et les arts de la parole. — La réflexion ne pouvait dégager des autres motifs les motifs utilitaires sans le secours des arts de la parole et ceux-ci ne pouvaient se constituer sans l'écriture. Dès que le papyrus devint commun grâce à l'extension des relations commerciales avec l'Égypte, et que l'emploi de l'écriture se vulgarisa, on put se livrer à un double travail, premièrement à un travail d'invention, par lequel les ressources de la parole furent multipliées, secondement à un travail d'observation et d'analyse portant sur les résultats

(1) Xénophon, *Mémorables*, III, viii, 10-13 : *Gorgias*, 162. d.

obtenus. Ici, en effet, l'art et la théorie de l'art sont difficilement séparables. On comprit d'abord que la parole oratoire se compose de groupes définis d'énonciations, et on fit le dénombrement des organes essentiels du discours. Puis on en vint à la recherche des effets produits dans chacune de ces parties par la succession des phrases et l'on s'aperçut vite des ressources de l'accumulation, du balancement, de la symétrie, de la gradation : les éléments de la période se rangèrent en quelque sorte en files pompeuses avant de s'organiser pour la bataille. Les efforts de l'argumentation et de la dispute devaient les nouer plus fortement les uns aux autres dans les assauts de la dialectique politique ou démonstrative. On s'aperçut que dans l'εὐταξία ou καλλιλεξία les mots eux-mêmes peuvent être la source d'effets précieux par les redoublements, les assonances, les accouplements antithétiques, etc. On réussit à ramasser selon le besoin la pensée en un trait, ou à la répandre en phrases luxuriantes (brachylogie, macrologie) (1). Il y a plus : la langue littéraire, la prose prêta à la partie cultivée de la race hellène un instrument d'analyse subjective incomparable ; l'homme instruit eut prise par elle sur sa propre pensée ; il put la conduire à son gré, la fixer successivement sur chaque point d'un ensemble d'idées et la ramener vers le tout ; une méthode en toutes choses devint possible. Il apprit enfin par elle à dégager les fins et les motifs de ses actions ainsi que les fins et les motifs des actions d'autrui. On créa ainsi, pour l'humanité à venir, un instrument nouveau, d'une puissance d'autant plus irrésistible alors que le nombre était plus petit de ceux qui en connaissaient le secret ; on fit selon le mot de Solon de la parole une arme (2). En pos-

(1) *Gorgias*, 449, d.
(2) Mullach. *Fragments poët.*, p. 220.

session de cet instrument, l'orateur était maître de son
discours et des auditeurs comme le triérarque était maître
de son navire et des flots (1).

L'art du calcul. — L'art du calcul n'avait pas attendu
pour se développer l'emploi de l'écriture ; il était trop
indispensable aux commerçants primitifs pour que le
besoin ne leur fit pas trouver des moyens de l'exercer à
leur portée. On se servit pour cela de l'organe qui offre
une série linéaire d'objets distincts, la main ; c'est pourquoi le système de numération des Grecs, comme celui
d'une multitude d'autres nations, fut décimal : nouvel
exemple de projection organique. Le moyen de numération ainsi découvert était si direct et si simple qu'aucune idée religieuse ne paraît s'y être mêlée (2). Quand il
fallut additionner les dizaines, on employa de petits cailloux (ψῆφοι) ; puis on eut l'idée de représenter les dizaines
par un seul caillou plus gros ou d'une autre couleur :
enfin on donna une valeur de convention aux cailloux des
diverses séries selon leur place dans l'ensemble du
tableau. Alors, ou bien on se servit pour désigner les
divers nombres d'une manière abrégée, de la première
lettre de leur nom, ce qui conduisit à dresser des tables à
calcul où les divers groupes de ψῆφοι occupaient des places
fixes marquées par des lettres (tel était sans doute l'ἄβαξ).

(1) Cf. Chaignet, *la Rhétorique et son histoire*, et Platon.
Gorgias, 452, e.
(2) Ne concluons pas trop vite de l'absence de témoignages à
la non existence du fait. Il y a des indices qui laissent supposer
que les nombres ont traversé une période théologique : les trois
corps d'Hécate, les sept planètes, les neuf muses, les douze grands
dieux, les douze cités confédérées sont un exemple de cette incorporation primitive de croyances religieuses aux nombres élémentaires. Voir aussi ce qui a été dit plus haut de l'influence des
jours dans Hésiode et se rappeler ce que furent les nombres pour
les Pythagoriciens.

ou bien on donna à certains mouvements des doigts une valeur conventionnelle, et par ce moyen des gens de diverses nationalités purent commercer sans difficulté les uns avec les autres comme le font encore les Persans.

Mais dans les deux cas les opérations ne trouvaient dans le symbolisme employé qu'un moyen de fixation ou de lecture ; elles devaient toujours se faire mentalement. Les enfants étaient de bonne heure dressés au calcul mental par la mémoire d'abord, puis au moyen de jeux qui charmaient également les adultes : le jeu des pions, πεττεία, emprunté aux Égyptiens, se jouait probablement sur une table comme celle qui a été trouvée à Salamine et que le savant Vincent croit être à la fois une table à calcul et une table de jeu. Un passage de Platon (1) ne permet pas d'assimiler entièrement les deux appareils, mais il montre que le jeu des pions et le calcul proprement dit relevaient, dans la pensée de Platon, du même ordre de connaissances, l'arithmétique appliquée ou logistique. Un Athénien cultivé du ve siècle pouvait donc exécuter sans difficulté par ces moyens tout concrets les opérations, très longues parfois, nécessitées par la vie politique d'alors ; chef militaire, administrateur, financier, il savait non seulement additionner et soustraire, mais en ramenant la multiplication à l'addition, et la division à la soustraction, multiplier et diviser les uns par les autres des nombres considérables ; il pouvait exécuter les mêmes opérations sur des fractions qui avaient toujours l'unité comme numérateur ; il parvenait probablement sans trop de peine, comme le font les entrepreneurs illettrés de nos jours, à faire des partages proportionnels approximatifs. Même les marchands étaient capables de ces opérations élémentaires, qu'ils exécutaient au moyen des doigts.

(1) *Lois*, VII, 820. Voir encore *Gorgias*, 450, c.

L'écriture fut employée à partir du VIᵉ siècle, comme le montre un nombre immense d'inscriptions, pour traduire en lettres dites Hérodiennes ou Attiques, c'est-à-dire par les initiales des nombres, les résultats des opérations ci-dessus indiquées. Dans quelle mesure servirent-elles elles-mêmes au calcul ? C'est ce que nous ne savons pas (1).

Une mesure plus parfaite de l'espace, du temps et de la valeur devient facile à partir du moment où des calculs déjà compliqués se font sans peine et où la langue est assez flexible pour exprimer jusqu'aux nuances les rapports qualitatifs des choses.

La géométrie pratique. — Vers 560 av. J.-C., Anaximandre construit la première mappemonde. La Grèce en occupait probablement le centre : mais ce n'est plus seulement en vertu d'une tradition religieuse, c'est d'après une conviction raisonnée du philosophe géographe, bien que fondée sur des mesures tout à fait insuffisantes. Hécatée de Milet, cinquante ans environ après Anaximan-

(1) Mais on peut conjecturer que ce furent les arithméticiens proprement dits, c'est-à-dire les théoriciens des nombres qui s'en servirent les premiers couramment pour cet usage. Or ces théoriciens apparaissent parmi les derniers Pythagoriciens. Platon fut également un grand mathématicien comme chacun sait, et ses découvertes théoriques ne purent manquer de fournir de nouvelles ressources à l'art du calculateur. Elles provoquèrent ainsi un emploi plus fréquent de l'écriture dans les calculs, bien qu'il faille ajouter que les procédés le plus souvent employés pour obtenir les solutions nouvelles étaient géométriques. En sorte que l'emploi normal de signes numériques pour le calcul doit sans doute être rejeté jusqu'au temps d'Euclide, au IIIᵉ siècle avant Jésus-Christ. C'est à partir de ce moment, en effet, que les signes attiques (analogues à nos chiffres romains) furent peu à peu remplacés comme étant lents à manier et exigeant beaucoup de place, par les signes alphabétiques, dont se servent les éditeurs modernes pour compter les livres ou les chants des auteurs grecs. (Cf. J. Gow, *History of Greek mathematics*, Cambridge, 1881, chap. I à III ; Tannery, *la Géométrie grecque*, 1887, p. 48, « Sur la logistique » et pour plus de détails : la « *Notice*, du même auteur, *sur les deux lettres arithmétiques de Nicolas Rhabdas* », 1886.)

dre, donne la première description écrite de la terre : il a
voyagé et trace ses descriptions d'après des observations
positives. Hérodote décrit aussi en voyageur l'Asie et
l'Afrique comme l'Europe ; le monde au v⁰ siècle s'élargit
et les rapports de distance et de position entre ses diverses
parties se fixent. Anaximandre avait construit une sphère
représentant le ciel ; il avait jeté ainsi les fondements de
l'astronomie. Les points de la surface terrestre pouvaient
dès lors être déterminés d'après la position des étoiles.
Bien que pour lui le ciel fût encore divin, l'idée du lieu
revêtait dès lors un caractère de généralité étranger aux
conceptions théologiques antérieures. L'hypothèse d'Anaxagore d'après laquelle la lune et le soleil seraient des
terres comme la nôtre tend encore davantage à enlever à
celle-ci sa situation privilégiée. En tout cas ce n'est plus
la Grèce, c'est la terre tout entière qui est ici considérée
comme milieu du monde. C'est par rapport à elle et non
par rapport à telle ou telle région que sont conçus le haut
et le bas, le droit et le gauche, l'avant et l'arrière. Le système atomistique introduit bientôt une image toute géométrique de l'univers ; chaque tourbillon est un centre :
si la terre occupe le milieu, c'est pour des raisons mécaniques et non comme séjour de l'homme. La géométrie
(au sens moderne), déjà cultivée avec succès par Pythagore et qui suppose l'idée de l'espace abstrait, prend au
v⁰ siècle, avec Théodore de Cyrène, Hippocrate de Chios.
Hippias d'Elis et Démocrite, un développement considérable. Bien qu'elle ait dès lors une tendance à se séparer
de l'art de la mesure, nous voyons que Démocrite publie
un traité d'arpentage où il utilisait sans aucun doute ses
connaissances théoriques (1). Les partages de terres.

(1) Anaximandre se risque à évaluer l'épaisseur du disque terrestre (Tannery, *Géométrie grecque*, p. 90). Hérodote connaît le
rapport qui unit les mesures grecques à celles des barbares. Une

nécessités par de fréquentes *clérouchies*, les tracés de
plans pour les villes (comme par exemple lors de la fondation de Thurii par Hippodamus) et pour les temples
eux-mêmes, prennent dès lors le caractère d'opérations
exactes (1). L'orientation des édifices relève (même pour
Socrate) de l'hygiène et non de la théologie. L'évaluation
des hauteurs, fussent-elles inaccessibles, devient possible :
les sommets des montagnes perdent leur mystère. Enfin
les contours des rivages se définissent ; les navigations
lointaines n'ont plus besoin de l'intervention divine ; les
régions jadis fabuleuses, plus nettement situées par rapport aux régions connues, deviennent analogues à elles :
il n'y a plus d'obstacles imaginaires à leur pénétration.

Mesure du temps. — Un progrès correspondant était
réalisé dans la mesure du temps, car si l'établissement et
l'extension de l'homme sur la terre exigent la représentation à quelque degré scientifique de l'étendue concrète
et de l'espace abstrait, la prise de possession du temps,
l'extension de l'activité dans l'avenir exigent de même la
représentation à quelque degré scientifique des mouvements astronomiques et du temps abstrait, inséparable
elle-même de la géographie et de la géométrie.

La détermination pratique des grandes périodes paraît
avoir marché à peu près du même pas que celle des
petites, en sorte que la notion du temps aurait gagné à la
fois en précision dans le détail et en extension dans l'ensemble ; mais ce qui doit attirer ici notre attention, c'est
le caractère humain et réfléchi de ces diverses règles.

unité de mesure fondée sur la grandeur moyenne d'une partie du
corps humain, le pied, tend alors à s'établir dans tous les pays
helléniques (Hultsch, *Griechische und Römische Metrologie,* § 8).
Thucydide et Xénophon fournissent sans cesse des mesures d'une
approximation suffisante.

(1) Cf. Hultsch, § 10, 2.

Le navigateur et le cultivateur ont surtout besoin de connaître l'ordre des saisons et la durée moyenne des régimes météorologiques — température, pluie ou sécheresse, vent — ou astronomiques — durée des jours, présence ou défaut de lune — qui les caractérisent. Aussi les premiers astronomes travaillèrent-ils à la constitution de calendriers météorologiques, véritables almanachs, qu'on appelait dès le ve siècle des *parapegmes*. Thalès continua dans un esprit plus scientifique la division pratique de l'année commencée par Hésiode; il utilisa sans doute pour cela les renseignements qui lui furent fournis par la science égyptienne. Son astrologie nautique contenait sans doute, outre une description du ciel, des indications sur le lever et le coucher des astres. Connaissait-il la clepsydre et le gnomon? C'est possible. « Hérodote déclare formellement que le *gnomon*, le *polos* et la division du jour en douze parties ont été empruntés par les Grecs aux Babyloniens (1); » mais il ne dit pas quand cet emprunt a eu lieu. Ces appareils furent certainement connus des philosophes ioniens, Anaximandre et Anaximène. Démocrite au siècle suivant a écrit une *polographie*. Le gnomon « était tout simplement une tige verticale dressée sur un plan horizontal. L'observation de l'ombre minima de cette tige sur ce plan permettait de déterminer les points cardinaux, le midi vrai et l'époque des solstices dont celui d'été servait chez les Grecs à déterminer le commencement de l'année. Avec des connaissances géométriques élémentaires le gnomon suffit également pour déterminer les équinoxes, l'obliquité de l'écliptique et la hauteur du pôle pour l'endroit où il est élevé; il servit donc plus tard à prouver la sphéricité de la terre... Le *polos* était une horloge solaire. Mais ce cadran primitif ne

____

(1) Tannery, *Pour l'Histoire de la science hellène*, p. 82.

ressemblait en rien aux nôtres. C'était une demi-sphère concave ayant pour centre l'extrémité d'un style ; chaque jour l'ombre de cette extrémité décrivait un arc de cercle parallèle à l'équateur, et il était facile de diviser ces parallèles, supposés complétés, en douze ou vingt-quatre parties égales (1). » C'est avec ces instruments que les astronomes du vi^e et du ve siècle parvinrent à constituer une année à peu près régulière. D'abord on se borna à déterminer avec le gnomon l'heure du coucher ou du lever du soleil à la néoménie (nouvelle lune) qui suivait le solstice d'été, commencement de l'année chez les Grecs. On s'aperçut alors que les années étaient tantôt de douze, tantôt de treize mois ; et que le retour des unes et des autres était périodique. On obtint ainsi l'octaétéride, période de huit ans divisée en deux autres de quatre, la première avec deux années intercalaires, la seconde n'en contenant qu'une seule. Mais cette période laissait subsister une différence entre l'année lunaire et l'année solaire ; la première étant de 4 heures 1/2 environ plus longue que la seconde, au bout de huit ans la différence était de 36 heures et à l'expiration de la période la nouvelle lune était en retard d'un jour et demi : c'étaient donc trois jours d'excès en seize ans, et trente en cent soixante ans. Un désarroi sensible aux yeux les moins attentifs s'était donc introduit dans le calendrier. Aristophane en plaisante dans les *Nuées* (423). Chaque cité y remédiait par des intercalations ou des retranchements arbitraires qui augmentaient encore la confusion des divers calendriers helléniques. Méton après Ænopide essaya de le faire par la constitution d'une période de dix-neuf ans ou ennéadécatéride comprenant sept années intercalaires. Il exposa son système devant les Athéniens et le sentiment de l'utilité de

(1) Même ouvrage, p. 82, 83.

ces connaissances était si général que le réformateur fut accueilli par des applaudissements. La nouvelle période eut cependant quelque peine à s'introduire dans la pratique, même à Athênes, *a fortiori* dans les autres pays : mais sans nous attarder à ce détail, nous voyons avec une pleine évidence qu'au ve siècle avant J.-C. la détermination pratique de l'année et des mois fut l'objet d'efforts réfléchis et conscients, et qu'au lieu d'être abandonnée à l'empirisme des autorités civiles et religieuses, elle emprunta manifestement le secours de la raison et de la science. La chronologie adoptée par Thucydide en est une nouvelle preuve. On sait qu'il compte les années à partir de celle qui vit le commencement de la guerre du Péloponèse et désigne les dates au cours de chacune d'elles par les divers degrés de la croissance des blés ou de l'avancement des travaux champêtres, espérant trouver ainsi un système d'indications intelligible à tous les Grecs et aussi durable que le climat de son pays. Quelle que soit la valeur de ce système, n'est-il pas ouvertement inspiré par des vues naturalistes, volontairement contraires à l'esprit des calendriers religieux ? Ne témoigne-t-il pas nettement de la tendance de l'historien philosophe à considérer le temps comme étranger en soi à toute influence surnaturelle (1) ?

Division du jour. — La division du jour en quatre parties : l'aube, πρωΐ, le matin, περὶ πλήθουσαν ἀγοράν, le midi, τὰς μεσημβρίας, ἀγορᾶς διάλυσις, le crépuscule, περὶ δείλην (division évidemment postérieure à l'établissement de la démocratie), celle de la nuit en deux parties, le soir où les lampes sont allumées, περὶ λύχνων ἁφάς, ἕσπερος, la nuit noire, μέσων νυκτῶν, ὄρθρος, déjà fondées sur des phénomènes tirés de la

(1) Cf. la *Collection hippocratique*, édition Littré, t. V, p. 343.

nature ou de la vie sociale, firent place d'abord à des divisions plus ou moins artificielles de plus en plus précises. On distingua le jour en parties multiples tirées de la longueur de l'ombre de l'homme, puis de la longueur de l'ombre du style dans le gnomon ou le *polos*. Les heures diurnes correspondaient aux douze parties égales entre lesquelles se divisait l'arc parcouru par l'ombre dans le *polos*. Elles étaient donc de longueur inégale selon les saisons. Plus tard on divisa la nuit et le jour en douze heures théoriques exactement égales, qui s'appelèrent équinoxiales par opposition aux heures saisonnières. La clepsydre donna enfin de bonne heure une évaluation du temps entièrement artificielle, d'après une unité de mesure toute de convention, et mit en quelque sorte à la portée de tous la notion du temps abstrait.

« *Neutralisation* » *du temps*. — Ainsi se forma peu à peu dans la conscience hellénique l'idée d'une succession indéfinie d'années et de périodes d'années mesurées par les phénomènes cosmiques les plus généraux, ayant commencé bien avant les séries de jeux locaux et les fondations de villes, embrassant dans son cours uniforme tous les calendriers discordants et offrant à l'action dans l'avenir un champ non moins indéfini et non moins régulièrement divisé, libre de toute intervention surnaturelle. Pour les philosophes et même pour les politiciens leurs élèves un jour en vaut un autre ; une année, une période d'années ne sont ni pires ni meilleures par elles-mêmes qu'une autre lune, qu'une autre année et qu'une autre période d'années et, dans le cours de la journée ou de la nuit, qu'Apollon ou Hécate soient au ciel, que l'heure soit celle de dieux bienfaisants ou de dieux redoutables, tout moment est propice aux desseins bien conçus.

Les événements heureux ou malheureux, la croissance

et le dépérissement sont dus soit à des causes externes,
soit à des causes internes où les volontés divines ne sont
pour rien. Cependant comme précisément la force de vie
qui pousse les choses à leur développement n'est pas inépui-
sable, on comprit que ce qui a longtemps duré doit par
cela même plus tôt finir, et que la nouveauté dans l'existence est pour tout ce qui est comme pour les êtres vivants
une présomption de long avenir. Le temps fut donc divisé
dans le sentiment vulgaire en deux périodes, le passé,
domaine des choses mortes ou décrépites, l'avenir, domaine de la jeunesse et de la force. Ce fut une injure que
de dire à un homme qu'il était du temps de Saturne et
Aristophane nous montre un incrédule, un philosophe
affublant de cette épithète un naïf qui croit encore à l'intervention des dieux dans les phénomènes météorologiques. Le temps n'était plus ce qui édifie, ce qui conserve
et ce qui consacre ; c'était surtout ce qui affaiblit, ce qui
épuise et ce qui ruine (Sophocle, *Œdipe à Colone*, v. 607).
De telles dispositions sont celles où naît d'ordinaire la
doctrine du progrès ; nous ne serons pas surpris de la voir
poindre pour la première fois chez les philosophes du v
siècle.

La monnaie. — Nous avons vu au chapitre précédent
que la monnaie avait sans doute été frappée à l'origine
dans les temples. Il ne s'écoula pas un long temps avant
que les pouvoirs publics s'emparassent de cette fabrication qui tenait aux intérêts les plus graves de l'Etat. Mais
les empreintes gardèrent pendant plusieurs siècles encore
un caractère exclusivement religieux. Les pièces frappées
par les cités les plus avancées en culture et le plus péné-
trées de l'esprit nouveau étaient destinées à circuler parmi
des populations diverses dont quelques-unes ne pouvaient
concevoir d'autre garantie que celle de la religion, et

d'autre part il importait de respecter les habitudes des
commerçants, attachés aux anciens types. C'est ainsi que
la monnaie d'Athènes garda toujours la tête de Minerve à
la face et la chouette au revers. Mais on voit dans la première moitié du v siècle d'autres villes, peut-être plus
profondément remuées qu'Athènes par les révolutions
politiques, une ville sicilienne entre autres où la tyrannie
était depuis longtemps établie, Syracuse, introduire sur
leurs monnaies des allusions à des événements historiques contemporains. Gélon et le premier Hiéron, tout
fiers de leurs victoires aux jeux olympiques, font graver
sur leurs coins des quadriges. Zanclé, la ville qui précède
Messine, fait représenter sur les siens la faucille par allusion à la forme de son port. Plus tard « Agathocle voulant
laisser sur la monnaie un souvenir de la défaite des Carthaginois y fit représenter la Victoire élevant un trophée
composé d'armes puniques. Un lion d'Afrique avait suffi
à Gélon pour rappeler son triomphe sur les mêmes
ennemis. »

Au même temps et surtout en Sicile se produisit une
autre audace. De même que jusqu'à cette époque aucune
allusion à des événements humains n'avait figuré sur les
monnaies, nul artiste n'avait songé à y inscrire son nom.
C'est cependant ce que n'hésitent pas à faire d'illustres
graveurs de l'Italie méridionale et de la Sicile, auxquels
il faut joindre des graveurs de Pydonia en Crète et de
Clazomène d'Ionie. Nous avons une trentaine de types
signés, plusieurs par un même artiste auquel plusieurs
cités avaient demandé un modèle. Cet événement signifi-
catif se passe dans les dernières années du v siècle.
Evainétos et Kimon de Syracuse, Théodotos de Clazomène
sont les plus éminents d'entre les graveurs dont le nom
ait été ainsi conservé. Bien plus, le fonctionnaire chargé
de frapper la monnaie pour la cité cherche aussi vers le

même temps à en faire un monument personnel. « C'est l'empreinte de son propre cachet que le magistrat chargé du monnayage place ainsi sur les espèces, à côté du type public et officiel, en l'accompagnant quelquefois de l'inscription de son nom comme marque destinée à établir sa responsabilité personnelle en cas de fraude ou d'irrégularité. Il y a même des cités, comme Abdère de Thrace, vers la fin du v⁰ siècle et dans le iv⁰, qui ont élevé l'emblème personnel du sceau du magistrat dont leurs monnaies portent la légende, au rang d'un des types principaux de ces monnaies (1)... »

Mesure de la valeur en un temps où les transactions commerciales étaient déjà extrêmement nombreuses et où des marchés étaient ouverts sur toutes les côtes de la Méditerranée, en Asie et en Europe, la monnaie était alors pour chaque peuple un élément très important de succès : l'avantage ne pouvait manquer d'être assuré à celui qui présenterait sur ces marchés multiples les espèces de meilleur aloi et le plus commodément divisées. C'est ce que s'efforça d'obtenir dès la première partie du vii⁰ siècle le roi Phidon qui fit frapper à Egine une monnaie dont il eut sans aucun doute à déterminer, après réflexion, la matière, le poids et la forme. Ce n'est point par hasard que la mine Éginète d'argent qui valait 50 statères se trouva fournir un intermédiaire commode entre la mine babylonienne qui en valait 60 et la mine phénicienne qui en valait 45, et valoir juste autant que 6 statères d'or et 5 statères d'électron (2). Les combinaisons financières de Solon fournissent la solution de problèmes encore plus délicats. Non seulement il eut à former avec des éléments connus autant que possible (3) une série de pièces d'or et d'argent

(1) Lenormant, *Monnaies et médailles*, p. 112, Paris, Quantin.
(2) Hultsch, *Métrologie*, p. 189 ; nous citons l'édition de 1882.
(3) Même ouvrage, p. 203

s'accordant avec les séries monétaires qui avaient cours en Grèce et en Asie, mais il dut tenir compte de la crise financière qui menaçait alors de dissoudre l'Etat. Rien ne montre mieux la liberté avec laquelle le réformateur touchait aux anciens usages, que la diminution du poids qu'il fit subir au talent, en sorte que les petits fermiers obérés virent leurs dettes allégées de 27 0/0. A quel degré de complication s'éleva ensuite l'administration des finances dans un Etat comme l'Athènes de Périclès, comment surtout cette organisation financière s'est sans cesse transformée et a su s'adapter au changement des circonstances, c'est ce que nous ne pourrions exposer sans sortir du cadre de ce travail.

Rapport des monnaies et du poids. — N'oublions pas que les monnaies étaient des poids ; mais les poids étaient liés aux mesures de capacité, en sorte que les réformateurs ne pouvaient toucher à une partie du système sans modifier tout le reste. La détermination des correspondances entre ces diverses parties était non une affaire d'intuition, mais une affaire de calcul et de combinaison laborieuse. Il y avait quelque chose d'instinctif et de génial dans cette faculté organisatrice qui distinguait au plus haut point la race grecque et en particulier le peuple athénien; mais c'est encore une sorte de combinaison intellectuelle que de déterminer dans chaque opération pratique, comme dans chaque sujet d'études, des parties définies entre lesquelles puissent s'établir des rapports simples. Le corps humain traité par la statuaire du v° siècle est un système de formes résolument conventionnelles, presque schématiques à force d'être définies dans leur contour et leurs rapports : il frappe avant tout l'esprit comme une classification claire. Idéaliser, c'est intellectualiser. Les systèmes de poids et mesures dont nous

venons de parler sont le produit de cette même faculté ;
tous les États grecs s'y essayèrent, mais le système athénien prévalut et fut même adopté plus tard par Rome
dans ses grandes lignes, parce qu'il était le plus rationnel.

La médecine. — Ce désir de réduire toutes choses à un
système d'éléments simples et toute pratique à un petit
groupe de principes définis, préside également à la constitution de l'art médical par Hippocrate et son école. Cette
entreprise revêt même un caractère si ouvertement philosophique que nous aurons quelque peine à distinguer ici
ce qui appartient à l'art de ce qui appartient à la théorie
de l'art. On va voir que ces deux éléments sont ici insé-
parables. Tous les deux cependant appartiennent à ce
chapitre, parce que le seul art dont il soit question, c'est
toujours la médecine. Nous traiterons ultérieurement de
la théorie de l'art en général.

Diagnostic. — Le premier souci du médecin doit être
d'établir son autorité et de gagner la confiance de ses
clients ; s'il n'est pas cru sur parole, ses conseils ne
seront pas suivis, et il ne pourra rien pour la guérison.
Or s'il veut acquérir ce prestige nécessaire, il faut qu'au
premier examen du malade, il reconnaisse la maladie, et
sache en deviner la marche dans le passé et dans l'avenir.
Quelle qu'en soit l'issue, il semble ainsi l'avoir dominée.
C'est à ce besoin d'une direction autorisée, si vivement
ressenti par les malades et leur entourage à l'heure du
danger, que répondait la divination. Elle ne portait pas
toujours sur l'avenir ; elle donnait des lumières moins sur
ce qu'il y avait à faire, que sur ce qu'il fallait penser dans
les circonstances critiques ; elle apportait le repos à l'esprit, ce qui est déjà un grand bienfait. Quand Epiménide
est appelé par les Athéniens dans un moment de détresse,

c'est en raison de sa connaissance surhumaine du passé comme de l'avenir (1). Sa présence seule rassérène la cité. La médecine s'était engagée dans cette voie à la suite de la divination, sa sœur aînée (2). L'école de Cnide, en recueillant peut-être dans les temples (3) une grande quantité d'observations médicales, avait eu pour but de déterminer les diverses espèces de maladies et de fonder sur la connaissance de leurs caractères et de leurs phases la claire vue des antécédents et des suites probables pour chaque cas donné. Naturellement cet amas d'observations hasardeuses n'était que la préparation lointaine d'une bonne classification des maladies. Hippocrate rejette dédaigneusement cette méthode et s'élève par une généralisation qu'il croit tirer de l'expérience jusqu'à l'idée de la maladie-type embrassant les caractères et les phases de toutes les affections aiguës. De même qu'une garde-malade qui a vu souffrir et mourir beaucoup de gens, conçoit souvent, toute dépourvue qu'elle est de connaissances médicales, des présomptions justes sur l'état des personnes confiées à ses soins, de même Hippocrate, encore mal renseigné sur la diversité des espèces morbides, réussissait à lire dans la physionomie du patient, dans son mode de décubitus, dans la nature de ses sécrétions et de ses excrétions, dans ses paroles ou son silence, dans le son de sa voix, dans ses dispositions morales, la marche probable de la maladie. Non content de cette étude

(1) Aristote, *Rhétorique*, p. 144.

(2) Hippocrate, édition Littré, t. IX, p. 343. Voir dans les *Prorrhétiques*, au commencement du livre II, des exemples de cette divination scientifique portant sur le passé.

(3) Voir dans Littré, t. I, p. 9, une citation de Strabon favorable à cette hypothèse de l'origine religieuse de la médecine, qui, combattue par Daremberg, a été soutenue par Vercoutre (*Rev. archéol.*, 1886) et acceptée par Diehl (*Excursions archéologiques*, 1890) dans son résumé des découvertes faites à Epidaure.

sommaire des signes bons ou mauvais, il s'était inspiré
des principes de la philosophie pythagoricienne pour
pousser jusqu'à la dernière précision la prévision ou prognose médicale. Il avait remarqué que la plupart des
fièvres pernicieuses, si fréquentes sous le ciel de la Grèce,
poursuivaient leur cours dans des limites de temps déterminées, offraient une période critique enfermée entre une
période de croissance et (quand la crise n'était pas mortelle) une période de décroissance, que leurs reprises
même avaient une durée régulière et que ces diverses
phases se révélaient par des signes saisissables. Puis,
par une généralisation imprudente de la prognose, il avait
essayé de faire rentrer toutes les maladies aiguës dans les
mêmes cadres, sans s'apercevoir que les exceptions,
relevées par lui-même, finissaient par devenir aussi
nombreuses que les cas conformes à la règle. Bien
que souvent surpris par la mort ou la guérison de ses
malades, bien qu'obligé de compliquer ses calculs de
fractions de jour où il s'embrouillait, somme toute, au
point de vue scientifique, il avait mis la main sur une
thèse juste : à savoir que la durée de l'évolution ne
fournit pas un moins bon critérium de l'espèce dans
les phénomènes de la vie que la forme et l'aspect (la
marche des maladies virulentes n'est-elle pas l'évolution des organismes invisibles qui les causent?) ; et il
avait, en s'aidant de ces données sur les temps, dis-
cerné et décrit un certain nombre de maladies que la
pathologie moderne a reconnues avec certitude : quant
au point de vue pratique, non seulement il avait su,
par la sûreté de ses diagnostics en beaucoup de cas,
obtenir des malades comme des assistants ce degré de
confiance et de respect sans lequel il n'y a pas de traitement médical possible, mais encore il avait appris à
mieux adapter ses prescriptions aux circonstances si

diverses et si rapidement modifiées que présentent les
maladies aiguës (1).

Traitement. — « Ce qui est du plus haut prix pour le
médecin, c'est la guérison du malade (2). » C'est le bien
de l'homme dont l'art est le ministre. « Là où est l'amour
des hommes, φιλανθρωπίη, est aussi l'amour de l'art,
φιλοτεχνίη (3). » La mesure du succès n'est ici ni une
balance ni un nombre quelconque, c'est la sensation,
c'est le soulagement éprouvé, c'est la douleur vaincue (4).
Quelque valeur qu'aient les doctrines, elles doivent aboutir à l'action ; l'art est jugé par l'œuvre (5).

Abstention. — Il est des cas où son plus heureux effet
pour le bien du malade est de conseiller au médecin l'abstention. Quand on ne peut être utile, il faut du moins
faire en sorte de ne pas nuire (6). Je ne parle pas de ces
abstentions qui sont déterminées par des motifs inté-

(1) Cf. Littré, t. I, p. 455, Introduction, etc. Hippocrate, *le Pronostic*, t. II, p. 110. Selon Daremberg, *Histoire des sciences médicales*, t. I, p. 109, les grandes divisions nosologiques d'Hippocrate
sont : les fièvres, les affections de poitrine en général, la pneumonie en particulier et les empyèmes (sortes d'abcès extérieurs),
les affections du foie, de la vessie, de l'oreille, de la tête, du
pharynx. Parmi les fièvres pernicieuses, la fièvre rémittente ou
continue a été de la part du médecin grec l'objet d'une étude tellement exacte et complète qu'elle concorde de tous points avec les
descriptions qu'en ont faites divers médecins modernes qui l'ont
soignée dans les pays chauds. La saignée au début leur a donné
comme à Hippocrate d'excellents résultats.

(2) *Des Articulations*, cité par Littré, t. I. p. 467.

(3) *Préceptes*, Littré, t. IX, p. 259.

(4) *De l'Ancienne médecine*, t. I, p. 588 : μέτρον δὲ οὐδὲ σταθμὸν οὐδὲ
ἀριθμὸν οὐδένα ἄλλον..... οὐκ ἂν εὑροίης ἀλλ' ἢ τῷ σώματος τὴν αἴσθησιν. Cf.
Des lieux dans l'homme, t. VI, p. 341, § 44.

(5) *De la Bienséance*, t. IX, p. 233. Je crois avec Littré, p.
117, t. I, ce petit traité fort ancien, sinon antérieur à Hippocrate.

(6) *Des Épidémies*, livre I.

ressés, comme la crainte des responsabilités, et dont un auteur de la collection hippocratique fait une règle très discutable (1) : je parle de ces abstentions inspirées par le doute sur l'innocuité des moyens employés traditionnellement, ou sur l'opportunité de leur emploi dans un cas donné : car certaines prescriptions, salutaires en un cas, peuvent être funestes en un autre. Hippocrate avait donc un très juste sentiment de la prudence qui est un des devoirs essentiels de la profession médicale : Galien a raison de l'en louer. Il eût été à souhaiter (on le verra tout à l'heure) que sa pratique s'en ressentît davantage.

Intervention : confiance du médecin dans son art. — Mais enfin le médecin doit agir et la plupart du temps il lui faut prendre parti sur l'heure, parce que le mal va vite et que l'occasion est fugitive (2). Eh bien, dans ce cas, il y a des règles assez fondées en raison et assez sûres pour que leur ensemble mérite le nom d'art. C'est précisément parce que les uns ignorent et que les autres connaissent ces règles qu'il y a de mauvais médecins et qu'il y en a de bons. Sans ces règles le régime à suivre serait livré au hasard ; or il ne l'est pas ; il ne l'a pour ainsi dire jamais été ailleurs que chez les derniers des barbares ; car de tout temps les nations civilisées ont reconnu que certains aliments sont funestes, que certains autres sont salutaires à l'homme même bien portant, à plus forte raison au malade, et la médecine n'a pas d'autre origine : elle est le développement méthodique de cette réglementation spontanée du régime. Des *inventions* nombreuses accumulées au cours des siècles, et conservées par la tradition, l'ont portée peu à peu à un haut

(1) *De l'Art*, t. VI, p. 15.
(2) *Aphorismes*, t. IV, p. 458. *Préceptes*, t. IX, p. 258.

degré de perfection (1). « Elle a depuis longtemps tout ce
qui lui est essentiel, un principe, une méthode... Le reste
se découvrira si des hommes capables, instruits des
découvertes anciennes, les prennent pour point de départ
de leurs recherches. » Aussi l'art, τέχνη, se distingue-t-il
ici profondément de la fortune, τύχη. « Il me semble, est-il
dit déjà dans un traité probablement cnidien (2), que
la médecine, j'entends celle qui est arrivée à ce point
d'apprendre à connaître le caractère des maladies et à
saisir l'occasion, est inventée tout entière ; en effet celui
qui sait ainsi la médecine n'attend rien de la fortune,
mais il réussira, qu'il ait ou non la fortune avec lui. La
médecine tout entière est fortement assise et les très
belles découvertes dont elle peut disposer ne paraissent
pas avoir besoin de la fortune. La fortune est indépendante ; elle ne se laisse pas dominer et la prière même
n'en dispose pas, mais la science obéit (à la volonté de
l'homme) et elle met le succès de son côté quand celui qui
sait veut se servir d'elle (3). » Ainsi, dans toutes les
écoles, les médecins avaient une haute idée de l'empire
exercé par leur art sur son domaine : que cet empire ait été
en partie imaginaire, nous ne le nions pas : ce qui
importe, c'est qu'on y ait cru et qu'on ne l'ait pas attribué
à des moyens surnaturels.

Les causes. — C'est en effet dans la science, comme
cela est dit formellement au passage que nous venons de
citer, dans la science, c'est-à-dire dans la connaissance
des causes naturelles que la médecine pensait trouver ces

(1) Ces lignes sont l'analyse d'un très beau passage de l'*Ancienne médecine*, § 2, 3, t. I, p. 572.
(2) *Des lieux dans l'homme*, § 46, t. VI, p. 343.
(3) Cf. *De l'ancienne médecine*, t. I, p. 567 : ἰητρικὴ.... καὶ ἀπὸ ἐπι
τύχη.

solides fondements. « Pour moi je pense que cette maladie
(une maladie sexuelle que les Scythes attribuaient à une
divinité) vient de la divinité comme toutes les maladies,
qu'aucune n'est plus divine ou plus humaine que l'autre,
mais que toutes sont semblables et toutes sont divines.
Chaque maladie a comme celle-là une cause naturelle
(ἔχει φύσιν) et sans cause naturelle aucune ne se produit,
οὐδὲν ἄνευ φύσιος γίγνεται (1). » « C'est un seul et même acte de
l'esprit de pénétrer la cause des maladies et d'être habile
à y appliquer tous les traitements qui les empêchent
d'empirer (2). » Cette dernière phrase, mémorable dans sa
simplicité, n'appartient pas à un traité de la collection
qu'on puisse attribuer à Hippocrate même, mais elle est
bien du temps et elle exprime, quoique plus nettement,
l'esprit de l'école dont Platon a dit : « La médecine
recherche la nature du corps qu'elle traite, la cause de ce
qu'elle fait et sait rendre compte de chacune de ces
choses (3). »

L'histoire de l'art est donc liée ici très étroitement à
celle de la science. L'invention de *moyens d'action
regardés comme sûrement efficaces* repose dès lors sur
la croyance en la *succession nécessaire* des phénomènes,
sur la croyance au déterminisme (4). Et la nature des
moyens employés doit varier avec l'idée qu'on se fait du
déterminisme des phénomènes : les systèmes de médi-

---

(1) *Des airs, des eaux et des lieux*, t. II, p. 76. Cf. *De la maladie
sacrée*.

(2) τὰ αἴτια. *De l'Art*, 1. VI, p. 20. Et plus loin, p. 93 : « Si on
connaissait la cause de la maladie, on saurait administrer ce qui
est utile. »

(3) Platon, *Gorgias*, 500, c.

(4) Δεῖ δὲ δήπου ταῦτα αἴτια ἕκαστον ἡγεῖσθαι ὧν παρεόντων μὲν τοιοῦτον
τρόπον ἀνάγκη γίνεται μεταβαλλόντων δὲ ἐς ἄλλην κρῆσιν παύεσθαι. *Ancienne
médecine*, p. 616, t. I. Et dans ce même traité, p. 622, t. I, nous
voyons que le médecin doit rechercher « quels sont les rapports
de l'homme avec ses aliments, avec ses boissons, avec tout son
genre de vie et quelle influence chaque chose exerce sur chacun ».

cation avec les théories acceptées sur la maladie. Mais ces théories sont celles mêmes qui expliquent le fonctionnement normal des organes dont la maladie n'est que l'altération. Ainsi nous sommes amenés à dire quelques mots des conceptions biologiques du Vᵉ siècle (deuxième moitié, vers 430) sans lesquelles la thérapeutique de ce temps serait incompréhensible.

Conceptions biologiques et pathologiques du Vᵉ siècle. — Bien qu'Hippocrate connaisse le prix de l'observation, et la pratique excellemment, il ne l'a jamais érigée en méthode comme on l'a fait de nos jours (1). A plus forte

(1) Littré, dans son argument de l'*Ancienne médecine* (t. I, p. 560), fait d'Hippocrate un partisan de la méthode moderne d'observation, à la façon de Magendie. « Il veut, dit-il, que la médecine s'étaie sur les observations, sur les faits, sur ce qu'il appelle la réalité. » S'il proscrit l'hypothèse, c'est, selon Littré, parce qu'elle se passe de l'observation, car il l'autorise dans les sciences où l'observation est impossible comme celles qui traitent des phénomènes célestes et des phénomènes souterrains. C'est là une erreur. Nulle part dans les *ouvrages authentiques*, il n'est question de l'observation comme d'une méthode. Elle n'a point de noms dans le vocabulaire du temps. Σκέψις veut dire examen, étude, si bien que Platon, dans le *Phédon*, 83, c., distingue la σκέψις des yeux de celle de l'esprit, et que la médecine est dite par Hippocrate examiner en elle-même, ἐν αὐτὴν σκέπτα (début de l'*Ancienne médecine*). Il faut, il est vrai, que le médecin saisisse l'être ou ce qui est. Mais pour Hippocrate le fait n'est pas plus la réalité que l'idée, et Platon a pu employer pour désigner la découverte du vrai qu'il place dans l'idée la même expression que lui (τυΐξεσθαι τοῦ ἐόντος, *Phédon*, 66, b.). Lui-même se sert de la locution là où il n'est évidemment pas question d'observer (*Ancienne médecine*, p. 574). Quant à l'hypothèse, si la médecine s'en passe, tandis que la météorologie ne s'en passe point, c'est que la première peut ce que ne peut pas la seconde : fournir par son succès *pratique* une démonstration de la vérité de ses spéculations. Il y a de bons et de mauvais praticiens, δημιουργοί; les résultats de la médecine sont là, et c'est par la réflexion, par l'étude (σκέψις) qu'elle les a obtenus, non par le hasard. Elle est donc bien une τέχνη, c'est-à-dire une pratique réfléchie, et elle ne consiste ni en hypothèses arbitraires ni en procédés empiriques. Tout cela est assez différent de l'opposition établie de nos jours entre le raisonnement et l'observation, entre la méthode *a priori* et la méthode *a posteriori*

raison n'a-t-il jamais dit qu'on devait se servir d'elle
comme méthode unique à l'exclusion du raisonnement.
Ce qu'il appelle hypothèses et proscrit de la science, ce
sont des doctrines trop simples, mal fondées, pense-t-il.
en raison comme en fait et pour ce motif inapplicables.
Les siennes sont comme les autres des conceptions de
l'esprit. des combinaisons d'idées assez peu complexes
assurément, portant ce caractère d'arrangement délibéré.
de construction systématique propre à toutes les œuvres
du ve siècle, mais qu'il croit plus rationnelles et plus
efficaces, étant plus compréhensives.

1º *Conception éléatique de l'unité de substance.* —
Voici d'abord les disciples des Éléates qui soutiennent
avec Mélissus qu'il n'y a qu'une substance dans l'homme,
comme dans le reste du monde, et qui expliquent la santé
et la maladie par les diverses modifications de cette substance, sang, bile, pituite. L'auteur, probablement postérieur à Hippocrate, du traité *De la nature de l'homme.*
repousse cette doctrine pour diverses raisons dont la
principale est qu'elle n'explique pas la maladie. « Si
l'homme était un, jamais il ne souffrirait. » C'est bien là
une de ces hypothèses dépourvues de toute portée pratique
et plus philosophiques que médicales. Celles qui s'inspirent d'Empédocle et veulent que le médecin connaisse
l'origine de l'homme ainsi que les éléments dont il est
formé ne dépassent pas moins l'horizon de la médecine (1).

2º *A Accord ou conflit des forces (qualités intensives).*
— Viennent ensuite celles qui supposent une sorte de
balance entre les propriétés ou qualités des choses envi-
ronnantes et les propriétés ou qualités du corps humain.

(1) *Ancienne médecine,* t. I. p. 620.

et selon lesquelles la santé et la maladie dépendraient de
l'intensité relative des unes et des autres. Les traités les
plus authentiques se réfèrent à cette singulière théorie des
puissances ou forces (δυνάμεις) (1) et de leur concours.
qu'Hippocrate reçoit de ses prédécesseurs. Elle se trouve
en effet nettement dans le traité *du Régime,* œuvre d'un
disciple d'Héraclite, antérieur selon Teichmüller même à
Anaxagore (2), postérieur selon Zeller (3) à Anaxagore et
à Empédocle, mais qu'en tout cas Hippocrate a dû lire.
Elle se trouve de plus en termes exprès dans ce que Plutarque nous a transmis de la pensée d'Alcméon le pythagoricien (4). Les aliments et les boissons, le régime en un
mot jouent un grand rôle dans cette balance des forces
externes et des forces internes. Trop forts ils *surmontent*
le corps, trop faibles ils l'affaiblissent (5) ou *l'atténuent.*
Mais pour comprendre le jeu de ces forces, il faut joindre
à la considération des aliments celle des exercices. « Les
aliments et les exercices ont des vertus opposées qui
cependant concourent à l'entretien de la santé : les exercices dépensent, les aliments et les boissons réparent. »
Mais la dépense provoque, par l'alimentation qu'elle exige
et l'absorption qu'elle facilite, une augmentation des
forces. En réglant l'alimentation et l'exercice le médecin
est donc assuré de maintenir l'équilibre. « Il lui importe
de savoir comment on diminue la force des substances
naturellement fortes, comment l'art donne de la force aux
substances faibles suivant chaque opportunité... Il lui
faut aussi connaître la vertu des exercices tant naturels

(1) *Ancienne médecine,* p. 600.
(2) *Neue Studien,* t. I, p. 249 et suivantes.
(3) *Hist. de la philosophie des Grecs,* t. II, p. 157.
(4) Plutarque, *De plac. phil.,* V, 30.
(5) L'accord du *Régime* et de l'*Ancienne médecine* est manifeste
sur ce point.

que forcés, quels disposent les chairs à l'accroissement.
quels à l'atténuation, et non seulement cela, mais encore
la proportion des exercices par rapport à la quantité des
aliments, à la nature de l'individu, etc. (1). » Dans
l'*Ancienne médecine* Hippocrate essaie de préciser ce que
c'est que cette force et cette faiblesse dont il était tant
question dans l'œuvre de son devancier. « Ce qu'il faut
entendre par le plus fort, c'est parmi les qualités douces.
la plus douce, parmi les amères, la plus amère, parmi
les acides, la plus acide, en un mot le summum de chacune (2). » Il y aurait donc ici conflit ou accord non de
forces mécaniques, mais de qualités. Voici dès lors comment s'expliquent la santé et la maladie. Les qualités du
corps (l'amer, le salé, le doux. l'insipide) sont ou isolées
ou fondues les unes avec les autres; dans le premier cas.
elles atteignent leur maximum d'intensité et sont nuisibles, dans le second elles sont tempérées et laissent
subsister la santé (3). Mais les qualités du corps sont les
mêmes que celles des aliments. Quand donc un aliment
non tempéré est introduit dans le corps, la qualité corres-
pondante y domine sans correction : si l'exercice ne
contribue pas à l'atténuer. elle y devient trop forte et elle
cause la douleur et la maladie. La guérison des maladies
s'obtiendra encore selon cette interprétation par l'atténuation de certaines qualités trop fortes et le renforcement
de certaines qualités trop faibles. Comment on atténue.
comment on renforce, c'est ce que la collection nous
apprend avec détails. Qu'il nous suffise d'indiquer que la
diète ou le régime lacté, les aliments acides et en petite
quantité. que le repos prolongé et la fatigue excessive.

---

(1) *Du Régime.* t. VI, 468, 47.
(2) P. 602.
(3) Ce sont exactement les expressions d'Alcméon.

que les affusions d'eau froide, la saignée et les purgations
atténuent, et que les aliments gras et en quantité, que
l'exercice modéré, que les affusions de vin et d'eau chaude
fortifient : régime hygiénique appréciable, mais médi-
cation insignifiante, comme on le voit, quand elle n'était
pas pratiquée avec excès, et d'ailleurs employée sans dis-
cernement, comme lorsqu'il est recommandé d'atténuer
les corps en temps d'épidémie.

B Accord ou conflit des espèces physiques. — Une
théorie analogue également ancienne et où se reconnaît
l'influence d'Héraclite est mentionnée dans les traités de
l'*Ancienne médecine* et de la *Nature de l'homme* (1).
Plus concrète, elle ne s'attache pas seulement à la force et
à la faiblesse des qualités, elle étudie leurs espèces dans
l'esprit d'une physique rudimentaire. Ces espèces ou
variétés primordiales sont le froid et le chaud, le sec et
l'humide. Leur accord fait la vie, la mort résulte de leur
séparation (2). Il faut donc que le médecin les tempère les
unes par les autres. Si l'*Ancienne médecine* condamne
les systèmes exclusifs fondés *uniquement* sur cette base,
il n'est pas une partie de la *Collection* où l'action des
quatre qualités primordiales ne soit reconnue et comptée
au nombre des facteurs importants de la maladie et de la
santé (3). On y voit le médecin sans cesse occupé à
humecter et à dessécher, à échauffer ou à rafraîchir le
corps : d'autant plus activement qu'avant de dessécher ou
d'échauffer il doit souvent humecter ou rafraîchir, comme
avant de fortifier il doit atténuer, et *vice versa.* Il des-
sèche et humecte, échauffe et rafraîchit par le dehors ou

(1) T. I, p. 598, et VI, p. 32.
(2) T. VI, p. 39.
(3) Par exemple, t. V, p. 479, et VI, p. 253.

par le dedans. Tout cet attirail d'outres pleines d'eau chaude ou froide, d'affusions, de fomentations, d'embrocations, de frictions, d'onctions, d'illitions, de compresses, de cautères, d'emplâtres, de clystères, d'évacuants, de suppositoires, et ces mille détails de régime pouvaient bien soulager quelques douleurs et diminuer quelques enflures, voire guérir un léger embarras gastrique : on n'en pouvait attendre aucun secours dans les maladies graves à marche rapide (1).

3° *Théorie des humeurs et des crises.* — La théorie des humeurs n'en offrait pas davantage. Elle se rapproche plus peut-être de la chimie que de la physique. Certaines des qualités ci-dessus énumérées (amer, salé, âcre, doux, acide, etc., chaud, froid, fluidité, viscosité, etc.) se trouvent attachées d'une manière tellement constante à certains liquides du corps (humeurs) qu'il est impossible de confondre ceux-ci les uns avec les autres et qu'on y doit reconnaître un certain nombre de substances irréductibles. Cette distinction importe d'autant plus que la santé et la maladie dépendent des proportions respectives et des mouvements des humeurs dans la totalité du corps et dans chacune de ses parties. La théorie humorale existait certainement avant Hippocrate (2) et rien ne nous autorise à croire que même la forme sous laquelle il l'enseigne lui soit personnelle. C'est toujours le principe d'Alcméon : que la vie et la santé tiennent à un mélange en proportion variable d'éléments empruntés au milieu.

(1) Littré, t. I, p. 10.
(2) T. VI, 118, 122, 252; IV, 184, 188, 190. Du reste quand on y regarde de près, tout cela se confond et on ne sait plus si les astringents en resserrant ne fortifient ou ne dessèchent ou n'échauffent pas, si les évacuants ne sont pas en même temps atténuants, humectants et rafraîchissants.

et que la maladie et la mort résultent de l'isolement et
par suite de la prépondérance de l'un de ces éléments.
L'état de juste mélange où sont les humeurs dans la santé
s'appelle, comme on le sait, dans le langage d'Hippocrate
la *crase* ; et, après qu'elles ont été séparées, leur retour à
l'état de mélange est la *coction*. Hippocrate tire de l'examen des *qualités* des humeurs plusieurs indications
séméiologiques qui ont leur importance. Mais quelque
place qu'occupent dans son système médical les considérations de cette nature, comme il ne disposait que d'un
nombre insignifiant de moyens pour hâter la coction dans
les maladies aiguës, il devait se borner à prendre garde
de ne pas la retarder (1). Phénomène tout spontané,
œuvre de la nature, non de l'art, la coction ne pouvait
fournir le principe d'une thérapeutique active et capable
de lutter contre le mal dans les cas périlleux.

Déjà la crase et la coction sont des phénomènes qui ne
se produisent que dans les corps vivants, qu'on pourrait
envisager comme analogues à ceux de la chimie organique, maturation, digestion, fermentation (2). La médecine
hippocratique recourt à un ordre plus proprement biologique d'explications quand elle invoque, et elle le fait souvent, le pouvoir d'adaptation au milieu qui caractérise
toute substance vivante. Ce pouvoir se manifeste de deux
manières : spontanément, comme disposition native, sans
cause extérieure assignable, c'est l'instinct ; ou sous l'em-

---

(1) Par exemple, par une purgation prématurée. La coction est
une image empruntée à un phénomène physique, et qui, supposant l'action du feu, porte encore la marque des idées d'Héraclite :
mais Hippocrate a soin d'en écarter toute autre signification que
celle de mélange pondéré ; le chaud et le froid sont étrangers à
cette maturation des humeurs. (*Ancienne médecine*, t. I, p. 619.)
Ils ne sauraient donc être employés artificiellement pour la produire.

(2) Littré, *Remarques rétrospectives*, t. IV, p. 665.

pire des circonstances extérieures, c'est l'habitude. Du premier de ces deux points de vue, Hippocrate attribue partout, sans le dire toujours explicitement, une vertu médicatrice à la nature même. « La nature est le médecin des maladies. Elle trouve pour elle-même les voies et moyens, sans l'intervention de l'intelligence ; tels sont le clignement des paupières, les mouvements de la langue et autres actions de ce genre ; la nature, sans instruction et sans savoir, fait ce qui convient (1). » C'est elle qui produit les crises favorables et qui détermine sans le secours des remèdes la coction des humeurs. C'est elle qui indique au malade le régime approprié à son état et qui, par exemple, lui conseille de rejeter les aliments lorsqu'il est affaibli par le mal, tandis que la théorie voudrait qu'il eût recours aux aliments substantiels pour se fortifier. Le principe de la convenance qui appelle le différent ou même le semblable au secours d'un état morbide donné se substitue ainsi au principe de l'action contraire, qui régnait dans toute la thérapeutique de ce temps (2). Du second point de vue, Hippocrate paraît considérer la santé comme l'ensemble des habitudes vitales. Il est ainsi conduit à reconnaître que les changements brusques sont toujours funestes à l'organisme, et à introduire dans la pratique la règle des actions graduées, bien différent, en cela du moins, des médecins qui opposaient les violences du traitement aux violences de la maladie. De là sa théorie des saisons dont chacune apporte avec elle, précisément par les changements qu'elle cause, des maladies spéciales. Mais encore une fois si le rôle du médecin se borne à rester spectateur des guérisons effectuées par la

(1) T. V, p. 314.
(2) Les mêmes effets peuvent être produits par les contraires. t. VI, p. 331.

nature, la médecine est à peine un art digne de ce nom.
Bien qu'Hippocrate se flatte de rendre les crises « plus
simples, plus décisives et moins sujettes aux réci-
dives (1) », on peut douter que le moyen qu'il emploie
pour obtenir ce résultat soit efficace : la décoction d'orge,
même administrée à propos, est un agent thérapeutique
médiocre. Et d'autre part, bien que ce que nous appelons
la diète et le retour progressif à l'alimentation soient des
précautions indispensables dans les affections aiguës,
bien qu'il soit prudent de se mettre en garde contre les
changements brusques des saisons, cependant quand Hippocrate était appelé pour des maladies redoutables et
rapides, il ne pouvait se dispenser d'après les idées du
temps d'intervenir activement, et dès lors il lui fallait
demander ses moyens d'action à quelque doctrine moins
insignifiante ou moins circonspecte que celles dont nous
venons de faire l'exposé.

4° *Théorie mécaniste. Les appareils.* — Le grand
arsenal dans lequel Hippocrate puise ses moyens d'action,
c'est la philosophie mécaniste de ses contemporains. Le
trait commun des systèmes d'ailleurs si différents d'Anaxagore, d'Empédocle et de Leucippe est que le monde est
composé de parties irréductibles qui ne sont affectées par
aucun changement interne, mais s'agrègent de diverses
façons pour former les êtres. « Tous ces corps qui se meuvent devant nos yeux à travers le ciel sont pleins, disait
Anaxagore, de pierre, de terre et de plusieurs autres corps
dépourvus de pensée, entre lesquels se répartissent les
causes de l'univers entier (2). » Et Simplicius le représente comme ayant *automatisé* toutes choses dans ses

(1) T. II, p. 254.
(2) Platon, *De leg.*, XII. 887.

constructions (1). C'est à ces doctrines qu'Hippocrate, ayant besoin d'idées claires et de procédés actifs, devait emprunter son idée dominante du corps humain et ses remèdes favoris.

Telle était d'ailleurs la tendance de la plupart des esprits préoccupés des problèmes médicaux. Nous trouvons dans la *Collection* (2) un discours qui n'est certainement pas d'Hippocrate, et qui n'est même probablement pas d'un médecin, mais qui est bien contemporain des œuvres authentiques, le discours *Sur les vents* ou plutôt *les souffles*, où quelque sophiste, partant de ce principe que la guérison des maladies implique la connaissance de leurs causes, et croyant que ces causes peuvent se ramener à une seule, explique tout ce qui se passe dans le corps humain par l'action de l'air à différents degrés de chaleur et d'humidité, selon l'hypothèse de Diogène d'Apollonie. Nos organes sont, d'après ce sophiste, des pores et des pertuis, des leviers, des chaudières, où le souffle passe, que le souffle pousse, où la vapeur bouillonne. Le cerveau est le point où se croisent et d'où partent tous ces courants (3). Mis en garde par l'expérience contre des vues aussi superficielles, Hippocrate n'en présente pas moins dans le traité où il les condamne (4), après avoir fait leur part aux diverses théories qui avaient cours de son temps, la théorie mécaniste comme complétant et embrassant toutes les autres. « J'appelle figures, dit-il, τχήματα, la conformation des organes qui

---

(1) κυτεματίζων τὰ πολλὰ τονίττητι.
(2) T. VI, p. 85.
(3) Ce discours *Sur les souffles* doit être rapproché du *Papyrus Ebers* dont Maspéro cite un passage qui concorde étrangement avec le passage du discours que nous venons d'analyser. *Hist. anc. des peuples de l'Orient*, p. 75 de la 4e éd.
(4) *De l'ancienne médecine*, t. I, 570 et 620.

sont dans le corps. Les uns sont creux et de larges ils vont
en se rétrécissant ; les autres sont déployés ; d'autres solides et arrondis ; quelques-uns larges et suspendus ; d'autres étendus ; d'autres larges ; d'autres denses ; d'autres
mous et pleins de sucs ; d'autres spongieux et lâches. »
De ce point de vue que sont la vessie, la tête et l'utérus ?
des ventouses, qui par leur orifice étroit attirent les
humeurs dans leur cavité, comme la bouche lorsqu'elle
suce (1). Qu'est-ce que le cerveau ? que sont le poumon et
la rate ? que sont les glandes ? des éponges (2). Qu'est-ce
que l'estomac ? un vase poreux qui laisse passer les parties non nutritives de l'aliment (3). Le ventre et la poitrine
sont des cavités spacieuses où l'air tourbillonne.

Le corps étant ainsi conçu comme un amas d'appareils
fort simples, disposés pour la circulation des humeurs.
bile, phlegme, sang et pituite, il ne reste plus qu'à décrire
leur trajet dans chaque maladie. Hippocrate, comme on le
pense, n'est point embarrassé pour le faire (4). Il nous
montre les humeurs sous l'action du froid ou de la chaleur, de l'humidité et de la sécheresse, de la fatigue ou
d'une mauvaise alimentation, montant ou descendant par
les veines, et se portant soit au hasard, soit par la voie la
plus large, tantôt ici, tantôt là, se fixant sur tel organe ou
tel autre (dépôts), ou s'écoulant au dehors sous forme
d'abcès ; c'est une pathologie de fantaisie, mais qui est assez
claire dans sa pauvreté (5). On voit le phlegme attiré d'abord
par la tête (n'oublions pas qu'elle agit comme une ven-

(1) P. 628, presque textuel.
(2) III, 188.
(3) V, 492.
(4) *Des maladies*, t. VI, p. 142, § 2.
(5) Voir surtout le traité *De la nature de l'homme*, peut-être
postérieur à Hippocrate, et où l'hypothèse a pris une forme plus
définie que dans les traités originaux.

touse), couler ensuite vers **le poum**on ou dans le ventre, pour produire là des crachats ou **de** l'empyème, ici des diarrhées écumeuses. Toute maladie **est une** fluxion ou une stase, un excès ou un défaut des humeurs. **La** médecine se résume donc tout entière, comme le dit **Platon** dans le *Banquet*, en deux opérations : vider les organes où l'humeur surabonde, remplir ceux où elle manque : réplétion, déplétion ; addition, soustraction tout est là. Accessoirement il faut que le médecin sache détourner les humeurs des endroits où elles se rendent mal à propos, et les diriger vers les endroits où les pousse la tendance naturelle : le tout, bien entendu, en observant les temps marqués pour les crises et pour la coction ! car les médicaments ne produisent pas le même effet selon qu'ils sont administrés aux jours pairs ou aux jours impairs, avant, pendant ou après la crise. Cette réserve faite, l'art est sûr de ses effets. On remplit par la tisane d'orge et le lait d'ânesse (3 litres 1/2), on vide par la saignée, la purgation et les émétiques, on dérive par les fomentations, les affusions et les révulsions. On saigne jusqu'à la syncope, on fait vomir jusqu'au sang, on purge jusqu'à la mort (1). On couvre les membres malades d'eschares, qui à eux seuls causent la perte du patient ; on emploie le fer et le feu avec sérénité. Chaque humeur, chaque partie du corps exige un traitement spécial ; il y a le purgatif de la bile, le purgatif du phlegme, le purgatif de l'eau, — le purgatif du ventre, le purgatif de la tête, la saignée du front, la saignée de l'oreille, la saignée des bras, etc. ; quand on veut savoir dans quel côté de la poitrine s'est fait l'amas du pus, pour y placer un cautère, on ausculte le malade en le secouant comme une outre. La succussion sur l'échelle au haut d'une tour est le triomphe de la médecine méca-

(1) T. IV, 171 : V. 217, 232 : II, 409; V, 371 : VI, 45.

niste ; on la fait subir aux malades *qui ont un lobe du foie replié*, aux bossus, aux hystériques, aux femmes en couches !

« L'invention est ancienne, dit Hippocrate, et pour ma part je loue beaucoup le premier inventeur de ce mécanisme, et de tous les mécanismes qui agissent selon les dispositions naturelles des parties ; en effet je ne désespèrerais nullement si, avec cet appareil convenablement disposé, on pratiquait convenablement la succussion, de voir le redressement du bossu obtenu en quelques cas (1). » Il hésite à l'employer dans les accidents de ce genre, et en général il ne l'aime pas parce qu'elle fait trop d'étalage, mais en somme il la trouve rationnelle et il donne les indications les plus minutieuses sur le moyen de la pratiquer, les pieds ou la tête en bas.

On ne sera pas surpris que partant de cette conception du corps humain et de ses fonctions, Hippocrate ait traité avec prédilection de la structure et des dérangements des articulations. En cas de luxations, les asclépiades posaient des bandes le plus artistement du monde, et mettaient dans les mouvements rythmés de leurs mains une certaine recherche d'élégance. Ils ne devaient se servir d'appareils pour opérer les réductions que quand les luxations étaient rebelles (2). Alors seulement ils empruntaient à l'outillage des tailleurs de pierre des appareils simples, des coins, des leviers de fer de diverses grandeurs, et la manivelle (3). Nous avons la description exacte des plus compliqués (4), ce sont des sortes de planches où le patient est étendu. Elles sont garnies sur les côtés de tiges verticales aux-

(1) *Des Articulations*, t. IV, p. 184. L'authenticité de ce traité ne fait pas de doute.
(2) T. III, 475.
(3) T. III, 528.
(4) T. IV, 497. § 12.

quelles les bras se cramponnent, et terminées à chaque
extrémité par des treuils à manivelles. On faisait tourner
ces treuils en sens contraire après y avoir attaché les
épaules d'un côté, le membre malade de l'autre. Hippocrate semble avoir inventé un certain nombre de mécanismes de ce genre appropriés à des usages divers : il en
admire les effets. « Ces appareils, dit-il (1), sont beaux :
on peut régler soi-même en l'augmentant ou en la dimi-
nuant l'intensité de leurs forces, et ils sont tellement
puissants, que si on voulait les employer pour faire du
mal (2), au lieu de les employer pour guérir, on dispo-
serait par eux d'une force irrésistible. » Muni de ces
engins, il n'est plus permis au médecin d'échouer. Il
doit s'y prendre adroitement ou ne pas s'en mêler. Rien
ne peut rendre en français les mots dédaigneux qui ter-
minent cette phrase : nous les croyons hautement signifi-
catifs (3).

Nous nous expliquons maintenant ces alternatives de
prudence et de hardiesse que nous présente la médecine
hippocratique. Tantôt elle est la très humble servante de
la nature, tantôt elle la régente. Le médecin de Cos est
un praticien consciencieux jusqu'au scrupule, très pénétré
des difficultés de son art, et par moments faisant bon
marché de ses théories pour suivre les indications de
l'expérience ; il sait le prix de l'habileté clinique, et veut
que le médecin s'y forme de bonne heure, joignant le tact
et le tour de main que donne seule une longue pratique à

(1) Il les appelle ἀνάγκαι ou ἰσχύς : *Des articulations*, t. IV, 208.
(2) Les instruments de torture de la Renaissance sont en effet
des imitations directes des appareils d'Hippocrate. Cf. Amabile :
Fra Tommaso Campanella, etc., Naples, 1887, vol. I, p. 200.
(3) χρὴ δὲ καὶ τὰς ἄλλας μηχανὰς ἢ καλῶς μηχανᾶσθαι, ἢ μὴ μηχανᾶσθαι :
αἰσχρὸν γὰρ καὶ ἄτεχνον μηχανοποιέοντα ἀμηχανοποιέεσθαι. *Des fractures*,
p. 524, t. III.

des aptitudes naturelles (1). Mais en même temps, il est un théoricien à outrance, un esprit systématique, qui ne craint pas d'imposer à la nature le joug de l'art. La doctrine mécaniste des humeurs est sans aucun doute celle à laquelle Hippocrate, sans exclure les autres explications, recourt le plus souvent ; toutes les autres lui sont subordonnées. C'est pour cela que la médecine, constituée sous cette forme comme pratique rationnelle, a porté jusqu'aux temps modernes l'empreinte de cette hardie conception.

Caractère laïque de cette conception de l'art médical. — D'abord la médecine s'était transmise de père en fils dans des familles élues comme une vertu surnaturelle. Puis l'accession au sein de ces groupes s'était faite par voie d'affiliation et d'adoption sous des formes solennelles dont le *serment* d'Hippocrate porte encore la trace. Nous sommes parvenus au moment où l'enseignement seul fait le médecin, et où l'enseignement se donne à tous moyennant une rétribution. D'ailleurs la rédaction des livres de la collection mettait les secrets de l'art à la portée de tous les esprits cultivés. A ce moment, les individus qui contribuent à l'accroissement de l'art se dégagent des groupes où ils se sont formés ; Démocède et Alcméon à Crotone, Empédocle à Agrigente, Euryphon à Cnide, Hippocrate à Cos, surtout celui-ci, sont des personnalités distinctes, historiques. La technique se constitue en pleine conscience sociale. Mais en même temps la raison commune sur laquelle elle s'appuie lui imprime un caractère d'universalité que la médecine des sanctuaires n'a jamais eu. Elle ne guérit plus les malades de telle ou telle famille, de telle ou telle race, ou de tel ou tel culte : Apollonidès guérit un

---

(1) T. IV, p. 540. Il se défie parfois même de la purgation, t. III. p. 257, et VI, p. 313.

seigneur persan et fut en grand crédit à la cour de Suse :
Démocède de Crotone et Ctésias de Cnide furent l'un
médecin de Darius, l'autre d'Artaxercès-Mnémon (1). C'est
au malade de tous les temps et de tous les lieux, à l'esclave
comme à l'homme libre, que ses préceptes s'adressent.
Pas un atome de superstition n'altère la pureté de son
naturalisme (2). L'*Iatreion*, cette grande salle largement
éclairée où le maître reçoit les malades assisté de ses serviteurs et de ses élèves, ce lieu respecté où se voient
rangés en bon ordre le long des murs la multitude de
fioles et d'engins qui guérissent ou soulagent, est le temple
de l'art humain, et c'est à cet art que rendent hommage
tous ceux qui viennent s'y faire soigner. Il y en aura
bientôt de pareils dans toutes les grandes villes grecques ;
on y traitera les malades avec le même formulaire et les
mêmes instruments : là où il n'y en a pas encore, le
médecin circule avec sa malle, donnant ses soins pour de
l'argent (3), sous la simple garantie de son savoir, comme
un secours tout humain, mais qui n'en est pas moins
apprécié. La grande majorité des clients instruits tenait
même beaucoup à ce que le médecin leur expliquât les
causes naturelles de leur maladie et leur fît même à
l'occasion une *théorie* (4) sur la structure et le fonctionnement du corps humain.

L'élevage. — La culture des plantes et l'élevage des
animaux, pratiqués avec soin en Grèce dès les temps

(1) Duruy, *Hist. grecque*, vol. II, p. 110.
(2) Hippocrate fait allusion au temps où les inventions de la médecine étaient attribuées à un dieu par les inventeurs mêmes, et
c'est encore une opinion consacrée, ajoute-t-il, montrant bien qu'il
ne la partage pas. Le vulgaire seul la professait, t. 1, p. 600.
(3) Le médecin inspiré, fils d'un dieu, ne guérit pas pour de
l'argent. Platon, *Rép.*, III, 408, *d.*
(4) τὰς φύσεις τῶν. Platon, *Lois*, 720, *b*, et 857, *d.*

homériques, mais qui s'étaient de plus en plus perfecionnés, grâce aux exigences du luxe, avaient certainement
signalé aux médecins, observateurs attentifs, l'importance
des conditions du milieu, soit naturel, soit artificiel, dans
le développement des êtres vivants. Quand Platon traite
de l'action des milieux et des époques climatériques sur
le corps humain, il comprend toujours les plantes et les
animaux sous les mêmes lois (1). C'est à lui, si bien
informé des résultats acquis par l'école naturaliste, qu'il
nous faut demander les règles générales posées par les
éleveurs pendant les cinquante années qui le précèdent,
sinon auparavant. Or nous voyons non sans quelque surprise que ces principes pratiques sont exactement les
mêmes que ceux auxquels nous devons notre empire sur
les formes vivantes. Les Grecs du v⁰ siècle connaissaient
le fait de l'hérédité; Hippocrate en parle (2) à son point de
vue, et c'était un lieu commun de l'expérience vulgaire,
que la ressemblance des enfants avec leurs parents. Platon relève avec insistance dans la *République* (3) et dans
les *Lois* (4) la généralité du fait, et le prend pour base de
ses institutions politiques. Il connaît les heureux effets
du croisement, qu'il recommande pour les mariages
humains (5). Enfin il est pleinement convaincu des avantages de la sélection artificielle qu'il décrit avec toute la
précision souhaitable, et qu'il emprunte à l'art des éleveurs
pour l'appliquer à la politique (6). C'étaient surtout des
oiseaux de combat, des coqs et des cailles, des oiseaux de
proie et des chiens de chasse dont on avait perfectionné la

(1) *Lois*, 700, *a*. *Rép.*, 740, *a*. *Théagès*, au début.
(2) T. II, p. 59 ; t. VI, p. 305.
(3) *Rép.*, 408, *d*, et 415, *a*.
(4) *Lois*, 771, *e*.
(5) *Lois*, VI, p. 773, *b* et suivantes.
(6) *Rép.*, V, 459, *a*, et IV, 424. Ces deux passages sont décisifs :
voir encore *Lois*, 735, *a*.

race par ces procédés (1). On allait même jusqu'à promener ces oiseaux de combat sur le poing ou sous les bras pendant de longs stades, pour leur procurer (selon le précepte d'Hippocrate, que l'exercice modéré fortifie) du mouvement sans fatigue (2). Enfin il semble que ce soit aux éleveurs de volailles et de bestiaux que l'on ait emprunté l'idée de faire à volonté des corps humains de telle ou telle complexion, selon le régime et l'alimentation choisis. Les athlètes étaient eux-mêmes des produits de l'art. On avait des procédés pour l'engraissement et l'amaigrissement rapides, et on croyait pouvoir discerner la maigreur résultant de la maladie, de la maigreur due à l'entraînement. Cet art de la τροφή pouvait se croire, à l'égal de la médecine, le maître des corps.

Le dressage. — Le dressage n'était pas moins sûr de sa domination sur les instincts. Il avait employé d'abord la coercition. C'est par la force et la souffrance que les chevaux étaient *domptés,* car jusqu'au IVᵉ siècle on se servit de ce mot qui semble faire allusion à une domestication incomplète de l'espèce pour désigner la première éducation du cheval (3). Mais quand on employa celui-ci comme monture, et qu'il fallut le former à des mouvements assez éloignés de son allure naturelle, on comprit l'insuffisance et même les dangers des corrections brutales. Xénophon ne fait que développer les indications de son devancier Simon, dans les remarques comme celle que nous allons citer. « Quelques-uns, dit-il, font suivre le cheval par un homme qui frappe les jambes avec une baguette pour le

(1) *Lois*, VII, 789, 6.
(2) Platon conseille aux femmes enceintes de promener de même leur fardeau, *Lois*, passage cité.
(3) D'après un passage de Télès, philosophe du IVᵉ siècle, cité par Stobée, *Florilegium*, 98, 72.

faire enlever ou courber. Mais le meilleur moyen de l'instruire selon nous et d'après notre recommandation incessante, c'est que quand le cheval a accompli quelque chose au gré du cavalier, on lui accorde un instant de relâche. En effet, comme le dit Simon, dans ce qu'il fait par force le cheval ne met pas plus d'intelligence ni de grâce qu'un danseur qu'on fouetterait ou qu'on piquerait de l'aiguillon. Attendez-vous à trouver disgracieux plutôt qu'élégants l'homme et le cheval traités de la sorte. C'est uniquement par les signes que le cheval doit être amené à exécuter de plein gré les mouvements les plus beaux et les plus brillants (1). » C'est par des procédés de cette sorte que les bateleurs obtenaient des merveilles d'oiseaux ou de singes savants ou domptaient les lions et les ours (2), que les diverses races de chiens avaient été dressées les unes à une chasse, les autres à une autre, et que la vigilance naturelle des oies avait été utilisée pour la garde du logis.

L'éducation ; la pédagogie sophistique. — Il fallait de la réflexion pour dégager, chez l'animal comme chez l'homme, derrière le mobile que met en jeu la contrainte, ceux qu'éveillent des traitements plus doux. Il semble que le régime théologique ait fait peser sur l'esprit des jeunes gens un joug assez lourd, si l'on en croit les éloges qu'adresse Xénophon à l'éducation dorienne. « Lycurgue voulant imprimer fortement la modestie dans les cœurs a

(1) *De l'Équitation*, XI, 6. Des remarques semblables se trouvent aux chapitres II, VI, VIII, à la fin, et IX du même traité. Xénophon compare, *Hipparque*, VI, les hommes, mêmes soumis au commandant de cavalerie, à la matière docile aux doigts de l'ouvrier. Encore l'*organon* et la *démiurgie*. Mais en général Xénophon dépasse ce point de vue et s'élève à la conspiration organique.
(2) *Hermann's Lehrbuch der Griechischen antiquitaten*, t. IV, p. 117 et 501.

ordonné qu'on marchât dans les rues en silence, les mains sous sa robe, sans tourner la tête de côté et d'autre, les yeux toujours fixés devant soi. On voit que l'homme est plus capable encore que la femme de s'imposer à lui-même une modeste réserve. Vous ne les entendriez pas plus parler que des statues de pierre. Leurs yeux ne seraient pas plus immobiles s'ils étaient d'airain. Enfin, on peut dire qu'ils sont plus modestes que les vierges elles-mêmes dans la chambre nuptiale (1). » Du moins ce joug était porté allègrement, parce qu'il était imposé par les lois divines, et ces jeunes gens dont parle Aristophane qui marchent en chantant sous la neige sont un juste symbole de l'éducation religieuse d'autrefois. Dans les cités où le régime théologique s'était relâché de sa rigueur et où les maîtres faisaient appel à des mobiles tout humains pour obtenir l'obéissance, la contrainte avait d'abord paru constituer la discipline la plus sûre et la plus expéditive. L'enseignement s'était compliqué ; à la musique s'étaient jointes la lecture, l'écriture et l'étude des poètes ; les exercices gymniques s'étaient perfection-nés ; l'enfant et le jeune homme avaient à apprendre plus de choses dans le même temps. Et il est probable qu'en ce temps l'aptitude à l'attention était beaucoup moindre et moins précoce que de nos jours. Pour l'obtenir, les maîtres de diverses sortes, grammatistes, citharistes, pédotribes s'étaient trop facilement laissés aller à remplacer la crainte des dieux, qui diminuait, par la crainte des coups. La baguette jouait un très grand rôle dans les écoles et les palestres (2). Heureusement l'émulation et la passion de l'honneur joignaient déjà leurs nobles entraînements à

(1) *Rép. lacédémonienne*, chap. III.
(2) Cf. Paul Girard, *l'Éducation athénienne au V*^e *et au IV*^e *siècle*, 1889, chap. VI. *Les maîtres et leur méthode*, p. 250.

ces sentiments tout restrictifs (1). Mais quand apparurent des maîtres d'espèce nouvelle qui, en dehors des cadres traditionnels, sans avoir de place dans ce qu'on peut appeler le programme consacré de l'éducation civique, venaient soit agiter les plus grands sujets dans de brillantes conférences, soit dans des leçons privées commenter les poètes avec une liberté jusqu'alors inconnue, ou communiquer les secrets de l'éloquence, deux sentiments nouveaux, la curiosité et l'ambition, enflammèrent les esprits de la jeunesse et l'art de l'éducation s'enrichit de ressorts plus délicats et plus puissants, dont la force empruntée encore à la seule nature se révélait pour la première fois.

Jusque-là, bien que des matières nouvelles aient été ajoutées au nombre des matières enseignées, la méthode par laquelle on les enseignait était restée traditionnaliste. Le livre même ne pouvait être mis entre les mains des écoliers ; il était tellement rare que les maîtres ne possédaient pas toujours les plus importants : il doit y avoir quelque chose de vrai dans l'anecdote d'Alcibiade donnant un soufflet à ce maître d'école qui n'avait pas les œuvres d'Homère. Le pauvre homme en faisait cependant sans nul doute comme ses devanciers apprendre par cœur des morceaux à ses élèves en les leur répétant. La mémoire avait dans cette discipline intellectuelle un rôle prépondérant. Elle était *machinale*, comme la discipline morale était coercitive. « Pour apprendre à l'écolier ses lettres, le professeur lui en montre la forme et lui en dit le nom : l'élève s'efforce ensuite à les reconnaître. Faut-il écrire, le grammatiste dessine sur la cire des caractères dont l'enfant devra suivre exactement le tracé. Faut-il appren-

(1) Thucydide, II, 39, 1. Périclès vante la douceur de l'éducation athénienne comparée à celle de Sparte.

dre par cœur un morceau de poésie, le maître le débite
phrase par phrase, vers par vers, et l'élève répète ce qu'il
entend jusqu'à ce qu'il possède le morceau tout entier.
S'agit-il d'arithmétique, le professeur chante par fragments la table de multiplication et les écoliers répètent
après lui ce chant monotone. Même manière de procéder
chez le cithariste : qu'il faille jouer de la flûte ou de la
lyre, se servir ou non du plectron, le maître exécute un
air que l'élève reproduit. Tout cela donne l'idée d'une
méthode très simple, qui consiste à *seriner* l'enfant, à ne
compter que sur sa mémoire, sans rien ou presque rien
demander à sa réflexion (1). » Il y eut donc sans doute
d'abord un grand éveil de curiosité à l'apparition de ces
hommes qui avaient réuni tous les livres écrits depuis
qu'on faisait de la prose, les avaient pénétrés et contrôlés
par leur jugement propre, y avaient ajouté le fruit de
leurs recherches personnelles et invitaient tout venant
non seulement à puiser dans le trésor illimité de leurs
connaissances, mais encore à promener avec eux une
libre critique sur tous les dogmes théologiques, politiques
et moraux. Ce fut un grand attrait que la perspective de
s'engager à leur suite dans ce voyage plein de surprises,
dans cette aventure intellectuelle dont on goûtait d'autant
plus le risque qu'on avait été plus sevré de mouvement.

Ensuite les calculs les plus avisés y trouvaient leur
compte. Dans l'ancienne société la naissance seule dési-
gnait aux situations prééminentes. « Le principe d'après
lequel la capacité pratique repose sur l'instruction scientifique était inconnu des temps anciens (2). » Les traditions
domestiques jointes à la commune culture mettaient les
enfants des grandes familles à la hauteur des premiers

(1) Paul Girard, *op. cit.*, p. 246.
(2) Zeller, trad. franc., t. II, p. 150.

emplois. Maintenant la vie publique s'était compliquée. Le commandement dans l'armée et sur la flotte, l'administration supérieure dans les finances, la direction des affaires de l'Etat dans ses rapports avec ses nombreux tributaires et les Etats rivaux, l'intervention en présence des assemblées dans la confection des lois constitutionnelles et d'intérêt privé, avaient de telles exigences que les bons soldats, les citoyens même distingués et de jugement sain, formés dans les palestres et les écoles ordinaires, n'y suffisaient plus. Il y fallait des connaissances positives, une compétence spéciale. Il y fallait par-dessus tout une culture générale supérieure. Pour les enfants des familles en possession du pouvoir et qui voulaient garder un privilège de plus en plus disputé, une éducation savante devenait indispensable. Ce sont ces besoins qui avaient suscité la profession, inconnue jusque-là, de dépositaire, de metteur en œuvre et de vulgarisateur des connaissances disponibles, disséminées dans tous les foyers de culture hellénique. Des hommes versés dans quelque art non enseigné dans les écoles et qui s'exprimaient assez facilement pour en donner des leçons, ayant eu l'idée de recevoir des élèves et en ayant tiré faveur et profit, leur exemple fut imité : les nouveaux venus se mirent en quête, et ils étendirent de proche en proche leur répertoire. On les appela sophistes, c'est-à-dire savants par état, habiles gens qui font profession de l'être. Bientôt l'émulation, la concurrence aussi suscitèrent parmi eux des sujets incomparables pour la vivacité de l'intelligence, la richesse de la mémoire, l'envergure des idées, la prestesse et l'éclat de l'élocution. Investis, en dépit de la médiocrité de leur origine, des plus hautes fonctions dans leurs cités, ils étaient de vivants exemples des avantages sociaux attachés à la possession du savoir. On ne pouvait nier d'ailleurs que leurs élèves ne fussent supérieurement armés pour la vie politique. C'était donc justement qu'ils échangeaient contre de l'argent cette denrée précieuse inaccessible avant eux, ces connaissances générales et spéciales qu'ils avaient mises en valeur, qu'ils avaient pris la peine d'aller chercher et de façonner pour qu'elles fussent à la portée de tous. L'art de l'éducation leur doit la première ébauche d'un haut enseignement encyclopédique, capable de préparer la jeunesse aux fonctions sociales supérieures ; ce sont eux qui ont créé l'opinion que la science est désirable non seulement comme un exercice délicieux des facultés, mais comme un instrument incomparable pour l'acquisition des plus grands biens. Par l'emploi de ce double moyen d'entraînement, les sophistes devenaient les plus grands manieurs d'esprits qui aient jamais existé ; ils donnaient le branle à la croyance dans tous les milieux cultivés du monde grec.

Mais nous verrons bientôt que la science et l'art n'étaient pas encore distingués à cette époque ; quand donc nous disons que les sophistes enseignent la science, il faut entendre qu'il s'agit à la fois des connaissances pures utilisées dans les arts et des habiletés pratiques qui constituent ces arts mêmes, le tout confondu. La capacité (ἀρετή) est ce qu'on demande aux nouveaux maîtres de communiquer. Et comme ceux qui veulent acquérir ces capacités ont plus besoin de pouvoir en faire montre devant les assemblées que de les exercer en réalité, l'enseignement des choses mêmes cède le pas à l'enseignement de l'art de parler des choses. De son côté le maître n'a pas tant besoin de les savoir que de faire croire qu'il les sait, et s'il réussit à en parler mieux que l'homme du métier, il sera tenu pour supérieur à lui. Toute instruction, toute éducation se ramènent donc à ceci : faire croire à des auditeurs ce qu'on veut et les faire douter de ce qu'on veut ; il n'est même pas nécessaire que le maître enseigne réellement le même art à ses disciples ; il suffit qu'il leur fasse croire qu'ils le tiennent de lui. L'art pédagogique dégénère ainsi en une suite de chétifs artifices ; il atteint son but quand il connaît les recettes par lesquelles on peut déterminer l'acquiescement des individus et des foules, et ces recettes sont simples. Il suffit à l'élève « d'apprendre par cœur mécaniquement les questions et les arguties qui reviennent le plus souvent » dans les joutes de la parole (1).

Ce développement de l'art de l'éducation s'opéra grâce à l'initiative d'individus dont nous savons les noms : c'est-à-dire, comme celui de la médecine, en pleine conscience sociale. Mais la science et l'art fondé sur la science sont impersonnels et universels. Il y eut un moment où l'on put croire qu'une culture commune allait s'établir dans les pays de langue grecque avec la philosophie naturaliste pour base. A l'intérieur des cités cette même éducation conférait les mêmes aptitudes politiques à tous ceux que le hasard des circonstances faisait bénéficier de l'enseignement des sophistes : elle rendait vaines dans ce cas les démarcations entre les classes. Virtuellement tout au moins elle était donc cosmopolite et égalitaire. Par là elle favorisait une profonde transformation dans les principes de la politique et de la morale qu'il nous reste à exposer. Mais elle ne s'adressait qu'à une élite ; elle opérait sur un champ trop restreint dans chaque cité pour porter tous ses fruits ; elle ne fit que préparer l'unité intellectuelle et morale de la race hellène qui devait se faire par d'autres voies et resta comme un rêve

(1) Zeller, trad. franç., t. II, p. 500, d'après un passage très explicite d'Aristote, *Soph. el.*, 33, 183, *b*, 15, cité au bas de la page.

impuissant, comme un programme très beau, mais alors trop ardu, proposé aux efforts de l'humanité future.

La politique. — Tandis que l'art de l'éducation s'enrichissait de méthodes et d'éléments de culture nouveaux tendant à faire du citoyen accompli comme de son maître un ouvrier de persuasion, πειθοῦς δημιουργός, *persuadendi opificem* (1), capable de façonner les esprits comme l'ouvrier façonne la matière et de les régir souverainement, l'art de la politique réalisait les mêmes progrès grâce à la diffusion de ces mêmes moyens d'action.

Si on jette un coup d'œil sur la carte de l'Hellas au vi⁰ et au v⁰ siècle en supposant les divers territoires des cités peints de couleurs différentes selon la nature des gouvernements qui les régissent, on se trouvera en présence d'une extrême variété de couleurs. En négligeant les nuances cependant, on peut ramener les constitutions diverses à trois types : l'oligarchie, la tyrannie et la démocratie, les tyrannies étant de beaucoup les plus nombreuses en même temps que les plus prospères. Que l'on replace ensuite ces trois types dans la perspective des temps, on trouvera que les oligarchies sont des constitutions anciennes, universellement regardées comme telles, qui subsistent en raison de la puissance militaire des États qu'elles régissent, mais n'ont plus aucune force de rayonnement ; que les démocraties sont encore récentes et influentes, mais qu'elles se dégagent péniblement des étreintes du pouvoir personnel ; qu'enfin la forme de gouvernement qui bat son plein est la tyrannie à laquelle ont abouti toutes les oligarchies d'autrefois. Nous avons

(1) Quintilien, II, 15. Voir sur le sens de ὀργανοργός d'excellentes remarques de M. Chaignet dans *la Rhétorique et son histoire*, chap. III, p. 88-89. L'opinion de Spengel citée dans ce passage est excessive.

déjà dit un mot au début de ce chapitre de l'établissement de la tyrannie ; nous avons à la caractériser et à montrer comment avec elle, et à mesure qu'elle se change en démocratie, l'art politique accomplit une importante évolution. *

La tyrannie, ou la politique sécularisée. — La tyrannie marque la sécularisation et l'extension de la souveraineté politique remise entre les mains d'un homme ; c'est-à-dire que par elle le pouvoir religieux et le pouvoir gouvernemental sont séparés pour la première fois, ce qui imprime à l'action de ce dernier une vigueur, une intensité, une flexibilité qu'elle n'avait jamais eues.

Au sein des petites agglomérations, seules possibles dans l'état où se trouvaient alors les techniques gouvernementales, il y eut, dès le jour où, l'ascendant des croyances religieuses s'affaiblissant, le prestige des rois et des nobles tomba, une compétition passionnée pour la possession du pouvoir. Ceux qui réussirent à s'en emparer l'emportèrent sur leurs rivaux grâce à quelque supériorité : ou bien ils avaient su gagner la reconnaissance du peuple par d'importants services, ou bien ils étaient des généraux habiles, ou bien ils avaient imposé par leur sagesse quelque heureux arbitrage aux partis ; le consentement qui leur permit de devenir les maîtres reposait nécessairement sur quelque raison. Ainsi s'établit une autorité d'ordre naturel, fondée sur la volonté, sur le choix, tout au moins sur l'acquiescement raisonné des sujets, nettement différente de l'autorité royale, qui se passait de toute autre raison d'être que la volonté des dieux manifestée par l'hérédité. Il est vrai que la faveur qui avait porté les tyrans au pouvoir n'était pas un sentiment des plus stables. Mais c'est ce qui les obligea précisément à susciter dans les esprits des raisons toujours renouvelées de subir leur autorité. Ils employèrent la crainte et la séduction ; la crainte en s'entourant de mercenaires, en organisant une police, en abaissant les familles anciennes, en ruinant les riches, en interdisant les réunions ; la séduction en achetant les victoires aux jeux helléniques, en favorisant les arts, en écrasant les cités rivales, en distribuant des terres aux pauvres, en inventant des taxes de luxe, en puisant dans la guerre ou les douanes les ressources nécessaires à la diminution des impôts (1). La tyrannie fut donc un essai d'organisation gouvernementale fondée sur la seule utilité : sur l'utilité du souverain sans doute qui voulait se perpétuer au pouvoir, mais aussi et par la force des choses sur l'utilité du peuple tout entier ou de la plus grande partie du peuple. La politique proprement dite, l'art d'administrer les intérêts complexes d'une cité, de prouver de jour en jour le droit à l'existence d'un pouvoir par les services qu'il rend à la communauté, naquit alors en Grèce. « Jusque-là, il n'y avait eu d'autres chefs d'État que ceux qui étaient les chefs de la religion : ceux-là seuls commandaient à la cité qui faisaient le sacrifice et invoquaient les dieux pour elle ; en leur obéissant on n'obéissait qu'à la loi religieuse et on ne faisait acte de soumission qu'à la divinité. L'obéissance à un homme, l'autorité donnée à cet homme par d'autres hommes, un pouvoir d'origine et de nature tout humaines (2) », voilà ce qu'on vit pour la première fois avec la tyrannie.

Cette scission des fonctions régulatrices supérieures en deux groupes eut pour effet d'augmenter dans des proportions considérables l'autorité qui assumait la défense et

(1) Grote, *Hist. grecque*, trad. franç., t. IV, p. 50. — Sur les sources de revenus trouvées par les tyrans, voir Bœckh, *Economie politique des Athéniens*, trad. française, vol. II, p. 7, 161, 163.
(2) Fustel de Coulanges, *Cité antique*, p. 326.

l'administration des intérêts collectifs. Tandis que le roi n'était que le premier des chefs de familles nobles, le tyran prit dans l'État une place unique. Il fut l'incorporation de la volonté populaire. Or cette volonté n'ayant pas d'autre règle en matière politique que le salut public, le nouveau pouvoir dut être armé de manière à vaincre toutes les résistances, même les résistances d'ordre moral. La royauté religieuse devait obéir la première aux coutumes et aux rites sur lesquels reposait son crédit auprès des dieux ; les lois non écrites ne furent plus pour le tyran que des moyens de gouvernement semblables aux autres. Il y a plus : avec l'autorité militaire, avec l'autorité administrative, il eut en main, comme gérant des intérêts de tous, le privilège d'écrire la loi, de faire le droit, d'identifier chacune de ses volontés avec la Justice. C'est ce que veulent dire les anciens quand ils déclarent que sous le tyran l'État était sans lois. Assertion inexacte ; nous voyons au contraire que les orthagorides à Sicyone respectèrent les lois, que les pisistratides consolidèrent celles de Solon (1), que le despote maudit par Théognis à Mégare a divulgué le droit aux petites gens, que dès l'origine de l'institution, Zaleucus, Charondas, Phidon, Pittacus (2) furent des législateurs. Et il serait absurde de soutenir que des sociétés florissantes comme celles de Cyrène et de Syracuse n'eurent pas de moyens réguliers de trancher les différends entre les citoyens et de punir les crimes et les délits. Mais par cela même que la volonté du tyran faisait loi, il était au-dessus de tout contrôle : sa puissance était illimitée ; il était la loi vivante (3). La souveraineté de l'État se manifeste ainsi dans l'irresponsabilité du pouvoir en qui il se résume.

(1) Perrot, *Droit public,* etc., p. 137.
(2) Aristote, *Politique.* II.
(3) Euripide, *Suppl.,* v. 120.

Si nous faisons abstraction un instant de nos idées modernes et que nous envisagions ce fait d'un point de vue purement historique, nous ne pouvons nous dispenser de reconnaître que cette concentration de l'autorité marque un progrès considérable dans l'évolution de l'art politique. L'organe, quel qu'il soit, chargé de défendre l'intérêt de tous et de représenter la volonté sociale est investi par là d'une liberté d'action illimitée et prend par rapport à toutes les forces en jeu dans le corps social la suprématie qui lui appartient. Par là tous les éléments qui composent la cité, jusqu'alors divisés en groupes réfractaires autonomes, sont fondus en une masse homogène soumise au même pouvoir dirigeant ; par là, dès qu'un individu entre dans la sphère des intérêts communs, qu'il sorte ou non de la même origine ethnique, il devient au même titre que les autochtones sujet de l'Etat comme collaborant à la même entreprise d'utilité ; par là enfin la conquête est rendue possible, alors qu'avec l'ancien droit les cités diverses étaient, comme les cultes locaux, irréductibles les unes aux autres. Grâce à cette doctrine, des empires assez considérables déjà purent se former dans le monde grec pendant le ve siècle. Sparte, plus fidèle aux traditions, avait des alliés ; Syracuse et Athènes eurent des sujets. Car Périclès, comme Cléon, était d'avis que les tributaires devaient être gouvernés *tyranniquement*, c'est-à-dire selon les exigences de la raison d'Etat et que le pouvoir de la métropole sur eux n'avait d'autres limites que son intérêt. Nous retrouverons cette tradition quand il s'agira de la Macédoine.

Le droit nouveau. — Auparavant la loi était immuable par nature. Dépendant de la volonté d'un homme, elle devient changeante comme cette volonté et comme les intérêts qu'elle fait profession de servir. Ce pouvoir absolu est essentiellement novateur, révolutionnaire. Le corps social est considéré dès lors implicitement non plus comme une création naturelle, mais comme une construction artificielle, qui se défait et se refait à la façon des objets fabriqués par l'art humain. La volonté qui le gouverne peut donc incessamment le remettre sur le métier pour le plier aux circonstances. Conception fausse théoriquement, mais qui corrigeait utilement le conservatisme excessif des doctrines antérieures. Ainsi un nouveau progrès était réalisé dans l'art politique; un champ libre était ouvert aux combinaisons les plus variées et le gouvernement devenait dans chaque cité un puissant instrument de transformation. C'est l'exemple de la tyrannie qui fit croire aux démocraties ultérieures qu'elles pouvaient presque sans limites agir sur elles-mêmes et modifier à leur gré leurs institutions.

Un signe manifeste de ces variations du droit se rencontre dans les modifications apportées pendant cette période aux lois sur la propriété. Voici comment M. Guiraud caractérise ce mouvement arrivé à son terme : « Il arriva un moment où la famille patriarcale se démembra et où la propriété perdit son vieux caractère familial. Quand la terre ne fut plus rattachée de force au γένος par un lien indissoluble, elle se mit à circuler de mains en mains et les roturiers enrichis purent la saisir au passage. Sans doute elle n'eut pas partout la même mobilité et elle demeura toujours embarrassée de quelques entraves, du moins dans les États oligarchiques. Mais quoi qu'on fît, l'ancienne conception du droit de propriété disparut sans retour. A la propriété familiale succéda peu à peu la propriété personnelle. La vente, la donation, le testament, le partage égal des successions, toutes ces pratiques entrèrent insensiblement dans les mœurs comme dans les lois, avec les atténuations assez légères qu'y apportèrent les idées religieuses, et elles produisirent en ce qui concerne la répartition du sol, leurs conséquences habituelles : le sol se morcela de plus en plus et la petite propriété prit chaque jour plus d'importance (1). »

Nous verrons comment la démocratie, arrivée à son plein développement, constitue à Athènes un type gouvernemental très différent, au point de vue de la technique, du type tyrannique. Mais entre les deux s'échelonne toute une série d'états transitoires caractérisés par la mesure diverse où s'exerce le contrôle du peuple sur ses magistrats et où la personne du citoyen est entourée de garanties efficaces. Aristote en effet reconnaît l'existence de deux sortes de tyrannies (2) : il fut un temps où le tyran régna par la force ; plus tard quand l'éloquence se développa, elle devint l'instrument préféré des ambitieux honnêtes ou non qui tentèrent de s'emparer du pouvoir, sans qu'ils renonçassent pour cela à se servir de la force, une fois maîtres du gouvernement. Bref, le pouvoir personnel ne cessa pas de s'exercer à Athènes depuis Dracon jusqu'à Périclès et Alcibiade, mais en employant avec des intermittences la force ou la persuasion, et de plus en plus celle-ci de préférence à celle-là. Quand le pouvoir personnel n'eut plus d'autre fondement que l'ascendant de la parole, il s'évanouit pour faire place à l'action nécessaire du citoyen dans les limites de la loi.

Athènes n'a donné le nom de tyrans qu'à ceux qui abusèrent du pouvoir personnel. D'un point de vue général cependant on voit que tous les noms éminents de l'histoire d'Athènes, jusqu'à sa chute sous les coups de Lacédémone, sont ceux d'autocrates plus ou moins déguisés, quel que soit l'usage qu'ils ont fait de leur pouvoir.

(1) *La Propriété foncière en Grèce*, p. 300.
(2) *Politique*, V, IV, 1.

Dracon nous est mal connu ; il est déjà cependant un personnage historique et semble n'avoir dû qu'à son propre ascendant son pouvoir de législateur. Solon a tous les caractères que nous avons relevés chez le tyran : il s'impose par ses services, il fonde son pouvoir sur sa valeur propre : il est le tuteur du peuple ; il prend sous sa protection les intérêts du plus grand nombre ; il agit au nom de l'intérêt public mis en péril par la discorde : sa politique est toute relative, elle vise à l'utile. C'est une œuvre de haute réflexion et de combinaison savante où les idées nouvelles et les sentiments conservateurs sont habilement pondérés. Son esprit laïque éclate dans le critérium qu'il adopte pour la division du peuple en classes, et dans les lois qu'il institue soit sur la liberté testamentaire, soit sur l'admission au nombre des citoyens des étrangers qui exerçaient un métier utile. Il a eu en vue l'établissement d'un régime légal et il y a réussi ; c'est avec raison que les Athéniens faisaient remonter fictivement toutes leurs lois jusqu'à lui, puisque le principe même de la constitution démocratique, c'est lui qui l'a posé (1) ; mais il a dû nécessairement pour réussir dans cette noble tâche : 1º invoquer le salut public, 2º exercer un pouvoir personnel absolu. L'homme qui fait la loi est au-dessus d'elle ; il n'a tenu qu'à lui de se perpétuer au pouvoir et de devenir un tyran. Le succès de Pisistrate montre assez que la tyrannie était la solution nécessaire des difficultés du moment, la véritable expression des idées qui s'imposaient sur la nature du pouvoir. Délégué irresponsable des intérêts collectifs, Clisthène a-t-il pu modifier aussi profondément qu'il l'a fait la législation traditionnelle sans être investi d'un pouvoir presque souverain ? Il conclut, dit Hérodote, un pacte d'amitié

(1) Aristote, *Politique*. II. 9, 1.

avec le peuple ; il lui donne les droits dont il était auparavant privé ; il remanie profondément les antiques groupements ethniques pour créer des divisions administratives nouvelles, parées seulement de noms anciens. De plus en plus l'individu se trouve réduit à son isolement en face du pouvoir sans limites de l'État, ce qui est la grande conquête de la tyrannie. Après la guerre médique, la démocratie touche à sa majorité : la loi se dresse entre l'individu et l'État comme une barrière invisible ; il n'en est pas moins vrai qu'à travers les fictions légales le pouvoir personnel reprend çà et là l'avantage, qu'Aristide est accusé en raison de son prestige comme juge d'exercer une monarchie sans gardes du corps (1), que Périclès et Alcibiade ont été de véritables dictateurs, que d'ailleurs le principe de la dictature était au cœur de la constitution, puisque le pouvoir mystérieux et indéterminé de l'Aréopage qui s'exerçait dans les circonstances critiques, n'était pas autre chose qu'une magistrature de salut public, suspendant et absorbant pour un moment tous les autres pouvoirs de l'État. La constitution ne devint réellement démocratique que dans la période comprise entre le retour de Thrasybule et la guerre lamiaque. Le type gouvernemental réalisé alors n'est donc dans l'ensemble de l'histoire hellénique qu'un moment fugitif, une exception. Le type normal de la pratique politique depuis le viie siècle jusqu'à la fin du ve est la souveraineté d'un homme sans caractère religieux, auteur et interprète de la loi, démiurge de l'intérêt public, maître à ce titre de défaire et de refaire selon le besoin la machine sociale.

Politique ou civile, la loi prend dès lors un caractère nouveau : ce n'est plus cette volonté invisible et immobile

(1) μοναρχία ἀδορυφόρητος, Plutarque, *Aristide*, VII.

qui était attribuée aux dieux : peu à peu détachée de la coutume par les rédactions fragmentaires des thesmothètes, semblables (et cette coïncidence est très digne d'attention) aux formules empiriques, aux observations de cas isolés par lesquelles se constitua peu à peu la médecine, elle devient graduellement indépendante non seulement du fait, mais de la croyance sur laquelle le fait juridique repose ; elle est écrite ; on la voit un beau jour affichée sur un tableau neuf; on sait qu'elle peut être par la volonté des hommes remplacée demain par une autre : on constate, grâce aux voyages qui se multiplient, qu'elle est différente d'une cité à l'autre ; son caractère artificiel éclate aux yeux et le fait montre que, juste ou non, elle dépend d'un pouvoir prépondérant, c'est-à-dire de la force.

La morale. — Nous nous garderons de reprendre après M. Denis (1) et M. Couat (2) la peinture de l'état moral des Grecs dans les temps qui précédèrent et accompagnèrent la sophistique. Réussir, conquérir à force de prévoyance la fortune et le pouvoir, se rendre par là capable de faire du bien à ses amis, du mal à ses ennemis : telle était en somme la règle de la conduite privée, comme de la politique, règle de l'habileté, de la prudence, règle d'utilité supérieure, qui n'empruntait plus rien à la tradition religieuse et se fondait sur l'expérience et la raison. Thucydide fait dire aux Athéniens s'adressant aux habitants de Mélos : « Vous savez aussi bien que nous que la justice dans les discussions humaines n'entre en ligne de compte que si les forces sont égales des deux côtés, mais qu'autrement c'est le possible qui est la mesure des exigences du plus fort et des concessions du plus faible. » C'est le

(1) *Les Idées morales,* etc., p. 38 à 51.
(2) *Aristophane,* derniers chapitres. Voir Curtius, *Histoire grecque,* trad. française, vol. II, p. 13 et 517.

langage que tient publiquement Diodote quand il parle
dans l'assemblée en faveur des Mytiléniens condamnés,
et Périclès lui-même. Le droit n'est plus selon ces vues,
évidemment très répandues, que le champ clos où luttent
les forces individuelles et collectives, que l'ensemble des
conventions reconnues nécessaires au maintien de l'ordre
social dans le conflit des besoins et des ambitions : il n'y
a pas loin de là à le considérer comme la plus précieuse
des œuvres humaines. Ce n'est pas la justice qui est pour
l'historien la reine du monde, c'est l'intelligence. Pour les
Grecs de ce temps l'intelligence est au-dessus de la moralité, parce que c'est l'intelligence qui est la force prépondérante dans les événements humains, que c'est elle qui
assure le succès et que la justice n'est que l'un de ses
instruments.

L'art militaire : l'armée est un organon. — L'ordre,
la subordination hiérarchique imposés à un groupe
d'hommes par l'intelligence au nom du salut commun
sont surtout réalisés dans l'art militaire ; l'idéal de toutes
les cités grecques est l'imitation de la phalange lacédémonienne où le commandement descend par des voies régulières du chef suprême aux chefs des compagnies (1). Ici
l'homme pour la première fois se fait volontaire instrument de la volonté d'autrui ; toute l'armée n'est qu'un
organon. La cavalerie naît en Grèce comme arme distincte ; ce n'est encore qu'un commencement ; elle ne
dépasse pas à Athènes le nombre de 1,200 chevaux ; mais
elle ravit la foule aux fêtes religieuses par ses évolutions
où l'on voit l'homme qui se sert du cheval comme d'un
instrument docile, soumis lui-même à la volonté du chef.
Les connaisseurs admiraient surtout dans les défilés l'ho-

(1) Grote, vol. V, p. 17.

mogénéité de cette troupe mobile, l'effet d'ensemble produit par le bruit cadencé des sabots, par les souffles et les hennissements, par le bon ordre des lances toutes baissées en avant, par l'obéissance instantanée de cette masse dans ses mouvements variés à la voix de l'hipparque (1). La cavalerie est elle-même divisée en deux corps : les archers à cheval et les cavaliers couverts d'armures. Elle combine sur le champ de bataille son action avec celle des troupes légères soit pour engager la bataille, soit pour harceler l'ennemi dans ses mouvements, soit pour poursuivre les fuyards. Une armée n'est plus une ligne rigide d'hoplites ; elle a un centre et des ailes ; il lui faut élever des retranchements ou attaquer ceux de l'ennemi à l'abri de constructions mobiles : la guerre se compose d'opérations multiples, qu'une pensée unique doit échelonner selon les phases de l'action et combiner. Quand un homme de guerre parle d'une troupe bien disciplinée, qui est, comme nous le disons, dans la main de son chef, la pensée lui vient d'un navire qui obéit à la manœuvre ; l'armée est comme un seul engin docile à l'impulsion. Xénophon dit d'Epaminondas à la bataille de Mantinée : « Il conduisait son armée comme une trière, la proue en avant, pensant enfoncer l'ennemi où il donnerait et ruiner ainsi toute l'armée adverse. »

Résumé. — Tous les arts, depuis les plus simples jusqu'aux plus complexes, ont donc à cette époque le même caractère et ce caractère est déterminé, en vertu de la loi de corrélation de croissance, par l'état de la technique industrielle qui fournit le type selon lequel toute action collective s'exerce. C'est l'action de l'instrument.

(1) Xénophon, *de l'Equitation*, XI, et *le Commandant de cavalerie*, VI.

organon, qui façonne ou combine des éléments matériels passifs sous l'impulsion consciente de l'ouvrier, du
démiurge et résulte lui-même d'un semblable façonne-
ment, d'une semblable combinaison ; c'est la fabrication
volontaire artificielle. Il nous reste à voir comment ce fait
général a trouvé son expression dans les doctrines contemporaines sur la philosophie de l'action.

CHAPITRE II

La fabrication humaine et la fabrication divine. —
A la phase du développement des techniques que nous
venons de décrire correspondent deux philosophies de
l'action en apparence très différentes, puisque l'une est
positive ou naturaliste, l'autre métaphysique ou transcendante, mais qui sont marquées toutes deux du même trait
essentiel, qui est de concevoir l'action sur le modèle de
l'opération industrielle élémentaire, de la fabrication par
l'outil. Partie de la nature ou Dieu, l'être agissant ne
pouvait être pour les Grecs du ve siècle qu'un ouvrier, un
démiurge, une cause mécanique.

Héraclite et la condamnation de l'art humain. —

Héraclite (flor. 500) ferme la période physico-théologique. En lui se résume la philosophie impliquée dans les œuvres des anciens poètes (1). C'est un « théologue ». Il sort d'une famille sacerdotale : il a les allures et le ton d'un inspiré : il est obscur comme un oracle. Mais il se donne pour tâche d'expliquer la nature : il s'adresse à la raison en même temps qu'à la foi, il écrit en prose. Son interprétation des doctrines traditionnelles n'a presque plus rien de mythique. Elle pose d'une manière nouvelle et pressante le problème de la place qu'occupe dans le monde la volonté humaine et de ses rapports avec la volonté divine.

Chaque chose est, selon Héraclite, composée d'éléments contraires tenus en équilibre par une harmonie ou un rapport. Ce rapport est pour chaque chose sa nature et aussi sa règle, c'est-à-dire que cette chose est ce qu'elle doit être en raison de ses éléments, mais que de plus elle est ainsi par un décret d'en haut, par une institution divine. La raison universelle, en effet, est à la fois une nécessité qui embrasse toutes les nécessités partielles, et une sagesse qui a réglé les caractères spéciaux et les destinées de tous les êtres. Ainsi le monde peut être envisagé sous deux aspects : d'un côté il est une nature, φύσις, ensemble des rapports résultant de la lutte des contraires, marche alternante et rythmée du devenir : de l'autre, il est une institution, une décision, une volonté expresse, une règle, νόμος. Mais l'une et l'autre, la nature et l'institution ou règle trouvent également dans la raison divine leur principe. Il n'est donc pas surprenant qu'elles soient partout parallèles et concordantes. Normalement les institutions sociales sont à la fois l'expression des rapports nécessaires qui unissent les parties de la cité et des décrets divins. La volonté de l'homme ne semble donc pouvoir être d'après

(1) Cf. Platon, *Théétète*, 178 e, et *Cratyle*, 402 a.

ces principes qu'une sorte de prolongement de la volonté de Dieu.

L'intervention de l'erreur modifie ces conséquences. L'ordre normal, dit Héraclite, inévitable en dehors de l'humanité, n'est pas toujours suivi dans les cités humaines. Ici seulement une divergence est possible entre l'institution et la nature des choses : la volonté changeante et capricieuse de l'homme se substitue inconsidérément aux éternels desseins de la raison universelle. L'institution (la règle ou la loi) et la nature par lesquelles tout se fait, ne s'accordent pas, tout en s'accordant ; la loi, ce sont les hommes qui l'ont instituée pour eux-mêmes, ne sachant pas sur quoi ils l'instituaient, tandis que la nature a été ordonnée par les dieux. Or ce que les hommes ont institué ne demeure jamais au même point, que ce soit droit ou que cela ne le soit pas ; ce que les dieux au contraire ont institué (la nature) est toujours droit (1).

Il est vrai, « l'intelligence des dieux a enseigné aux hommes à imiter les opérations divines (2) » ; les arts ne sont qu'une copie des fonctions de la nature ; mais les hommes n'en savent rien et, l'ignorant, ils altèrent la loi divine. Telle est la thèse soutenue, d'ailleurs très obscurément, dans le traité évidemment héraclitéen sur le *Régime*. Elle est reprise et développée avec clarté dans le *Cratyle* à propos de l'origine du langage (3). La nature, c'est-à-dire Dieu même, aurait attribué aux choses un nom en rapport avec leur essence, nom qui seul est le

(1) Hér. fragment 91 ; περὶ διαίτης, liv. I. Hippocrate, ed. Littré, vol. VI, p. 486. Voir sur la date de ce traité la discussion entre Zeller et Teichmüller : (Zeller trad. vol. II, p. 157 ; Teichmüller : *Neue Studien*, etc., I, 249). Pour le premier la composition de ce traité est postérieure à Empédocle et à Anaxagore, pour le second elle se place entre Héraclite et Anaxagore.

(2) Hér. frag. 96.

(3) *Cratyle*, p. 383 a, b.

véritable, et se retrouve le même aussi bien chez les Barbares que chez les Grecs : mais faute de connaître ce nom, les hommes en adoptent d'autres, purement conventionnels, et ils ne s'aperçoivent pas qu'en les prononçant ils ne disent rien. C'est ainsi que l'arbitraire humain engendre des institutions, des usages et des lois en désaccord avec la nature ou la volonté de Dieu. Dès lors toute innovation ne risque-t-elle pas d'être une révolte? N'y a-t-il pas une opposition fondamentale entre l'ordre nécessaire des choses tel qu'il résulte de la volonté des dieux et l'intervention de l'activité humaine? C'est sur cette allégation, c'est dans ces termes que se pose le débat d'où vont se dégager les deux premières philosophies de l'action et d'abord la philosophie naturaliste.

Naissance de la science, en connexion avec la naissance de l'Art. — Tout dépend de la question de savoir si l'homme a en face de lui dans la nature, champ de son action, des forces brutes ou des volontés morales. Il y a de l'ordre dans le monde et cet ordre est nécessaire. Mais cet ordre est-il voulu ? Plus il est nécessaire, moins il y a lieu, ce semble, de recourir pour le fonder à une volonté sage. D'abord les deux principes, la nécessité et la Providence, confondus dans le système d'Héraclite, se démêlent et se distinguent sans s'opposer : Anaxagore les pose en face l'un de l'autre et les conserve tous les deux ; mais, aussitôt après, un mouvement énergique se fait dans les esprits qui tend à éliminer la Providence et à ne conserver que la nécessité : l'atomisme en est le terme. Dès lors la volonté humaine n'aura plus à se soucier des reproches d'Héraclite. Elle ne risquera plus d'entrer en conflit avec l'institution divine. Il n'y aura plus pour elle d'autre hardiesse à entreprendre que de risquer l'insuccès. Son initiative n'aura plus rien de néfaste, elle se jouera libre-

ment au milieu d'une nature sans Dieu : la « loi », la
convention, l'initiative humaine, sera, dans la mesure où
les nécessités physiques seront connues, entièrement
maîtresse d'elle-même et du monde. En langage moderne,
l'art humain devait prendre conscience de lui-même le
jour où le mot de nature perdrait son sens antique de
volonté divine pour ne plus signifier que l'ordre et la force
des choses, moment décisif dans l'histoire de la technologie comme dans l'histoire de la science.

Déjà Xénophane, au courant des cosmogonies ioniennes (1), avait préparé les voies au naturalisme par sa
polémique radicale contre l'existence des dieux vulgaires.
Et il en avait immédiatement tiré cette conséquence que
l'homme est l'auteur des inventions attribuées aux dieux,
qu'il est l'ouvrier de son progrès. « Non, les dieux,
disait-il, n'ont pas tout donné aux mortels dès le commencement : ce sont les hommes qui, avec le temps, à
force de recherches, ont trouvé de quoi améliorer leur
sort (2). » Il était allé plus loin : non seulement pour lui
la civilisation n'est pas un don fait en une fois à l'homme
par les dieux : mais les dieux eux-mêmes sont le produit
de la civilisation : l'homme les a faits à son image. L'art
humain, innommé encore, apparaît ici manifestement
dans son opposition avec la révélation divine, et dans
son rapport avec l'évolution naturelle du monde. Mais
l'idée de nature allait se constituer plus formellement en
même temps que celle de cause, et de cause mécanique ;
puis, corrélativement l'idée de l'art, et toutes ces idées
allaient rencontrer leur expression la plus saillante au
temps et en partie dans l'entourage même de Périclès.

Dans le livre d'Anaxagore (3) *sur la Nature*, si parfois,

(1) Diog. Laert IX, 21.
(2) Mullach, fragment 16.
(3) Anaxagore, de 500 à 428 av. J.-C.

à défaut d'une explication scientifique, l'Intelligence divine
est invoquée, normalement, d'après le témoignage concordant de Xénophon, de Platon et d'Aristote, la cause des
phénomènes est attribuée simplement à des phénomènes
antérieurs, et cette cause est interprétée en termes mécaniques (1). Eaux, vents, terres, pierres, tous ces corps
agissent par le choc et les mouvements qu'ils produisent
résultent du mouvement dont ils sont eux-mêmes ébranlés
comme de la traction de cordes ou de la pression d'un
levier. Les *Anankai*, en effet, qui lient entre elles toutes
les pièces de l'univers ne sont pas autre chose que le nom
couramment donné à ces mécanismes passifs mis en jeu
par Hippocrate (2) pour opérer les réductions — et, par
extension, à tous les mécanismes. Jusqu'ici la causalité
était modelée sur le type de la volonté humaine ; tout
était plein de Dieux, c'est-à-dire plein d'intentions et
d'efforts conscients ; pour la première fois, le mécanisme
pur, manifestement inanimé (ἄψυχα σώματα, dit Platon)
dont la pratique quotidienne fournit l'expérience, est
appelé à rendre compte de l'action des corps les uns sur
les autres dans le monde entier. L'idée générale de nécessité naturelle dérive donc visiblement de la liaison des
mouvements dans les diverses pièces d'un mécanisme
construit et mû par l'art de l'homme.

Aux croyants de ce temps comme du nôtre deux choses
paraissaient divines par excellence : le ciel où éclatait la
foudre, où brillaient les astres, et les lois morales qu'on
ne distinguait pas des lois civiles. L'aérolithe d'Ægos-
Potamos (468) confirma sur les astres les hypothèses des

(1) Xénophon : *Mémor.* II, 5, 11. Platon : *Phédon*, 98 *c* ;
Lois, XII, 888 *e*, et 967 *b*. : *Apologie*, 26 *d*. : Aristote : Mét. I, 4.
985 *a*, 18. Simplicius : *Phys.* 73, 6.
(2) Voir sur les mécanismes inventés par Hippocrate le chapitre précédent : *La Technique de l'Organon*.

physiciens : à partir de ce moment, dans le milieu industriel que nous avons décrit, les idées d'Anaxagore, celles du moins qui dispensaient l'esprit de l'homme de tout recours à des causes transcendantes, devinrent tout d'un coup populaires (1) ; et quant aux lois, ceux qui les faisaient et les défaisaient, ceux qui changeaient à leur gré l'opinion des législateurs sur le juste et l'injuste savaient à quoi s'en tenir sur leur divinité. Il restait, pour donner à ces négations un fondement rationnel, à rattacher le monde moral au monde physique, en montrant que l'un n'est que le développement de l'autre et que tous les deux trouvent l'explication de leur genèse dans les mêmes lois mécaniques. Grâce aux efforts successifs d'Anaximandre, de Diogène d'Apollonie, d'Archélaus et de Protagoras, une sorte d'évolutionnisme sommaire se constitua peu à peu, et l'on conçut comment des mondes, des continents et des mers avaient pu se former, comment les végétaux et les animaux avaient pu sortir de la matière brute, puis comment ces derniers s'étaient diversifiés en espèces terrestres ou ailées, en espèces solitaires ou sociales, enfin comment, par un perfectionnement des mœurs, l'homme, le dernier venu des animaux, s'était élevé au-dessus d'eux, et s'était donné « des chefs, des lois, des arts et des cités (2). » Protagoras esquissa une genèse des sociétés et affirma que tout se réduisait au mouvement, ὡς τὸ πᾶν κίνησις ἦν. La doctrine de Démocrite allait embrasser toutes ces vues partielles dans une puissante synthèse en joignant à la loi de différenciation posée par Anaximandre (ἐκ τοῦ ἑνὸς ἰοῦσας τὰς ἐναντιότητας ἐκκρίνεσθαι) la loi d'attraction du même au même qui régit selon lui les groupements sociaux

(1) Platon : *Apologie de Socrate*, 26 d.
(2) Archélaus, d'ap. Diogène Laërte, II. 16, et Hippolyte : *Réfut.* I, 9.

comme les assemblages matériels (1). Tout était ramené par lui aux lois du tourbillon universel déjà invoquées par Anaxagore. Ainsi, la Fortune, la τύχη (2) et la rencontre des impulsions mécaniques, τὸ αὐτόματον, produisaient à elles seules la hiérarchie des choses, y compris les sociétés humaines, qui, jusqu'alors, n'avait paru pouvoir s'expliquer que par l'intelligence divine. Le public éclairé, c'est-à-dire tous ceux auxquels s'adressait l'enseignement des maîtres du jour et la vulgarisation théâtrale (3), presque tous les citoyens bien nés d'une ville comme Athènes, fondant en une seule conception anonyme ces doctrines diverses, était ainsi parvenu à une idée de la nature assez semblable dans ses lignes essentielles au déterminisme évolutionniste de nos jours. Platon l'a très clairement exprimée : « Ils disent que le feu, l'eau, la terre et l'air sont les productions de la nature et du hasard, et que l'art (l'intelligence) n'y a aucune part : c'est de ces éléments absolument dépourvus de conscience qu'ont été formés ensuite ces autres grands corps, les corps terrestres, le soleil, la lune, tous les astres : et ces premiers éléments, portés là où chacun est tombé selon ses affinités propres et selon les combinaisons résultant nécessairement du mélange fortuit des contraires, du chaud avec le froid, du sec avec l'humide, du mou avec le dur, ces premiers éléments ont engendré toutes les choses que nous voyons, le ciel entier avec tous les corps célestes, les animaux et les plantes avec l'ordre des saisons que cette combinaison a fait éclore ; le tout, disent-ils, non en vertu d'une intelligence ni d'aucune divinité, ni d'un art réfléchi, mais uniquement par nature et par hasard » (4).

(1) *Fragments physiques*, fragm. 2.
(2) Aristote : *Phys.*, II, 1.
(3) *Apologie*, 26 d.
(4) Platon : *Lois* X, 888 e. XII, 967 b. Dans *Philèbe*, 29 a.

Que si on demandait les raisons des lois mécaniques élémentaires d'où dérivait l'ordre cosmique, les philosophes naturalistes disaient qu'elles étaient éternelles, et que, par suite, il n'y avait pas à en chercher la cause. La matière, la masse infinie leur paraissait éternelle comme le mouvement et ses lois (1).

Rédaction des Techniques. — Nous avons dû rappeler la naissance de l'idée mère de toute systématisation théorique. Car elle a fourni, nous allons le voir, la condition sans laquelle les principes essentiels de la systématisation pratique n'auraient pu être compris. Mais pendant que ce progrès se réalisait dans l'ordre de la science, un autre fait favorisait singulièrement la formation d'une philosophie positive de l'action : nous voulons parler de la condensation pour l'enseignement oral ou pour la rédaction écrite d'une multitude de connaissances pratiques disséminées à l'état de coutumes anciennes ou de récentes inventions. Nous avons montré dans la classe d'hommes appelés sophistes les auteurs principaux de cette condensation. Il faut ajouter que ceux-là mêmes qui se disaient ennemis des sophistes, quand le mot prit une acception défavorable, collaboraient à la même œuvre. Nous énumérerons ces travaux : ils sont dignes de mémoire, ce sont les prototypes des innombrables manuels techniques qui encombrent les librairies modernes (2).

cette même doctrine est attribuée à un ἀνὴρ σοφός qui ne peut être que Démocrite. Cf. Aristote : *De la génération des animaux,* 7 12 *b*, 20, et *Physique*, II, 1.

(1) Aristote : *Physique*, VIII, 1.

(2) C'est une chose assez bizarre que notre philosophie ignore jusqu'ici cette immense quantité de productions et ne comprenne dans son domaine que la morale et la politique. C'est comme si pour la philosophie de la connaissance la psychologie et la sociologie comptaient seules, à l'exclusion des sciences de la nature.

11

Le *Gorgias* (1) nous apprend qu'un certain Mithæcos avait rédigé un livre sur la cuisine sicilienne. Aristote dans sa *Politique* (2) assure qu'il y avait à Syracuse des professeurs de service domestique, des dresseurs d'esclaves : la plus humble des occupations avait donc quelque part trouvé des maîtres. Il y en avait dans les gymnases pour tous les exercices du corps. Protagoras avait écrit un traité sur la *Palestre*. L'équitation avait été l'objet d'un traité de Simon, que Xénophon cite au début du sien. Peut-être pouvons-nous par le préambule du traité de Xénophon nous faire une idée de ce qu'était le préambule de la plupart des ouvrages de cette sorte. « Une grande pratique de l'équitation nous donnant à penser que nous en avons quelque expérience, nous voulons indiquer aux jeunes gens de nos amis la méthode que nous croyons la meilleure pour bien manier un cheval. Un traité d'équitation a été écrit avant le nôtre par Simon... Tous les points où nous sommes d'accord avec lui, nous ne les supprimerons pas dans notre ouvrage : nous avons, au contraire, le plus vif plaisir à les présenter à nos amis, convaincus que nous inspirerons plus de confiance toutes les fois que l'opinion de ce célèbre écuyer sera conforme à la nôtre. Quant à ce qu'il a omis, nous essaierons d'y suppléer (3). » Le même auteur, dans le traité sur l'*Economie*, parle de gens qui dissertent merveilleusement de l'agriculture en paroles, mais qui n'y entendent rien dans la pratique et prétendent (Xénophon considère cette prétention comme tout à

(1) Page 518 *b*.
(2) I, ii, 22.
(3) Ἐπειδὴ διὰ τὸ συμβῆναι ἡμῖν πολὺν χρόνον ἱππεύειν, οἰόμεθα ἔμπειροι ἱππικῆς γεγενῆσθαι... κ. τ. λ. Voir ses deux autres traités, l'un sur le *Commandant de cavalerie*, l'autre sur la *Chasse*, enfin l'*Economique*.

fait vaine) qu'il est nécessaire de bien connaître la nature
du sol pour être bon agriculteur. Ces gens sont évidemment des sophistes (1). Aristote cite expressément les
traités de Charès de Paros, d'Appollodore de Lemnos.
Quel était le programme de ces traités, c'est ce qu'un passage du même auteur concordant avec celui de Xénophon
nous permet de conjecturer : « Parmi les parties de l'art
de la richesse qui sont utiles figure d'abord la connaissance pratique des biens qu'on peut posséder, savoir
quels sont les plus avantageux, comment et en quel lieu
on peut les obtenir : par exemple, quelle nature de bien
c'est que les chevaux, ou les bœufs, ou les brebis, et
ainsi des autres animaux, qu'il faut être expert sur les
avantages que peut offrir comparativement la possession
des uns plutôt que celle des autres, sur ceux qui réussissent le mieux dans chaque localité, car tous ne réussissent
pas également partout. Est utile ensuite la connaissance
de la culture des terres, de celles qui sont propres soit
aux ensemencements, soit aux plantations, et des produits que peuvent fournir les abeilles, les poissons, les
oiseaux, bref tous les animaux dont on peut tirer quelques ressources (2). » Socrate dans les *Mémorables* (3)
paraît faire allusion à des ouvrages existants de météorologie pratique : tous les almanachs, calendriers ou para-
pègmes n'étaient pas autre chose que des manuels de
prévision du temps (4). *L'astrologie nautique* attribuée
par les uns à Thalès, par les autres à un certain Phocus
de Samos, devait contenir également des pronostics

(1) *Economique*, XVI.
(2) *Politique*, 1, iv, 1 et 4.
(3) I, 1. — Voir encore dans Mullach un long fragment sur la
manière de découvrir les sources, attribué à Démocrite, à tort
selon Zeller.
(4) Voir un bon spécimen de ces prévisions du temps dans les
fragments astronomiques de Démocrite réunis par Mullach.

météorologiques, imités des Egyptiens (1). Vitruve nous apprend qu'un architecte qui faisait du temps d'Eschyle des décorations pour le théâtre d'Athènes a laissé le premier travail sur la *Scénographie* : « A son exemple, ajoute-t-il, Démocrite et Anaxagore écrivirent sur le même sujet : ils ont enseigné comment on pouvait, d'un point fixe donné comme centre, si bien imiter la disposition naturelle des lignes qui sortent des yeux en divergeant qu'on parvenait à faire illusion et à représenter sur la scène de véritables édifices, qui peints sur une surface plane unique, paraissent les uns près, les autres éloignés (2). » Il n'y avait pas seulement de nombreux traités de médecine, de gymnastique et d'hygiène (3), dont la collection hippocratique nous donne des spécimens authentiques (notre lecteur les connaît assez); il y en avait de Pharmacologie. Les *Rhétoriques* ou *Arts oratoires* (τέχνη ῥητορική) de Corax, de Tisias, de Gorgias, de Polus sont bien connus : Prodicus et Protagoras avaient écrit des ouvrages sur la *Valeur des mots* et les *Synonymes* (4). Hippias avait donné une sorte de *Métrique* et il possédait une *Technique de la mémoire* ou *Art mnémonique* sur lequel nous ne savons pas s'il avait rédigé quelque livre, mais qui avait contribué à sa réputation (5); on voit le même Hippias discourir dogmatiquement de l'origine des sociétés, de la généalogie et de la biographie des grands hommes, de l'histoire des cités dans un but évidemment éducatif. Déjà Hippodamus avait écrit un ouvrage sur la

(1) Cf. Tannery : *Pour l'histoire de la science hellène*, p. 66-68.
(2) *De l'Archit.* Livre VII.
(3) Cf. *Mémorables* de Xénophon, IV, ii, 10, et *Gorgias*, 118 b. — Iccus de Tarente et Hérodicus avaient étudié la Gymnastique et l'Hygiène. Sur Hérodicus v. Platon : *Républ.* III, 106 « μᾶλλον γυμναστικὴν ἰατρικῆ. »
(4) *Cratyle*, 384 b. Cf. *Protagoras*, 329 b et 335 a.
(5) 1er *Hippias*, 368 a.

politique, le premier qui ne vint pas d'un homme du
métier. Dionysodore et Euthydème avaient professé la
stratégie avant de traiter de la vertu. Les ouvrages de
Xénophon sur *le Commandant de cavalerie*, sur *la Chasse*,
la *Cyropédie* elle-même, appartiennent à une catégorie
semi-pédagogique (1), semi-politique probablement connue
avant lui. Aristote nous laisse voir qu'il y avait de nombreux traités de l'art d'acquérir, et il discute manifestement, bien qu'il ne les nomme pas, l'opinion d'un grand
nombre d'auteurs. L'*Economie* de Xénophon n'est vraisemblablement pas la seule, ni la première. Il y eut un
moment où c'était la prétention universelle des sophistes
de communiquer aux jeunes gens les capacités nécessaires
à la bonne administration de leur famille et de leur cité.
Protagoras reproche à Hippias — d'après Platon — de
jeter la jeunesse dans les études abstraites et de négliger
l'enseignement de la valeur personnelle et civique. Il se
vante d'y exceller ; quand les cités sont malades, comme
les maladies tiennent selon lui à un mauvais état de l'opinion, il se fait fort de les guérir en leur inspirant des
opinions plus salutaires (2). Il assure d'autre part aux
cités une existence normale par une bonne éducation,
source de la bonne politique. « Ce que j'enseigne, dit Protagoras, c'est l'intelligence des affaires domestiques, afin
qu'on sache gouverner sa maison le mieux possible, et des
affaires publiques, afin qu'on devienne capable de parler
et d'agir pour les intérêts de l'Etat. — Il me semble que
tu veux parler de la politique et que tu te fais fort de former de bons citoyens? — C'est cela même, voilà de quoi

(1) *Cynégétique*, XII et XIII.
(2) Sur cette thérapeutique des cités voir le *Théétète*, 166 c
nous verrons l'idée se transformer dans la philosophie platoni-
cienne, par exemple *Gorgias*, 104 c, et 504 a ; mais, dans le
Théétète, Platon rapporte manifestement l'opinion de Protagoras

je me vante (1). Prodicus promettait à ses disciples les mêmes avantages (2). Gorgias avait opéré une classification des vertus que plus tard Aristote préféra à celle de Platon (3). Dans son discours aux Jeux olympiques le sophiste de Léontium, si le fragment qui est donné sous ce titre est authentique, excitait la jeunesse à la vertu avec autant de conviction quoique par d'autres raisons qu'eût pu le faire Socrate. En dépit des reproches de Protagoras, Hippias d'Élis n'était pas moins que les autres protagonistes de la sophistique un grand prédicateur de vertu. Il s'était fait admirer, dit Platon, à Lacédémone, avec un discours de style très étudié sur les plus nobles vocations de la jeunesse et il apportait ce discours à Athènes pour le réciter dans les écoles. C'était un véritable sermon laïque, comme l'apologue de Prodicus. Et il déclarait que son art embrassait le maniement des affaires privées et des affaires publiques (4). Prodicus avait publié un excellent discours contre la crainte de la mort et une dissertation sur la valeur et l'emploi de la richesse, qui étaient des œuvres proprement morales (5). Enfin Aspasie, dans des réunions qui furent indignement calomniées, enseignait à ses amis un ensemble de théories sur l'art de choisir un époux ou une épouse et de vivre heureux en ménage : ces théories nous ont été conservées par Xénophon et par Eschine dans *le Socratique* (6).

Il n'est donc pas douteux que, comme l'a dit Platon, il n'y ait eu envers le second tiers du v⁵ siècle tout un ensemble de cours et d'ouvrages roulant sur les principales techniques connues à cette époque, mis à la disposition du

(1) *Protagoras*, 318 c.
(2) *Répub.* X, 600 c.
(3) *Politique*, I, v. 8.
(4) *1er Hippias*, 286 a, 282 b.
(5) Zeller, vol. II, p. 192.
(6) Voir le livre de Becq de Fouquières sur *Aspasie*.

public (1). A l'entendre, les maîtres et les écrivains qui avaient rassemblé toutes ces connaissances n'auraient eu pour but que d'embarrasser par des discussions captieuses les gens les plus expérimentés dans la pratique de ces arts et d'établir par là leur propre supériorité. Généralisée à ce point, l'accusation est insoutenable : elle ne s'applique qu'à un petit nombre de naturalistes dévoyés, nous le montrerons. Du moins nous y trouvons une preuve du caractère critique, c'est-à-dire déjà quelque peu philosophique de ces essais. C'est ainsi, en effet, c'est par la fusion progressive des vues partielles échangées dans de telles discussions que des vues plus générales ont pu se dégager et que se sont dessinés les premiers linéaments d'une technologie positive, naturelle.

Théorie du succès dans l'Art. — Appuyés sur la connaissance des lois de la nature, qu'ils assimilent aux effets certains des mécanismes artificiels, les philosophes découvrent que partout où de telles lois sont reconnues, l'action de l'homme est sûre du succès. Qu'il s'agisse des effets à produire sur les volontés ou qu'il s'agisse des effets plus simples à obtenir des agencements de la matière, celui qui connaît la consécution des phénomènes n'a qu'à pousser les ressorts qui les meuvent pour en déterminer l'apparition. Celui qui sait peut, et le pouvoir est en raison du savoir. C'est ce que dit avec force Hippocrate. C'est ce qui résulte de tous les passages de Platon où la confiance des sophistes et de tous les autres praticiens dans l'efficacité de leur art est exposée (2). Xénophon n'est pas moins explicite : il fait dire à Socrate (3)

(1) *Sophiste,* 232 c.
(2) Dans le *Protagoras,* par exemple, en 345 a ; 348 e et 349. Cf. même dialogue. 319 b.
(3) *Mémorables.* I, i. 15. Cf. III. 9.

au moment même où celui-ci reproche aux sophistes de
porter leur curiosité jusque sur les phénomènes célestes :
« Que veulent-ils donc ? Ceux du moins qui étudient les
phénomènes humains sont sûrs de pouvoir réaliser pour
eux et pour les autres les phénomènes dont ils ont la
science : ceux-ci espèrent-ils, grâce à leurs recherches sur
les phénomènes célestes (divins), quand ils sauront à
quelles lois (ἀνάγκαις) chacun de ces phénomènes est soumis, pouvoir produire à leur gré les vents, les pluies et
la température ? ou bien la connaissance pure de ces phénomènes leur suffit-elle ? » La connaissance des causes
engendrait donc certainement d'après l'opinion générale
la capacité de produire les effets : elle ne pouvait pas avoir
d'autre but ; cette conviction dont nous avons vu les théoriciens de la médecine profondément pénétrés était commune à tous les philosophes naturalistes. Ce n'étaient pas
les limites du pouvoir de l'homme qui les frappaient,
c'était son étendue. Tous les phénomènes leur paraissaient accessibles à la science en tant que naturels.
L'explication causale était à leurs yeux une première
main-mise de l'activité humaine, un gage de son prochain
empire sur les phénomènes non encore dominés. Et ils
auraient sans doute répondu à Socrate que les phénomènes mêmes que l'on ne peut ni suspendre ni modifier
deviennent maniables dès qu'on les prévoit : on peut, par
exemple, en différant un voyage sur mer, éviter la tem-
pête annoncée à temps. Nous avons vu d'ailleurs que
la divination, elle aussi, apportait un soulagement aux
inquiétudes de l'homme en lui ouvrant une perspective
sur l'avenir et même seulement en lui expliquant le
passé.

Négation de la divination. — Le grand, l'unique
moyen d'éviter les mille maux qui menacent la vie

humaine et de s'assurer le bonheur était jusque-là la divination. Ces divers modes de consultation de la divinité étaient, avec les sacrifices, l'essentiel de la religion. et encore les sacrifices tendaient toujours à l'obtention d'un secours divin. Un homme qui ne consultait pas les oracles était un impie, et réciproquement pour prouver la dévotion de Socrate aux dieux de la cité. Xénophon insiste avant tout sur ce fait que ses consultations étaient notoires μαντικῇ χρώμενος οὐκ ἀφανής ἦν (1). A partir de ce moment, chez tous ceux qui étaient touchés de l'influence sophistique ou naturaliste, toute confiance dans l'efficacité de la divination disparaît. Il n'y a pas de négation formelle de la divination dans les fragments de leurs livres qui nous ont été conservés (2); mais leur silence à cet égard signifie sans aucun doute que toute déclaration publique était superflue. Personne dans le milieu pour lequel étaient rédigés leurs livres ne croyait plus à l'intervention des dieux dans les affaires humaines. Platon le dit dans les Lois (3) et les poètes comiques nous fournissent sur ce point des témoignages aussi nombreux que décisifs (4). D'ailleurs le discrédit dans lequel étaient tombés les prêtres, dispensateurs des avertissements, des conseils et des secours divins. discrédit qui coïncide avec l'importance croissante des hommes de l'art. ne s'explique que par la certitude qui commençait à se répandre de l'impuissance de la divination. Platon lui-même s'associera à la condamnation des sentiments intéressés que tout le monde prêtait aux ministres des divers cultes, même de celui pour lequel le philosophe eût dû avoir le plus de faveur.

(1) *Mémor*, 1, 1, 2.
(2) Sauf peut-être le fragment 18 de Démocrite (Mullach).
(3) X, 886 *e* et 888 *c*.
(4) Couat, *Aristophane*, chap. 1, p. 217 et suivantes.

le culte orphique (1). Enfin, qui niait les dieux niait la divination et les déclarations antireligieuses ne manquent pas dans la littérature sophistique.

Distinction de l'art avec la nature. — L'art ($\tau\acute{\epsilon}\chi\nu\eta$) suffit désormais à fonder le bonheur de l'homme. L'action éclairée par l'expérience ($\dot{\epsilon}\mu\pi\epsilon\iota\rho\acute{\iota}\alpha$) selon le langage de quelques-uns, par la science en général selon le langage d'autres auteurs, étant assurée du succès, peut se passer de tout secours étranger. La rhétorique de Polus débutait par ces fières paroles : « Il y a dans l'humanité bien des arts trouvés par l'expérience, car l'expérience fait que notre vie marche sous les lois de l'art, tandis que le défaut d'expérience (l'ignorance) la laisse errer au gré de la fortune ($\tau\acute{\upsilon}\chi\eta$). Or, les divers arts sont pratiqués par des hommes de valeur diverse et les plus importants sont cultivés par les plus dignes : la rhétorique est de ceux-là. » Et Démocrite disait : « On n'arrive à l'Art et à la sagesse que par la science. » — « Toute faute dérive de l'ignorance du meilleur (2). » La $\tau\acute{\epsilon}\chi\nu\eta$ est donc nettement distinguée de la fortune, de la $\tau\acute{\upsilon}\chi\eta$, c'est-à-dire de l'action qui faute de science, aboutit sans doute par hasard, mais le plus souvent échoue. Par l'art, c'est-à-dire par l'action méthodique, l'homme s'empare de l'avenir, se rend maître de la destinée et devient sa propre Providence. Et non seulement l'individu qui sait peut soustraire sa vie au hasard, il y peut soustraire la vie des autres, car les habiletés techniques fondées sur la science sont transmissibles ; elles se communiquent par l'enseignement à tous ceux qui suivent les leçons de l'homme de l'art : la naissance des habiletés de même sorte ne dépend donc pas du

---

(1) *République*, liv. II, 364 b.
(2) *Frag. mor.* 131 et 116.

bon plaisir des dieux ; elle dépend seulement de la bonne
volonté et de l'attention du disciple (1).

Au fond, en distinguant ainsi l'Art de la Fortune, en
affirmant la supériorité de l'un sur l'autre, les philosophes
distinguent pour la première fois le volontaire de ce qui
n'est pas lui, ils affirment la puissance de la volonté
humaine sur le monde. Ce que l'on appellera plus tard la
liberté et qui n'est que la volonté sous sa forme la plus
haute, prend conscience de soi grâce à l'opposition jusqu'ici à peine ébauchée de ces idées de nature et de
fortune d'un côté, d'institution ou d'art de l'autre. C'est ce
que nous montre le passage suivant du *Protagoras* de
Platon, évidemment historique : « Je vais maintenant, dit
Protagoras, essayer de démontrer que les hommes ne
regardent cette capacité, ni comme un don de la nature, ni
comme un effet du hasard (οὐ φύσει εἶναι, οὐδ' ἀπὸ τοῦ αὐτομάτου),
mais comme une chose qui peut s'enseigner et qui est le
fruit de l'étude (ἐπιμελείας). Car pour les défauts que les
hommes attribuent à la nature ou au hasard, on ne se
fâche point contre ceux qui les ont. Nul ne les réprimande,
ne leur fait des leçons, ne les châtie afin qu'ils cessent
d'être tels ; mais on en a pitié. Par exemple, qui serait
assez insensé pour s'aviser de corriger les personnes
contrefaites, de petite taille, ou de complexion faible ?
C'est que personne n'ignore, je pense, que les bonnes
qualités de ce genre, ainsi que les mauvaises viennent
aux hommes de la nature et de la fortune. Mais pour les
biens qu'on croit que l'homme peut acquérir par l'application (ἐπιμελείας), l'exercice (ἀσκήσεως) et l'instruction
(διδαχῆς), lorsque quelqu'un ne les a point et qu'il a les
vices contraires, c'est alors que la colère, les châtiments
et les réprimandes ont lieu. Du nombre de ces vices sont

(1) *Protagoras*, 319 *b*, et 315 *a*.

l'injustice, l'impiété et, en un mot, tout ce qui est opposé
à la vertu politique. Si l'on se fâche en ces rencontres, si
l'on use de réprimandes, c'est évidemment parce qu'on
peut acquérir cette vertu par l'exercice et par l'étude. En
effet, Socrate, si tu veux faire réflexion sur ce qu'on
appelle punir les méchants et sur ce que peut cette
punition, tu y reconnaîtras l'opinion où sont les hommes
qu'il dépend de nous d'acquérir la vertu (παρασκευαστὸν εἶναι
ἀρετήν). Personne ne châtie ceux qui se sont rendus coupables d'injustice par la seule raison qu'ils ont commis
une injustice, à moins qu'on ne punisse d'une manière
brutale et déraisonnable. Mais lorsqu'on fait usage de sa
raison dans les peines qu'on inflige, on ne châtie pas à
cause de la faute passée, car on ne saurait empêcher que
ce qui est fait ne soit fait, mais à cause de la faute à
venir, afin que le coupable n'y retombe plus et que son
châtiment retienne ceux qui en seront les témoins. Et quiconque punit par un tel motif est persuadé que la vertu
s'acquiert par l'éducation (παιδευτόν) : aussi se propose-t-il
pour but en punissant de détourner du vice. Tous ceux
donc qui infligent des peines, soit en particulier, soit en
public, sont dans cette persuasion. Or tous les hommes
punissent et châtient ceux qu'ils jugent coupables d'injustice, et les Athéniens, tes concitoyens, autant que
personne. Donc suivant ce raisonnement, les Athéniens
ne pensent pas moins que les autres que la vertu peut
être acquise et enseignée (παρασκευαστὸν καὶ διδακτόν) (1). »

On en était venu ainsi à reconnaître dans le monde
deux catégories de choses ou de manières d'être, d'une
part les qualités des corps, mollesse et dureté, légèreté et
lourdeur, longueur, largeur et volume ; d'autre part les
qualités de l'intelligence, opinions, prévisions et souve-

____

(1) 323 b. Traduction de M. Fouillée, modifiée légèrement.

nirs, raisonnements, désirs, caractères, mœurs, volontés (1). Les premières constituaient la nature φύσις, qui était régie par la fortune τύχη et le hasard τὸ αὐτόματον. L'idée de fortune, d'abord personnifiée et divinisée, s'était longtemps confondue avec la faveur sans raison des dieux pour certaines personnes et certains actes, avec le génie tutélaire δαίμων, qui personnifiait cette faveur ; puis peu à peu l'idée s'était dépouillée de ses éléments anthropomorphiques ; on ne voyait plus dans la fortune que la réussite non intentionnelle de séries diverses de faits nécessaires produisant sans but des effets définis, avantageux ou nuisibles à l'homme, et la τύχη s'était identifiée au τὸ αὐτόματον, la fortune au hasard (2). Tout produit de la nature était donc l'œuvre du hasard. — Au contraire les secondes qualités constituaient le monde humain, caractérisé par la réflexion, la prévision, la subordination des moyens aux fins, l'intervention d'un pouvoir personnel posant à son usage un ordre de choses nouveau. Ce pouvoir c'était l'art τέχνη ou la loi, l'institution, l'arbitre régulateur νόμος, en d'autres termes la volonté individuelle ou collective θέσις, συνθήκη (3). Et on admettait que l'art pouvait se servir librement de la nature, la volonté de la nécessité : on sentait pour la première fois que l'homme était une force distincte, source de changements et même de créations durables dans le monde, non la continuation.

(1) Platon : *Lois* X, 892 *b* et 896 *c*.
(2) F. Allègre : *Etude sur la déesse grecque Tyché*, 1889. chap. VI, et Teichmüller : *Neue Studien zur Geschichte der Begriffe*, 1878. Cette transformation de l'idée de τύχη se poursuit d'Anaxagore, qui déclare encore la τύχη impénétrable à la raison humaine ὡς θεῖόν τι οὖσα καὶ δαιμονιώτερον (Aristote, *Phys*. II, ix, 10), à Démocrite qui disait (fragm. 11) : « Les hommes ont imaginé la fortune pour excuser la faiblesse de leur volonté. » Platon et Aristote s'accordent d'ailleurs pour enlever tout pouvoir et toute réalité personnelle à la Fortune.
(3) *Cratyle:* 384 *d*.

le prolongement des impulsions de la nature assimilée avec la volonté des dieux. L'homme reconnaissait son œuvre dans les relations sociales et les productions de l'art qu'il avait inconsciemment projetées hors de lui et attribuées à une activité étrangère (1).

Rapports de l'Art avec la Nature. — Voilà donc l'art, c'est-à-dire l'ensemble des œuvres fabriquées par l'intelligence humaine et des intelligences elles-mêmes, parfaitement distinct de la nature, c'est-à-dire de l'ensemble des êtres et des choses incapables d'actions délibérées. Mais l'activité humaine se meut au milieu de la nature ; n'est-il pas nécessaire qu'elle en tire des secours ou qu'elle y rencontre des obstacles ? Comment les rapports de l'art avec le milieu cosmique ont-ils été conçus par la technologie naturaliste ?

Nous discernons trois solutions, les seules possibles d'ailleurs : ou l'art se passe de la nature, ou il s'efface et s'annihile devant elle, ou il la prend pour alliée. D'après les deux premières thèses l'art n'a rien de commun avec la nature ; ils tendent à s'exclure réciproquement. D'après la troisième l'un et l'autre sont quelque chose de réel, mais d'analogue et leur parenté facilite leur concours. Hâtons-nous de remplir ces divisions abstraites avec les réalités historiques d'où elles nous paraissent se dégager.

A. Souveraineté de l'art. — Nous avons dit qu'au point de vue où nous nous sommes nécessairement placé, le caractère général de toute cette période était la diffusion dans les foyers de culture les plus avancés, d'une conception naturaliste de l'action, c'est-à-dire l'idée communé-

(1) Voir ce qui est dit de la projection organique dans le chap. II de la Technologie physico-théologique : « *État des Techniques correspondant.* »

ment acceptée qu'il y a des moyens déterminés d'atteindre
un but donné et que celui qui emploie ces moyens atteint
sûrement le but sans avoir besoin de compter avec une
intervention surnaturelle. Cette assurance implique, de la
part de ceux qui la professent, la croyance plus ou moins
explicite à l'existence des lois de la nature et à la possibilité pour l'esprit humain de connaître ces lois avec
certitude. Or, parmi les hommes les plus en vue à cette
époque dans le monde grec, parmi ceux qui participent le
plus activement au mouvement d'idées que nous expo-
sons, figurent des sophistes, les Gorgias et les Protagoras,
connus pour leur scepticisme et qui nièrent soit l'existence, soit l'accessibilité d'une vérité objective. Nous ne
l'ignorons pas. Mais nous croyons que les doctrines
sophistiques au sens moderne du mot sont un élément
important, non l'élément essentiel de la pensée grecque
au v° siècle. C'est au nom de sa confiance dans la science
en général et dans sa science personnelle que Protagoras
revendique tout d'abord le nom de sophiste. C'est dans
cette tentative d'explication et de réfection rationnelles
des institutions religieuses, politiques et morales dont
nous venons de parler que gît pour les contemporains la
caractéristique de l'esprit nouveau et il y a des exemples
que des poètes et des écrivains de toutes sortes aient été
appelés de ce nom dès qu'on les supposait précurseurs ou
partisans de cet esprit. Plus tard, au fort de la lutte engagée par les socratiques et de la réaction qui accompagne
les malheurs d'Athènes, le sens vulgaire du mot se res-
treignit ; un sophiste fut, en même temps qu'un novateur,
un professeur rétribué de connaissances frelatées et plus
particulièrement un rhéteur qui abusait de la parole :
mais alors, Platon, qui nous paraît ici le meilleur guide à
suivre, précisément parce qu'il se place à un point de vue
symétriquement opposé, ne se sert plus comme le naïf

Xénophon du mot de sophiste pour désigner ses adversaires : il est plus juste envers eux. Il les désigne comme d'habiles gens σοφοὶ ἄνδρες, ou plus simplement comme une multitude οἱ πάμπολλοι, πολλοί. Il entend par là les innombrables esprits entraînés dans le même courant de critique et de libre réforme et croyant à l'efficacité de l'expérience pour l'établissement des principes de la conduite.

« Nous sommes tombés sans nous en apercevoir, dit au Xᵉ livre des *Lois* l'interlocuteur qui représente la pensée de Platon (l'Athénien), nous sommes tombés sur une doctrine extraordinaire. — Laquelle ? — Une doctrine qui passe aux yeux de bien du monde παρὰ πολλοῖς, pour la plus sage de toutes σοφώτατον ἁπάντων. — Désigne-la moi plus clairement. — Il y a des gens qui prétendent que toutes les choses qui existent, qui existeront ou qui ont existé doivent leur origine les unes à la nature, d'autres à l'art, d'autres au hasard. — N'ont-ils pas raison ? — Il est vraisemblable que des hommes aussi éclairés, σοφοὺς ἄνδρας, ne se trompent point. Suivons-les cependant à la trace et voyons à quelles conceptions arrivent les personnes qui partent de cette division. — » Suit le passage que nous avons cité (1) et qui donne comme trait dominant du groupe la construction de la science et de la morale d'après le type des ἀνάγκαι ou connexions mécaniques. On voit au XIIᵉ livre du même dialogue que Platon considère ce grand mouvement comme près de sa fin : il le regarde pour ainsi dire de loin, comme un phénomène historique, et ce qui l'y frappe, ce ne sont pas les abus de la dialectique, ce n'est pas l'éristique bien qu'encore vivante, c'est la physique mécaniste qui exclut l'intelligence de l'origine des choses et naturalise de proche en proche jusqu'aux institutions religieuses. « Le public, dit-

____

(1) P. 161.

il, *οἱ πολλοί* imagine que quand on étudie ces questions (de l'existence des dieux et du principe du devoir) du point de vue de l'astronomie et des autres sciences nécessaires, *ἀναγκαίαις ἄλλαις τέχναις*, on devient athée, parce qu'on voit, autant que cela se peut, que les choses sont engendrées par des mécanismes, *ἀνάγκαις*, et non par les réflexions d'une volonté qui a le bien pour but. Il en est tout autrement. Ceux mêmes qui ont conçu ainsi un ciel sans âme (*ἄψυχα*) ont soupçonné qu'il y avait là-dessous quelque mystère (*θαύματα*), et deviné ce qu'on admet maintenant : que des corps sans âme ne seraient pas capables de raisonnements aussi exacts ; si bien que quelques-uns, même en ce temps-là — au temps de Leucippe et d'Anaxagore — se sont risqués jusqu'à dire que c'était l'Esprit qui avait introduit l'ordre dans le ciel. Malheureusement ils ont cru pouvoir expliquer tout le détail des phénomènes par des causes physiques. D'où le discrédit jeté sur la philosophie et les accusations portées contre les philosophes (1). » Voilà pour ainsi dire le dernier mot de Platon ; voilà comment il caractérise à la fin de sa vie le grand mouvement que son maître et lui avaient combattu. Déjà dans les dialogues qui sont le point culminant de sa carrière, la

(1) *Lois*, 967 *a*. Platon rappelle ici formellement les invectives des poètes comiques contre les philosophes ; en effet Aristophane a dirigé les *Nuées* contre les naturalistes plus que contre les disputeurs. Socrate, type populaire du sophiste, y est ridiculisé pour ses recherches en physique et en météorologie, sciences impies, plus que pour ses subtilités logiques. Dans l'*Apologie* de Platon, quand Socrate résume les griefs du peuple contre lui, ces recherches figurent au premier rang ; l'immoralité dialectique ne vient qu'en second lieu. Le philosophe est d'abord l'habile homme qui s'occupe des phénomènes célestes et recherche ce qui se passe sous la terre, qui ne croit pas à l'existence des dieux. Dans le *Banquet* de Xénophon, VI, 7, Socrate est encore appelé τῶν μετεώρων φροντιστής. C'est ensuite qu'on lui reproche « de rendre fort le discours faible, » 18 *b* ; cf. 26 *d*, et *Nuées*, v. 331 et suiv. Voir l'*Aristophane* de M. Couat où tout cet ordre d'idées est exposé de la manière la plus vivante : surtout les pages 294, 295.

République et le *Gorgias*, il ne fait pas intervenir les sophistes pour les railler de leurs arguties, mais pour discuter avec eux laquelle vaut mieux de la vie naturelle qui est nécessairement immorale ou de la vie morale qui est nécessairement religieuse.

La sophistique au sens restreint n'est donc pour nous qu'une branche prématurément déviée de la philosophie naturaliste. A quoi on objecte le peu de sophistes proprement dits qui aient été physiologues. Assurément les habiletés verbales ont fini chez eux par absorber toutes les autres ; mais, sans parler d'Hippias, d'Antiphon et de Prodicus qui ont eu une culture scientifique plus ou moins sérieuse (1), il ne faut pas croire que ceux-là mêmes auxquels les sciences positives restaient étrangères fussent pour cela moins naturalistes aux yeux de leurs contemporains. Protagoras traitait en naturaliste de l'origine des sociétés (2) et de la vertu. Enseigner la stratégie et l'oplomachie, puis la morale comme l'ont fait Euthydème et Dionysodore, expliquer les origines de la religion et du langage, prêcher pendant la vie la vertu et la tranquillité en face de la mort comme le fait Prodicus ; exposer comme Critias les mœurs des différents peuples et la genèse de la morale. faire comme Hippias l'histoire des grands hommes, tout cela rentrait dans la même méthode et tendait au même résultat : constituer une science et une morale laïques, organiser la vie en dehors des croyances traditionnelles : prendre en tout la nature comme guide. Il y a plus : les sceptiques dont nous allons parler, qui pensaient

---

(1) Pour Hippias, voir *Protagoras*, 315 c — 318 e, et *1er Hippias*, 285 b.

(2) Le titre de cet ouvrage dont le *Protagoras* de Platon semble reproduire librement un passage (320 d) était : Περὶ τῆς ἐν ἀρχῇ καταστάσεως.

vaincre la nature par les prestiges de l'art, apparemment croyaient encore que l'artiste devait obéir à certaines lois et que le succès ne s'obtenait pas au hasard (1). Il y avait donc encore quelque chose d'objectif dans leurs recherches littéraires et grammaticales. Ériger l'éristique en art (Protagoras), c'est la fonder sur l'observation, c'est la traiter en chose sérieuse; en tout cas, c'est renoncer à la prière et aux sacrifices pour obtenir la persuasion. Socrate inaugure une période nouvelle, parce qu'il y revient.

Il n'y a rien et s'il y a quelque chose, on ne peut ni le penser ni l'exprimer. Tel est le paradoxe soutenu par Gorgias au nom des principes Eléatiques. Il n'impliquait évidemment pas la négation des apparences et ne tendait qu'à substituer la considération de la vraisemblance à la recherche de la vérité absolue. Dans quel but? Pour laisser à l'action comme il la concevait un plus libre jeu. Sa thèse sceptique n'est qu'une forme aiguë de l'opinion très généralement admise alors que la science n'a pas sa fin en elle-même et qu'elle ne sert en fin de compte qu'à guider la pratique, ou plutôt, comme nous le verrons, que la science et la pratique ne font qu'un. L'une et l'autre lui paraissaient choses éminemment relatives; la mesure de leur valeur, il la trouvait, comme plusieurs de ses contemporains, dans le succès.

Thrasymaque, un autre sophiste, dit à Socrate dans la *République* (2) : « Tu crois que les bergers pensent au bien de leurs troupeaux, qu'ils les engraissent et les soignent dans une autre vue que celle de leur intérêt et de celui de leurs maîtres ! Tu t'imagines encore que ceux qui gouvernent, j'entends toujours ceux qui gouvernent

(1) Cf. *Phèdre*, 263 b.
(2) L. I, 343 a.

véritablement, sont dans d'autres sentiments à l'égard de leurs sujets que les bergers à l'égard de leurs troupeaux et que jour et nuit ils sont occupés d'autre chose que de leur avantage personnel ! » Il en est de même du médecin et de tous les autres praticiens. Tous recherchent avant tout ou le gain ou le pouvoir et tout est bien quand ils obtiennent l'un ou l'autre. L'art confère une capacité, une force, une supériorité : il n'a pas d'autre but ni d'autre règle que d'y réussir et de reculer les limites de l'activité en chaque ordre d'actions. Il est souverain ou plutôt l'intérêt de celui qui l'exerce ne se subordonne à rien qu'aux conditions mêmes du succès. Tout praticien doit se considérer comme le centre des choses et considérer le monde comme un ensemble de moyens.

Par suite, les différents arts ne se subordonnent les uns aux autres qu'au point de vue de leur utilité pour l'individu qui les exerce. Le meilleur est pour chacun celui qui confère la puissance la plus grande. Or, pourvu qu'on ait les aptitudes nécessaires, l'art qui ouvre à ses adeptes le plus large accès vers les richesses et les honneurs, c'est la rhétorique. Sa vertu essentielle et exclusive est de produire la persuasion ; elle est ouvrière de persuasion πειθοῦς δημιουργός ; par cela même elle a des avantages propres qui sont d'assurer à l'homme éloquent la sécurité et le pouvoir par son action sur les assemblées ; mais elle a aussi des avantages indirects considérables. D'abord la plupart des arts se servent de la parole et l'habileté à discourir double leur effet (1) ; mais il y a plus : « Le talent de la parole, dit Gorgias, t'asservit et le médecin et le professeur ; et il se trouve que l'homme d'affaires s'est enrichi non pour lui-même, mais pour toi qui possèdes l'art de

____

(1) *Gorgias*, 456 b.

parler et de persuader la multitude (1) ». En faisant des hommes qui cultivent les divers arts autant d'instruments dont l'orateur politique se sert à son gré, la rhétorique réunit en elle-même les ressources de tous les arts. A cet orateur, s'il possède pleinement les ressources de son art, elle donne l'omnipotence. Elle en fait un candidat permanent à la tyrannie.

Par quoi serait-il arrêté ? Par son incompétence ? Mais il n'y a pas de vérité absolue. A plus forte raison quand on parle devant une foule est-il inutile de s'en préoccuper. L'apparence, le vraisemblable suffit. C'est l'affaire de l'art de fournir sur tous les sujets, en laissant de côté les choses mêmes, quelque *truc* qui enlève l'adhésion des ignorants (2). Les créations de l'art oratoire s'étendent sur un champ illimité comme celles du peintre et du poète : les unes et les autres sont purement fictives (3). D'autant plus qu'il s'agit de faire croire aux gens ce qu'on souhaite qu'ils croient, non de les instruire ! Pour cela prenez comme point de départ leurs illusions : chaque foule a ses préjugés : leur poids suffit pour écraser l'adversaire (4). L'orateur s'embarrassera-t-il davantage des idées qui ont cours sur la justice ? La rhétorique n'est par elle-même ni juste ni injuste; elle est un ensemble de moyens, une machine à persuader et ce n'est pas à elle, c'est à celui qui s'en sert qu'il faut s'en prendre s'il vient à heurter les opinions reçues en matière de bien et de mal. La rhétorique est indépendante de la morale comme l'escrime (5). D'ailleurs l'orateur sait la justice, comme le reste, c'est-à-

(1) *Gorgias*, 452 e.
(2) αὐτὰ μὲν γὰρ τὰ πράγματα οὐδὲν δεῖ αὐτὴν εἰδέναι ὅπως ἔχει, μηχανὴν δὲ τινα πειθοῦς εὑρηκέναι ὥστε φαίνεσθαι τοῖς οὐκ εἰδόσι μᾶλλον εἰδέναι τῶν εἰδότων. *Gorgias*, 459 c.
(3) ποιεῖν καὶ δρᾶν μιᾷ τέχνῃ ξυνάπαντα. *Sophiste*, 233 d.
(4) *Gorgias*, 471 e.
(5) *Gorgias*, 456 a.

dire qu'il peut la ramener à une illusion. Il peut soutenir
victorieusement que la justice est l'avantage du plus fort,
c'est-à-dire le sien propre, qu'elle consacre et suit la vraie
supériorité, à savoir celle de l'artiste en paroles. C'est à
son instigation que la justice sanctionne en chaque ville
les actes du pouvoir dominant, aristocratie, démocratie ou
tyrannie. La justice est donc un instrument de l'éloquence,
comme le reste (1).

L'orateur habile peut donc tout ce qu'il veut ; mais c'est
à la condition qu'il ose tout ce qu'il peut et ne fasse rien à
demi. Ce n'est pas assez de violer la justice vulgaire pour
les petites choses ; il faut s'assurer l'impunité en se mettant au-dessus des lois, en s'emparant du pouvoir souverain. Celui-là seul qui fait la loi n'a rien à craindre
d'elle. Il faut aller jusque-là si l'on veut éprouver dans sa
plénitude le pouvoir de l'art. Tout τεχνίτης est donc en fait
et pratiquement un candidat à la tyrannie en ce qu'il doit
viser à s'affranchir de toute règle et à imposer sa volonté
aux autres selon ses forces (2).

On sait comment Protagoras tirait de la philosophie du
devenir ou de la sensation un relativisme qui lui paraissait rendre inutile la recherche d'une vérité objective. Dès
lors, selon le moment et la disposition, le pour et le
contre étant aussi faux ou aussi vrais l'un que l'autre,
l'art de la parole conquérait une liberté absolue. D'où
l'*Eristique*, dont Protagoras a fait la théorie, montrant
par quels procédés généraux les thèses opposées pouvaient
alternativement être attaquées et défendues. Mais un passage du *Protagoras* sur le caractère objectif des lois
sociales que nous aurons à invoquer plus loin, nous aver-

____

(1) *Gorgias*, 461 c. Gorgias ne se vantait pas comme les autres
sophistes d'enseigner la vertu à ses élèves : il leur promettait seulement de les rendre très forts, irrésistibles, δεινούς.
(2) *Rép.*, 344 a, b, c.

lit de ne pas conclure hâtivement de ces faits que le plus
illustre des sophistes ait professé le subjectivisme sans
restriction. Tandis que pour lui la connaissance est subjective, la pratique ne l'est pas. S'il est vrai que tout est
en mouvement et en changement, que chacun de nous est
la mesure des choses, que les choses sont telles pour les
particuliers et les Etats qu'elles leur paraissent et que par
conséquent il n'y a pas de vérité en soi, il ne l'est pas
moins que ces opinions des particuliers et des Etats sont
nécessairement avantageuses ou nuisibles à ceux qui les
ont, c'est-à-dire propres à consolider ou ébranler la constitution des uns et des autres (1). L'art de la politique
reposerait donc non sur l'illusion et la jonglerie, mais à
un certain degré sur la nature des choses, et l'orateur
versé dans l'Eristique et la Rhétorique serait véritablement le médecin et l'éducateur des cités, en tant que seul
capable de donner aux citoyens des opinions plus conformes à leurs intérêts, plus saines, vraiment salutaires.
L'art ici dépendrait de la nature.

Il faut de plus reconnaître que par l'établissement de la
Rhétorique les sophistes ont témoigné implicitement de
leur confiance dans les lois de l'esprit humain. Le tyran
est au-dessus des lois de son pays ; il n'est pas au-dessus
des lois du discours. Les Gorgias, les Protagoras, les
Prodicus qui ont fait les premiers manuels de Rhétorique
et de Grammaire ont dû, pour remplir l'arsenal des futurs
sophistes, beaucoup emprunter à la Psychologie positive
individuelle et sociale (2). C'était encore revenir à la

(1) *Théétète*, 166 *a* et suivantes.
(2) « Il est donc évident que Thrasymaque ou tout autre qui
voudra enseigner sérieusement la Rhétorique décrira d'abord l'âme
avec exactitude » comme le fait Hippocrate pour le corps. « Ceux
qui ont écrit de nos jours des traités de Rhétorique sont des
fourbes qui dissimulent la parfaite connaissance qu'ils ont de
l'âme. » *Phèdre*, 271 *a*.

nature : on voit ainsi que ceux qui soutenaient la souveraineté de l'art en reconnaissaient tacitement les limites. Ils admettaient d'ailleurs et ne pouvaient guère sans être taxés de folie se dispenser d'admettre que « s'il est de certains arts comme la peinture et la musique, » comme la législation elle-même, « qui en un sens n'empruntent rien à la nature, il y en a d'autres dont les productions sont plus solides et que ce sont ceux qui joignent leur puissance à celle de la nature, comme la médecine, l'agriculture et la gymnastique. » Platon le dit (1) et le fait est vraisemblable : il est donc à croire qu'il a lui-même, selon sa méthode ordinaire, poussé à l'extrême l'artificialisme (2) des premiers techniciens de la Rhétorique. Il nous a du moins permis par là de mieux comprendre l'esprit de leur siècle.

B. Souveraineté de la Nature. — D'autres soutenaient en partant des mêmes principes des doctrines logiquement opposées, mais conduisant aux mêmes applications pratiques. Nous venons de le voir ; si l'art est tout, tout est fiction et apparence, on peut fouler aux pieds les lois de la nature et les lois de la morale : l'intérêt individuel de l'artiste devient le seul critérium du bien et du mal. Mais d'autre part si l'art n'est rien, si la nature est tout, les frêles barrières opposées par le travail de la civilisation au déchaînement des convoitises tombent sous l'effort de la critique, les lois divines et humaines ne sont

----

(1) *Lois*, X, 889 *d*.
(2) Qu'on nous pardonne ce mot barbare, nous ne trouvons pour exprimer l'idée que celui-là ou un autre plus barbare peut-être : instrumentalisme. Le mot fabrication, qui sert de titre à ces deux chapitres, n'a pas d'adjectif. La preuve que le mot proposé répond à un besoin, c'est qu'il commence à entrer dans la langue sociologique (1897). Nous pourrions en emprunter plusieurs exemples à des écrivains autorisés.

plus qu'un artifice mensonger et la société se transforme
bientôt en une mêlée où la victoire est promise au moins
scrupuleux. Quelqu'un a-t-il pris la responsabilité de cette
doctrine ? Il ne semble pas qu'on puisse l'attribuer à un
auteur ou à un maître connus. Le ve siècle n'a pas eu son
Hobbes. Platon met cette thèse dans la bouche d'un
politique dont l'existence même est douteuse (Calliclès) et
dans celle d'un sophiste, Thrasymaque, dont nous n'avons
aucun ouvrage ; nous la trouvons encore exposée dans
un fragment étendu d'une tragédie de Critias, peut-
être d'Euripide, et le poète paraît l'avoir prêtée à un
personnage sacrifié, plutôt qu'il ne l'enseigne en son propre nom. Et c'est tout. Mais il est certain qu'elle avait un
large cours, et nous la voyons dans les *Lois* (1) attribuée
à des hommes instruits du nouveau régime qui ne sont
pas des philosophes de profession (2), et à des poètes.
Personne ne l'aurait donc prise à son compte parmi les
représentants autorisés de la philosophie naturaliste.
N'avons-nous pas vu de nos jours certaines conséquences
immorales attribuées à la philosophie de l'évolution sans
qu'aucun philosophe du groupe les ait professées ?

Ici toutes les institutions humaines, religion, morale,
langage, législation, hiérarchie sociale, droit de cité,
famille, sont considérées comme des conventions purement
arbitraires et n'ayant aucun fondement dans la nature.
Elles sont différentes selon les lieux et changeantes :

---

(1) X., 890 *a*. Cf. *République*, 358 *c*, et 363 *d*. La coïncidence
de ces deux passages avec celui des *Lois* est curieuse : sauf Thrasymaque aucun philosophe n'est cité ; ce sont encore des amateurs
et des poètes qui sont incriminés. Il faut aussi tenir compte des
passages du *Gorgias*, 492 *d*, et de la *Rép.*, 349 *a*, où il est insinué
que Calliclès et Thrasymaque vont peut-être au-delà de leur pensée et que les théories qu'on leur prête sont en partie des types
de convention.

(2) Alcibiade peut-être et la jeunesse dorée qui l'environnait.

donc elles ne sont pas naturelles. Au-dessous d'elles il ne
reste de réel que l'ensemble des lois et des forces mécaniques, nécessaires, aveugles, irresponsables. Le monde
social comme le monde physique n'est donc au fond qu'un
conflit tumultueux d'impulsions brutales. Ecoutons Platon lui-même exposer l'idée générale de ce singulier
système et ses principales applications. « Il y a toute
apparence que la nature et le hasard sont les auteurs de
ce qu'il y a de plus grand et de plus beau dans l'univers
et que les choses de moindre importance sont produites
par l'art qui, recevant de la nature les œuvres les plus
grandes nées les premières, s'en sert pour former et
fabriquer tous les ouvrages les plus menus que nous
appelons tous artificiels. (Suit le passage sur la genèse
des astres et des êtres animés selon les lois de la mécanique.) L'art, postérieur à la nature et au hasard, dont il
tient son existence, inventé par des êtres mortels et mortel
lui-même, a donné plus tard naissance à ces vains jouets
qui ont à peine quelques traits de la vérité... ; tels sont
les ouvrages qu'enfantent la peinture et la musique et les
autres arts de même sorte... La politique elle-même a
très peu de chose de commun avec la nature et tient
presque tout de l'art et, par cette raison, la législation
tout entière est le produit non de la nature, mais de l'art,
dont les créations sont purement arbitraires. — Comment
cela ? — A l'égard des dieux tout d'abord, ils prétendent,
mon ami, qu'ils n'existent point par nature, mais par art
et en vertu de certaines lois (ou règles conventionnelles) ;
qu'ils sont différents chez les différents peuples, selon les
inventions intervenues parmi les législateurs, que l'honnête est autre suivant la nature et autre selon la loi, que
pour ce qui est du juste, rien absolument n'est tel par
nature, mais que les hommes vivent dans de perpétuelles
discussions à ce sujet et font dans ce domaine d'inces-

santes modifications ; que ces modifications sont la mesure
du juste pour autant de temps qu'elles durent, tirant leur
origine de l'art et des lois (contrats), et nullement de la
nature (1). » Calliclès, dans le discours bien connu que lui
prête Platon au cours du *Gorgias*, explique la tendance
de toutes les législations vers l'égalité par la coalition des
faibles contre les forts. La réprobation qui s'attache aux
violations de la loi vient de la même source : « Voilà
pourquoi, dans l'ordre de la loi, il est injuste et honteux
de chercher à l'emporter sur les autres et pourquoi ils
donnent à cela le nom d'injustice. Mais la nature elle-
même démontre que la justice consiste en ce que celui qui
vaut mieux ait plus qu'un autre qui vaut moins. » On
voit ce partage des avantages sociaux proportionnel-
lement aux forces prévaloir dans les rapports de tous les
êtres vivants, hommes et animaux. La règle entre les
diverses cités n'est pas autre que la prépotence du supérieur sur l'inférieur. Et le principe dernier de cette loi,
c'est l'irrésistible impulsion de tous les êtres vivants à
satisfaire leurs appétits, à ne s'appuyer les uns sur les
autres que pour s'assurer cette satisfaction, à grandir
leur pouvoir indéfiniment pour écarter tous les obstacles.
La vertu et le bonheur reposent à la fois sur ce principe (2).

La religion est venue à l'aide des faibles dans cette
conspiration contre les forts. Elle a inventé la conscience
morale. La croyance aux dieux est devenue ainsi le gardien intérieur des conventions : le maintien de la morale
a été sa seule raison d'être : elle est un artifice ajouté à
un autre. C'est ce qui est exposé longuement dans la tragédie de Sisyphe attribuée à Critias : « Il fut un temps où

(1) *Lois*, X, 889-890. *Gorgias*, 483 b.
(2) *Gorgias*, 491 e ; 492 a, b, c.

la vie de l'homme était sans règle et bestiale, et sous
l'empire de la force. Alors il n'y avait nul avantage proposé à l'émulation des bons, nulle punition pour les
mauvais. C'est postérieurement, ce me semble, que les
hommes ont établi les lois répressives, afin que la justice
fût maîtresse et tînt la violence sous sa sujétion. Ceux
qui enfreignaient la loi furent dès lors punis. Mais comme
ce que les lois interdisaient par la force de faire ouvertement, on le faisait en cachette, alors, je le crois, un
homme fin et habile inventa un épouvantail à l'usage des
mortels, pour que les méchants ressentissent encore quelque crainte, alors même que leurs actions, leurs paroles
et leurs pensées resteraient secrètes. C'est ainsi qu'il
introduisit la religion ; à savoir qu'il y a un daimôn
florissant d'une vie impérissable, dont l'esprit entend,
voit, connaît et surveille toutes choses, ayant une nature
divine, qui peut entendre tout ce que disent les hommes
et voir tout ce qu'ils font. Et si vous méditez en silence
quelque méfait, cela n'échappera pas aux dieux, car ils
ont la pensée. En disant ces choses, cet homme a introduit le plus agréable des enseignements, cachant la
vérité sous un langage trompeur. Pour frapper davantage les esprits des hommes, il dit que les dieux habitaient là d'où il savait que viennent aux mortels et les
plus terribles craintes et les bienfaits les plus précieux au
milieu de leur malheureuse vie, dans la région des mouvements supérieurs, où il savait que résident les éclairs
et les horribles grondements de la foudre, dans la splen-
deur constellée du ciel, chef-d'œuvre du temps, ce grand
artiste, d'où s'élève la masse en feu du soleil et d'où
tombe sur la terre la pluie rafraîchissante. Telles sont les
craintes qu'ils inspira de toutes parts aux hommes. C'est
ainsi que, se réglant sur elles, il assigna au daimôn la
demeure qui lui convenait le mieux et étouffa le désordre

sous l'empire des lois. Voilà comment, à mon avis, un homme persuada pour la première fois aux mortels qu'il y a une race de génies divins. »

Le langage résulte comme la morale et la religion d'une intervention individuelle acceptée par contrat ; c'est la thèse soutenue, ce semble, par Prodicus dans son traité περὶ ὀνομάτων ὀρθότητος et que nous voyons mise dans le *Cratyle* en opposition avec celle de l'établissement divin. L'une se rattache à la doctrine de la relativité enseignée par Protagoras, tandis que l'autre était, comme nous l'avons vu, une dérivation de l'Héraclitéisme. Hermogène qui, dans le dialogue de Platon, représente la théorie de la variation arbitraire, l'énonce ainsi : « Pour moi, après bien des discussions avec notre ami (Cratyle) et avec beaucoup d'autres, je ne puis croire que les noms aient d'autre propriété, ὀρθότης, que celle qu'ils doivent à la convention ξυνθήκη, et au consentement des hommes ὁμολογία. Il me semble que, dès que quelqu'un a attribué un nom à une chose, c'est là le mot propre ; et si, cessant de se servir de celui-là, il le remplace par un autre, le nouveau nom ne me paraît pas avoir moins de propriété que le premier. C'est ainsi que, s'il vous arrive de changer le nom d'un de vos esclaves, le nouveau nom n'est pas moins propre, ὀρθός, que le précédent. C'est ainsi que je vois dans différentes villes les mêmes choses porter des noms différents, soit de Grecs à Grecs, soit de Grecs à Barbares. Car la nature n'a donné aucun nom à quoi que ce soit ; les noms ont été établis par la loi νόμος, et la coutume, au gré des hommes (1). »

On ne pouvait conclure de ce qu'on vient de lire que la liberté illimitée du néologisme. Il y avait des conséquences pratiques bien autrement graves à tirer du mot fameux

---

(1) *Cratyle*, 384 *d* ; 385 *e*, et 433 *e*.

d'Hippias sur la vanité des distinctions légales entre les populations des cités diverses : « Vous tous qui êtes ici, je vous regarde tous comme parents, alliés et concitoyens selon la nature, bien que non selon la loi. Le semblable, en effet, a une affinité naturelle avec le semblable ; mais la loi, ce tyran des hommes, fait violence à la nature en bien des circonstances (1). » La nature voulait donc l'abolition des patries particulières ! Elle n'approuvait pas non plus les difficultés considérables dont la loi positive entourait l'admission d'un étranger au droit de cité. En réalité, ce droit n'était conféré que par la naissance. Gorgias demande ironiquement de qui les premiers citoyens de chaque cité ont tenu ce droit et s'il faut, puisque la naissance n'a pas pu le leur transmettre, imaginer qu'ils ont été fabriqués par des ouvriers spéciaux, comme les mortiers sont fabriqués par les fabricants de mortiers (2).

L'esclavage n'échappait pas davantage à la critique. Un auteur dont Aristote ne nous a pas conservé le nom déclarait, du même point de vue que Calliclès, que l'esclavage est contre nature : « Car, disait-il, la distinction entre l'homme libre et l'esclave est l'œuvre de la loi ; la nature ne fait entre eux aucune différence. L'esclavage n'est donc pas juste, étant fondé sur une violence que fait la loi à la nature (3). »

Du point de vue hellénique, toutes ces doctrines étaient révolutionnaires. Elles ruinaient le droit antique fondé sur la tradition religieuse. Elles tendaient, par l'exaltation de la volonté arbitraire de l'individu, à la subversion de l'ordre social établi. Mais n'était-ce pas plutôt, sous ces

---

(1) *Protagoras*, 337 d.
(2) *Politique*. III, ɪ, 9.
(3) Aristote. *Politique,* I, ɪ, 3. Dans les *Nuées*, v. 1410, on voit un fils battre son père et lui démontrer qu'il a raison du point de vue de la nature, parce que les coqs battent leur père dès qu'ils sont les plus forts.

critiques purement destructives en apparence, un droit
nouveau qui tendait à se faire jour, une protestation
contre des barrières et des distinctions inhumaines qui
commençait à se produire? De même dans les temps
modernes l'artificialisme de Montaigne, de Diderot et
d'Holbach, un instant accepté par Rousseau dans la première rédaction du *Contrat social* et qui lui faisait dire :
« La loi est antérieure à la justice et non pas la justice à
la loi (1) », n'a-t-il pas suscité indirectement des relations
de droit nouvelles, ou tout au moins servi à battre en
brèche des abus invétérés? Les philosophes « naturalistes » n'avaient pas besoin d'ailleurs de pousser bien
loin leurs réflexions pour voir sortir l'ordre du désordre,
l'accord de la lutte. Platon leur objecte deux fois (2) que si
les faibles, coalisés contre les forts pour leur imposer le
respect de la justice et maintenir l'égalité, ont réussi dans
cette entreprise, c'est que les faibles, somme toute, disposent, à cause de leur nombre, pourvu qu'ils s'accordent,
d'une force irrésistible, et qu'ainsi dans toute société le
triomphe des politiques selon la nature, c'est-à-dire des
scélérats, ne saurait être qu'un accident, que l'injustice
absolue équivaut enfin pour une société à l'impuissance
absolue et à la dissolution. N'est-il pas vraisemblable que
c'est aux livres et aux conversations de ses adversaires
que Platon a emprunté cette idée qui cadre si bien avec
leur naturalisme ? Quand Socrate dit à Thrasymaque,
dans la *République* : « Fais-moi la grâce de me dire si un
Etat, une armée, une troupe de brigands, de voleurs ou

(1) Dans la rédaction définitive au contraire, « la justice vient
de Dieu, lui seul en est la source », et il y a « un droit divin
naturel. » Voir notre étude sur J.-J. Rousseau et ses variations
dans la *Revue internationale de l'Enseignement* d'octobre 1895 à
février 1896.

(2) *Républ.*, 351 *a*, et la suite jusqu'à 352 *d*, et *Gorgias*, 488 *c* :
οὐκοῦν τὰ τούτων νόμιμα κατὰ φύσιν καλὰ κρειττόνων γε ὄντων.

toute autre société pourrait réussir dans ses entreprises injustes, si les membres qui la composent violaient les uns à l'égard des autres toutes les règles de la justice, » quand le Socrate de Platon tient ce langage, nous pouvons croire qu'il n'était pas le premier à le tenir et que, parmi tant d'esprits si clairvoyants, si capables de fine dialectique, quelqu'un s'était rencontré pour réconcilier au moins jusque-là la loi instituée, la règle traditionnelle du bien et du mal avec la nature (1). En effet, Platon lui-même nous montre que cet homme s'était fait entendre à Athènes dès la première heure du règne de la sophistique : c'est Protagoras. Il est temps d'utiliser ce témoignage qui ramène à leur valeur les portraits sinistres des naturalistes révolutionnaires tracés avec tant de vigueur dans le *Gorgias* et la *République.*

Mais reconnaissons auparavant que, dans la mesure où cette thèse : que les institutions sociales les plus augustes sont des conventions modifiables, que le droit et la morale sont des œuvres arbitraires et passagères de l'humaine industrie comme la forme des bateaux et des vêtements, dans la mesure, disons-nous, où cette thèse a été prônée et accueillie au sein des cités grecques du vᵉ siècle, elle est venue à propos pour combattre par un excès en sens contraire l'attachement à des dogmes non moins excessifs qui consacraient comme divines et immuables des formes caduques de justice et de moralité, et ne tendaient à rien moins qu'à paralyser toute initiative individuelle. La religion des dieux de la cité n'était que trop souvent sans vertu. Platon lui-même reconnaît qu'elle avait engendré la plus détestable des hypocrisies (2). L'organisation politique de la plupart des cités, qui reposait sur cette religion,

(1) Cf. Démocrite, *fragm. mor.* 199. Ἀπὸ ὁμονοίης τὰ μεγάλα ἔργα καὶ τῇσι πόλισι τοὺς πολέμους δυνατὸν κατεργάζεσθαι, ἄλλως δ' οὔ.
(2) *Rép.,* livre II, 364 *b,* et *Lois,* X, 885 *c.*

admettait une trop grande part d'inégalité et d'injustice.
Il était bon que l'une et l'autre fussent remplacées. Et,
pour cela, il fallait qu'elles reçussent le choc de ces négations et de ces affirmations audacieuses, qui, sans trouver
aucun interprète de génie, eurent pourtant leur moment
de popularité. Leur forme la plus sensible est la négation
du caractère moral de la technique politique, et l'affirmation que l'idéal de la conduite est, en cet ordre d'actions
comme en toutes les autres, le succès de l'habileté individuelle. Cette glorification de la tyrannie consacrait l'existence de pouvoirs révolutionnaires et destructifs en un
sens, mais nécessaires et même bienfaisants à un autre
point de vue, puisque le tyran populaire était alors
l'unique instrument possible des réformes et du progrès.

C. Conciliation de l'Art avec la Nature. — On n'a pas
à examiner ici dans quelle mesure Protagoras s'est con-
tredit en soutenant, d'une part, que les opinions des cités
sur le bon et le mauvais, le juste et l'injuste sont relatives
et subjectives, et, d'autre part, que ces opinions sont
salutaires ou nuisibles, et intéressent leur existence
même. Peut-être, alors qu'il déclarait que ces opinions,
qu'il appelle encore sensations (1), ne sont ni vraies ni
fausses, avait-il le pressentiment que les tendances et les
émotions, facteurs du vouloir, ne sont pas de l'ordre
spéculatif et doivent être distinguées des opérations intellectuelles pures, perceptions, jugements, raisonnements,
dans lesquelles seules résident la vérité et l'erreur. Si
cette supposition était exacte, on comprendrait fort bien
que ces états tout subjectifs de bien-être ou de malaise
décèlent et même constituent la santé ou la maladie chez

(1) Il les compare aux sensations des animaux et des plantes
que l'éleveur et le cultivateur changent à propos pour le salut des
uns et des autres. *Théétète*, 167 *a*.

les individus et dans les sociétés. Quoi qu'il en soit, il est incontestable que l'idée dominante du mythe où Protagoras retrace la genèse de la société, est qu'il y a une certaine constitution, une certaine structure des corps sociaux comme des corps individuels, qu'ils ne peuvent subsister que sous certaines conditions et si certaines fonctions vitales leur sont dévolues, qu'enfin la justice et la moralité comptent au premier rang parmi les conditions de l'existence sociale, en d'autres termes parmi les fonctions vitales de l'humanité. Aucune doctrine n'est plus objective (1).

Epiméthée et Prométhée sont chargés par les dieux de tirer des entrailles de la terre les êtres mortels. Epiméthée commence. Il distribue aux divers animaux les divers dons nécessaires au maintien de chaque espèce εἰς σωτηρίαν : ici la force sans vitesse, là la vitesse sans force, armes redoutables aux audacieux, instincts de se creuser des demeures souterraines aux timides, ailes aux uns, masse imposante aux autres... « Il combina tout cela en prenant bien garde qu'aucune espèce ne puisse être détruite. » Il donna à tous des moyens naturels de protection contre les intempéries et leur assigna une nourriture spéciale. Les races prédatrices furent créées peu fécondes et les races destinées à leur servir de proie très prolifiques et par ce moyen la conservation de celles-ci, σωτηρία, fut assurée. Prométhée arriva alors pour voir comment Epiméthée

____

(1) Protagoras, qui n'était pas religieux, n'accordait pas que la vertu et la sainteté aient une existence en soi, transcendante comme nous dirions (ὡς οὐκ ἔστι φύσει αὐτῶν οὐδὲν οὐσίαν ἑαυτοῦ ἔχον). Voilà pourquoi Platon l'accuse dans le *Théétète* de leur refuser toute réalité : c'est le sens de la protestation vigoureuse en l'honneur du divin modèle qui remplit la digression 172 *a*, à 177 *c*. Mais de ce que les relations morales ne sont pas considérées comme des entités métaphysiques, il ne s'ensuit pas qu'elles ne soient rien.

s'était acquitté de sa tâche. « Il trouva l'homme tout nu,
n'ayant ni armes, ni chaussures, ni couvertures ; » ne
sachant « de quel moyen d'existence le pourvoir » ἥντινα
σωτηρίαν τῷ ἀνθρώπῳ εὕροι, il déroba à Vulcain et à Minerve
l'habileté dans les arts avec le feu ἔντεχνον σοφίαν σὺν πυρί, et
voilà comment l'homme eut une ressource pour entretenir
sa vie. Il put ainsi créer une religion, un langage ; il se
bâtit des maisons, se fit des habits, des chaussures, des
lits et tira ses aliments du sein de la terre. Mais un art lui
manquait, la politique. Jupiter s'en était réservé le secret
et elle restait au fond des cieux, inaccessible. C'est pourquoi nos ancêtres n'eurent pas l'idée de se rassembler en
groupes nombreux et de bâtir des villes. « L'art de la
guerre, partie de l'art politique, » leur manquait ; ils furent
décimés par les animaux. Ils essayèrent de construire des
cités, l'injustice de tous contre tous les dispersa et ils
restèrent toujours exposés à la dent des bêtes féroces.
Alors « Jupiter, craignant que la race humaine ne fût
bientôt exterminée, envoya Mercure avec ordre de donner
aux hommes l'honneur et le sentiment du juste, afin
qu'ils fussent l'ornement des villes et le lien des cœurs. »

Une question se présentait : comment distribuer ces
nouveaux dons? Les *autres arts* avaient été partagés
entre un petit nombre d'individus, chacun en exerçait un
pour plusieurs de ses semblables ; fallait-il en faire de
même pour l'honneur et la justice? Jupiter ne le voulut
pas ; il attribua ces capacités à tous les hommes indis-

(1) *Protagoras*, 320 c. On voit que nous ne partageons pas
l'opinion de Zeller, page 524 du vol I. (trad. franc.). « Le résultat
final est donc le même ici que dans les considérations théoriques
du monde, c'est la subjectivité absolue. » La formule de la page
545 ne nous paraît pas moins inexacte. La divergence vient de ce
que Zeller prend pour essentiel dans la technologie sophistique ce
que nous prenons pour accidentel, à savoir les solutions de Thrasymaque et de Calliclès.

tinctement, quoique à des degrés divers, « car sans cela il n'y aurait pas eu de cités (1). »

Il est impossible de dire plus clairement que la morale et la vertu politique sont des facultés essentielles à l'homme, nécessaires et corrélatives à l'existence des sociétés. La nature et l'art se rapprochent ici au point de se rencontrer, car, bien que données par Jupiter, les vertus sociales n'en sont pas moins appelées des arts et leur acquisition n'en forme pas moins la dernière étape du progrès humain. Ce sont en même temps des impulsions spontanées, natives et des conquêtes de l'activité réfléchie (1). La conception primitive du plus illustre des Sophistes n'était donc pas celle d'un divorce irrémédiable entre la nature et la loi, entre le hasard et l'art humain ; les diverses *technés* constituaient dans la pensée de Protagoras de véritables fonctions caractéristiques de l'espèce humaine comme les moyens d'attaque, de fuite ou de défense sont les fonctions caractéristiques des espèces animales. Elles sont, bien que capables de culture, notre nature même. — Mais cette doctrine est présentée par prudence sous le voile du mythe : nous en pouvons trouver une autre forme plus scientifique, quoique malheureusement écourtée et mutilée, vers la fin de la période que nous étudions : les fragments de Démocrite nous en fournissent les lignes essentielles.

On ne peut dire que Démocrite partage les tendances sceptiques de Protagoras. Nous savons qu'il les a combattues. Son système est un mécanisme cohérent et ce que nous avons dit au début de la sûreté de l'action fondée sur la science, a certainement reçu une notable

______

(1) Relire le passage à la suite cité plus haut où Protagoras expose ce que la vertu politique doit à l'ἄσκησις, à l'ἐπιμέλεια et à la διδαχή. Cf. le fragment 134, 9 de Mullach : φύσιος καὶ ἀσκήσιος διδασκαλίας δεῖται.

confirmation de la façon dont il conçoit la science, qu'il ramène à la connaissance des mouvements nécessaires. Nous l'avons indiqué. Mais ce mécanisme ne l'empêche pas d'accorder aux phénomènes de conscience, au monde moral l'importance qui leur appartient. L'âme, sans être autre chose qu'une fonction du corps, jouit en fait d'une prééminence incontestable : elle est pour le corps une sauvegarde : ses biens sont divins comparés à ceux du corps. Non seulement elle peut gouverner le corps, mais elle peut se vaincre elle-même, c'est-à-dire régler ses mouvements désordonnés. C'est en elle que résident le bonheur et le malheur (1).

Avant donc de se demander ce qu'on peut attendre de la nature, il faut voir ce que l'âme peut pour son bonheur par ses propres ressources. Le bonheur dépend avant tout du calme, de l'équilibre et de l'harmonie, ξυμμετρία, ἁρμονία, qu'on réussit à établir dans l'âme ; et ces biens sont assurés à celui qui sait discerner les plaisirs des sens des autres, choisir des plaisirs durables, modérés et honnêtes, borner ses désirs au possible, éviter l'envie, la rivalité et la haine, les plus grands fléaux de la vie. « Celui qui se porte vaillamment aux actions honnêtes et permises éprouve jusque dans son sommeil un sentiment de force, de sérénité et de joie (2). »

Mais enfin le monde est là : qu'est-ce que l'art humain doit redouter ou espérer de lui ? Il semblerait qu'un monde livré au hasard des chocs mécaniques dût être pour la frêle créature entraînée dans son tourbillon la source de froissements cruels. On est surpris de constater que Démocrite apprécie cette action de la nature sur l'homme avec une parfaite sérénité. Les objets, dit-il,

(1) *Fragm.* 5, 6, 7, 75, 76, 77.
(2) *Fragm. mor.* 1, 2, 3. 47, 37, 82, 20, 118.

sont en grand nombre indifférents, en ce sens qu'il dépend de nous de tirer de nos rapports avec eux des biens ou des maux : ainsi l'eau profonde, si nous y tombons, nous engloutira; mais l'art de la natation a été inventé pour la traverser et on y nage mieux. La plupart sont plutôt favorables que nuisibles; c'est décidément la faute de notre aveuglement et de notre ignorance si nous ne savons pas en tirer parti. Un homme sobre, qui s'observe et se soigne à propos, est presque sûr de vivre en santé. Il est vrai, la fortune est inconsistante dans ses dons, mais le génie naturel de l'homme doit savoir se suffire et se défendre des déceptions qui suivent les grands espoirs par la mesure et la solidité des avantages qu'il poursuit. La richesse est relative au désir; on est toujours pauvre quand on souhaite plus qu'on n'a et riche quand on se contente de peu. En somme « la Fortune est un fantôme que les hommes ont imaginé pour s'excuser de leur témérité, car la fortune ne résiste guère à la réflexion et la plupart du temps dans la vie l'âme avisée et perspicace atteint son but. » Voilà une philosophie de l'action bien différente du pessimisme pratique des théologiens : comparez ce ton joyeux à l'accent navré des Solon et des Théognis : quel contraste ! En face des dieux, l'homme se sentait menacé et paralysé; en face de la nature, fort de son génie, il est allègre et plein de confiance (1).

La nature est même notre guide dans le perfectionnement des arts par lesquels nous luttons contre les souffrances ou améliorons notre sort. Nous n'avons eu

____

(1) *Fragm. mor.*, 11, 12, 13, 22, 24, 26, 27, 29, 36, 15, 66, 14; il faut cependant tenir compte du fragment 89 qui semble indiquer moins de confiance dans la fortune, et du fragment 41 qui insiste sur les maux de la vie pour obtenir de l'homme qu'il borne son ambition et se contente du nécessaire.

qu'à observer les animaux pour trouver à leur exemple les arts les plus variés : nous avons pris le tissage aux araignées, la construction aux hirondelles, le chant aux cygnes et aux rossignols et ainsi de suite ; les animaux savent se soigner eux-mêmes et notre médecine n'est qu'une imitation de la leur. L'ouvrier dans l'atelier est comme l'abeille dans la ruche ; il travaille avec résignation « comme s'il devait vivre toujours. » En général les sociétés animales et les sociétés humaines sont les effets d'un même principe qui régit tous les groupements de choses ou d'êtres similaires. L'union des sexes n'a rien d'arbitraire ; elle résulte d'une loi universelle dans tout le domaine de la vie ; de même l'élevage des jeunes et l'éducation : par conséquent toute la famille. L'esclave doit y être employé comme nos organes, à diverses fonctions. La société politique n'est pas moins naturelle. Elle implique la subordination du faible au fort, ou au plus intelligent. Et cette subordination est un avantage pour le faible (1). La société renferme en elle seule tous les intérêts humains : si elle se dissout, la perte de tous ses membres est consommée. La loi est l'instrument de ses bienfaits. La loi a pour raison d'être la nécessité de refréner ou de prévenir le désordre : les sacrifices qu'elle demande à la liberté n'ont pas d'autre but : elle ne peut subsister que si tous les citoyens lui obéissent ou lui prêtent main forte volontairement. Tous les citoyens

(1) Il serait possible que le discours de Calliclès dans le *Gorgias* fût une caricature malveillante de la théorie de Démocrite ; comparez 483 *d* avec *(Fragments moraux)* 191 et 193 ; 484 *c, d* avec 140 et 142 ; 486 *a* avec 201, 213, 214. Φύσει τὸ ἄρχειν εἰκότω τῷ κρέσσονι, f. 191, serait le centre des attaques de Platon. Démocrite serait une pierre de touche excellente, 486 *d*, pour la pensée de Platon, parce que c'est dans ses ouvrages que la doctrine politique et morale naturaliste se trouverait le plus complètement exposée. La rencontre d'un tel exposé serait en effet pour le philosophe métaphysicien sincère une véritable trouvaille, 486 *e*.

doivent concourir aux affaires publiques. Du reste les hommes bien nés ont un respect et un amour naturel pour la vertu ; malgré la différence des goûts, la justice et la vérité sont assurées de leurs hommages. C'est ce qui fait que les hommes des divers pays s'accordent sans peine : le monde entier est la patrie d'une âme bien faite, et il faudrait que partout les scélérats fussent poursuivis et mis à mort comme les bêtes féroces et les serpents (1).

D'où vient donc ce merveilleux accord de l'Art humain avec l'ensemble des choses sur lesquelles il s'exerce ? A quelle cause attribuer ce bon naturel de l'homme et de tous les êtres doués d'âme comme lui ? Comment se fait-il que le hasard, non pas celui qui exclut les causes déterminantes — la régularité des phénomènes élémentaires n'est pas en question — mais celui du moins qui aurait le droit de rester indifférent aux intérêts des êtres vivants et conscients, conspire en quelque sorte avec la providence humaine pour le bonheur des individus et le maintien des cités ? C'est que la φύσις a pris dans la philosophie de Démocrite un sens nouveau ; sans cesser d'être régie dans ses phénomènes élémentaires par des lois mécaniques, la matière selon lui s'est dégagée à un certain moment de la rencontre tumultueuse des atomes pour adopter une marche plus rythmée et mieux définie, et c'est ainsi que les êtres vivants ont vu le jour, avec leurs tendances déterminées qu'on retrouve jusque dans leurs germes, « car de tel germe naît un olivier, de tel autre un homme (2). » C'est cette nature qui travaille au

(1) Plutarque : *De l'habileté des animaux*, 974 b et *fragm. mor.*, de Démocrite, 184, 210, 212, 189, 193, 196, 197, 226, 238, 225, 241, 208.

(2) Un fragm. d'Epicharme (556-460) attribuait à la nature l'instinct de la poule qui couve les œufs quoique en apparence inanimés : « La nature seule sait le secret de cette clairvoyance : car c'est elle qui instruit l'oiseau. » Il y a là une trace de

sein des organismes pour les douer des appareils nécessaires à la vie. C'est elle qui forme les sociétés animales
et qui donne aux hommes leurs instincts bienfaisants. Il
n'est donc pas surprenant que la volonté et la pensée de
l'homme, que la culture et l'art soient d'accord avec cette
nature quand ils entrent en commerce avec elle ! Il y a
entre les deux principes une parenté : « La nature et la
culture sont bien près l'une de l'autre, car la culture
introduit l'ordre dans l'humanité, et en y mettant l'ordre,
elle y continue l'œuvre de la nature. » Ἡ φύσις καὶ ἡ διδαχὴ
παραπλήσιόν ἐστι, καὶ γὰρ ἡ διδαχὴ μεταρρυθμοῖ τὸν ἄνθρωπον, μεταρ-
ρυθμοῦσα δὲ φυσιοποιεῖ (1).

Mais en substituant ainsi au mouvement imposé le libre
concours, Démocrite dépasse l'horizon de son siècle et de
son groupe : il annonce une nouvelle philosophie pratique.
Les individus retrouvent dans sa conception de la politique et de la morale le ξυνὸν d'Héraclite : c'est le centre
moral autour duquel ils gravitent, c'est l'intérêt collectif
de la famille et de la cité. Dans le tout naturel qu'ils forment ainsi, la persuasion et l'affection les tiennent
assemblés, non la force et la crainte seules. L'éducation
n'a seule le pouvoir de former à la vertu que parce qu'elle
persuade et détermine les hommes à agir selon le devoir
en secret comme en public ; et encore son succès suppose
la bonne volonté initiale de l'enfant. La crainte engendre
la flatterie : elle ne saurait créer l'affection. Ce qui la
fonde, c'est l'accord des intérêts et des idées, c'est l'abstention de reproches inutiles, c'est la renonciation aux
rivalités et aux luttes, c'est la générosité accompagnée de

l'influence pythagoricienne. Mais Démocrite est-il absolument
étranger à cette influence ? Les termes employés par lui pour
exprimer le calme de l'âme (voir plus haut) sont pythagoriciens :
il en est de même de tout l'ordre d'idées que nous parcourons.

(1) Aristote, *Physique*, 196 a, 24. Démocrite, *Fragm. mor.* 133.

délicatesse, c'est la pitié, c'est l'indulgence, c'est en un mot l'affection même : il faut aimer si l'on veut être aimé. L'homme ne se juge pas seulement par ses œuvres : il faut tenir compte de ses intentions, de sa volonté, de ce δίκαιος ἔρως, de cette ὁρμὴ πρὸς ἀλλήλους qui est la source de toute vertu. La conspiration des volontés, voilà le vrai fondement de la société et du bonheur public auquel est lié le bonheur individuel. Si cette formule n'est pas de Démocrite, tel est incontestablement l'esprit des fragments de ses ouvrages assez nombreux qui nous ont été conservés sur la politique et la morale (1). Tout cela va plus loin et plus avant dans l'étude de notre nature pratique que la Technologie de l'instrument.

Classification des arts. — Les termes platoniciens dont nous nous sommes servi pour distinguer l'art de la nature laissent croire que les sophistes, tout en distinguant le délibéré de l'indélibéré, la réflexion de la nécessité, ne faisaient pas plus que Platon la distinction indispensable entre la volonté et l'intelligence. Mais il est à supposer que si nous possédions leurs ouvrages, nous y trouverions au moins l'ébauche d'une théorie de la volonté. La question de l'indépendance de la volonté par rapport à l'intelligence était fréquemment agitée et on se demandait dans les milieux philosophiques au temps de Socrate comment la pensée vraie pouvait laisser place à une conduite mauvaise, ou une conduite sage coexister avec l'erreur (2). L'opinion dominante était que la clarté

(1) *Fragm. mor.*, 240. « Dans le poisson commun (collectif) ξυνῇ, il n'y a pas d'arêtes. » ξυνῇ s'oppose à ἰδίῃ, fragm. 92. Pour l'ensemble des idées voyez, dans l'ordre adopté ici, les fragm. 135 (très important), 150, 235, 152, 153, 146, 147, 160, 167, 243, 149, 161, 171, 4, 241.

(2) Voyez le *Ménon*, dialogue socratique, et Xénophon, *Cyropédie*, livre III, chap. I : « Tu prétends donc que la sagesse

de la connaissance peut être tenue en échec par des forces
étrangères résidant dans l'âme même, « tantôt la colère,
tantôt le plaisir, tantôt la douleur, quelquefois l'amour,
souvent la crainte, » et ces forces avaient, comme on le
voit, la plus grande affinité avec le vouloir (1). « Le plus
grand nombre, lisons-nous dans le *Protagoras* (2), n'est
pas en cela de ton avis ni du mien, que la science est souveraine dans les âmes, et ils disent que beaucoup de gens,
connaissant le meilleur, ne le *veulent* pas faire, quoique
cela soit en leur pouvoir, et font toute autre chose. » Le
mot ἐθέλω est ici entouré d'expressions qui en soulignent
le sens. Protagoras, dit Platon, n'était pas de l'avis de la
majorité des philosophes (des sophistes très probablement) qui soutenaient cette thèse de l'indépendance du
vouloir. Mais son intellectualisme souffrait mainte atténuation. Il expliquait l'échec des meilleurs maîtres en fait
de vertu par le défaut d'aptitudes natives chez leurs disciples : les enfants des meilleurs joueurs de flûte ne profi-
tent de même des leçons de leurs pères que s'ils sont bien
doués. Première condition du succès dans l'art (3). Nous
avons vu que le futur praticien en quelque art que ce
soit, la morale comprise, doit apporter à l'étude une per-
sévérante application, qu'il lui faut, pour réussir, des
exercices prolongés, que l'effort, par conséquent, et le
temps ou l'habitude doivent se joindre à l'intelligence
instantanée des notions théoriques. Seconde et troisième
conditions de succès (4). Il semble donc que le groupe
des facultés pratiques ait commencé dès la période pre-

est une affection de l'âme comme la douleur, et non une science acquise ? » etc.

(1) *Protagoras*, 352 b.
(2) Ib. 352 d.
(3) *Protagoras*, 327 a.
(4) Ib. 325 c.

mière de la sophistique à se distinguer et à se dégager de l'ensemble des fonctions mentales. Prodicus allait même jusqu'à distinguer la volonté du désir (1). Démocrite enfin insistait sur le rôle des dispositions naturelles cultivées par l'éducation, qu'il opposait à l'action du temps et à la prétendue souveraineté de la connaissance abstraite. « Il y a, disait-il, des jeunes gens sages et des vieillards dépourvus de sens ; ce n'est pas le temps qui enseigne la prudence, c'est l'éducation donnée à son heure et l'aptitude naturelle. » Et ailleurs : « Beaucoup de gens munis de connaissances multiples sont déraisonnables. » — « Ne vise pas à tout savoir de peur de tout ignorer. » — « C'est à avoir des aptitudes multiples, non des connaissances multiples. qu'il faut travailler. » — « La vertu n'est pas dans les paroles, mais dans l'action. » — « Les hommes d'un heureux naturel connaissent le bien (sans étude) et y tendent spontanément (2). » Toutes ces indications prennent un sens plus net si on les groupe autour de l'assertion significative d'Aristote (3) : que Démocrite reconnaît dans l'âme deux fonctions, la fonction motrice et la fonction cognitive et que la fonction motrice est sa fonction essentielle (4). L'art ne se séparait donc pas seulement de la nature ; dans l'âme même, il tendait à se séparer de la science ; mais cette séparation n'était pas encore accomplie. Aristote l'achèvera.

(1) Fragments 139, 140, 142, 141, 99, 103, 104, 226.
(2) Même dialogue, 340 a, βούλεσθαι καὶ ἐπιθυμεῖν διαιρεῖς ὡς οὐ ταὐτὸν ὄν.
(3) *De l'âme*, 403 b, 29.
(4) Les mots ἑκούσιος, ἀκούσιος, ἑκουσίη, ἐλευθερίη se trouvent pour la première fois dans les œuvres de Démocrite avec un sens psychologique incontestable. « Les travaux volontaires ἑκούσιοι πόνοι nous font supporter plus facilement les travaux forcés ἀκούσιοι et nous en délassent, » fr. 86, 87. L'éducation ne réussit qu'avec des enfants capables d'efforts spontanés ἑκουσίοις πονέειν, fr. 235. τὴν κατ' ἰδίην ἑκουσίην, fr. 196. Le parler franc est le signe de la liberté ἐλευθερίης, fr. 124. Cf. fr. 197 : ὅταν αὐτοὶ βούλωνται, s'ils consentent, s'ils veulent vraiment.

Quelques sophistes avaient une prédilection pour les sciences et se distinguaient par là des autres maîtres en vogue qui promettaient surtout d'armer leurs disciples pour la vie. Socrate ayant présenté un élève (Hippocrate) à Protagoras, celui-ci — c'est Platon qui met la chose en scène — raille à cette occasion Hippias de sa méthode. « Hippocrate, dit-il, n'éprouvera point en s'adressant à moi ce qui lui serait arrivé s'il s'était attaché à tout autre sophiste. Les autres abusent des jeunes gens. Quelque aversion que ceux-ci témoignent pour les sciences, il les y jettent malgré eux, leur apprenant le calcul, l'astronomie, la géométrie et la musique (en disant ces mots, il jetait les yeux sur Hippias) ; au lieu qu'Hippocrate n'apprendra à mon école que ce qu'il vient y apprendre... (1) » à savoir l'art de gouverner sa maison et celui de parler et d'agir pour les intérêts de l'État. Nous avons dit *sciences* : et c'est bien de sciences qu'il s'agit. Platon écrit τέχναι : ce mot a donc voulu dire au-delà même du vᵉ siècle à la fois action réfléchie et science. La distinction ne s'achèvera qu'avec Aristote.

A côté de ce groupe des quatre τέχναι plus proprement spéculatives qui paraît avoir été constitué par les Pythagoriciens et formera plus tard le *quadrivium*, se placent la grammaire, la rhétorique et l'histoire, mélange de sciences et de pratiques. Mais l'éducation, la morale et la politique, encore confondues, occupent au-dessus de ces deux groupes une place prépondérante. On a vu que d'après le mythe du Protagoras la politique est, jusqu'au dernier moment de la genèse des sociétés, renfermée chez Jupiter. La manière dont les Sophistes et Démocrite parlent des affaires publiques montre assez la dignité

____

(1) Début du *Protagoras*, 318 e. Dans le pr. *Hippias*, la même division se retrouve.

exceptionnelle qu'ils accordent à l'art correspondant...
Parmi les autres arts la médecine paraît emprunter quelque lustre à la comparaison faite si souvent entre elle et
la politique ou la morale. Protagoras dit que la politique
est la thérapeutique des cités (1), et Démocrite que la
sagesse est la médecine de l'âme (2). Nous verrons ces
comparaisons se continuer et ces affinités se soutenir dans
la période ultérieure. Quant aux arts manuels, ils forment
un groupe plus humble (3). Mais il ne faut pas oublier
que depuis la politique jusqu'à l'agriculture et la cordon-
nerie, bien que l'ordre de ces éléments ne soit pas encore
déterminé, tous les arts sont considérés comme formant
un tout, comme appartenant à la même famille et comme
soumis aux mêmes conditions générales. L'unité de la
τέχνη dans son ensemble n'est pas douteuse. D'une part les
sophistes relèvent les arts manuels en se glorifiant d'en
parler pertinemment et même d'y réussir. Hippias se présente à Olympie avec un costume dont toutes les pièces
sont faites de sa main et Protagoras invente un coussinet
pour les portefaix. D'autre part ils sentent que l'art de se
conduire et de conduire les autres est un art au même
titre que la navigation et l'agriculture, c'est-à-dire qu'il
sert comme les autres à assurer le salut de la race
humaine. Les poètes contemporains ne manquent pas de
les mentionner tous ensemble, bien que dans un ordre
incertain. Et le caractère humain, laïque de ces conceptions est accentué par leur opposition finale avec des
doctrines de plus en plus répandues qui montraient le
principe de l'activité humaine dans l'existence d'un Dieu-
Providence et celle d'une âme séparée du corps, et pla-

(1) *Théétète*, 166 *a*.
(2) *Fragm. mor.*, 80.
(3) *Gorgias*, 450 *b*.

çaient l'intérêt de la vie présente dans la préparation
d'une vie ultérieure. Tandis que les doctrines qu'il nous
reste à exposer scindent les affaires humaines et les actes
humains en deux groupes, ceux qui assurent le bien-être
temporel et ceux qui assurent le bonheur véritable, fondé
sur le commerce avec des réalités transcendantes, les doctrines naturalistes impliquent formellement l'unité de la
pratique orientée vers des avantages concrets, compris
dans l'horizon de cette vie. « C'est une folie que de ne pas
se réjouir de la vie. » — « Si le corps faisait son procès à
l'âme pour le mal qu'elle lui fait, il aurait gain de cause. »
— « Quelques hommes, ignorant la dissolution finale de
notre nature mortelle (il n'y a d'éternel que les atomes),
sans cesse préoccupés des fautes commises par eux au
cours de la vie, assombrissent chacun de leurs jours par
de misérables angoisses ; c'est qu'ils se forgent des idées
mensongères sur le temps qui doit suivre leur mort. »
Ainsi parle Démocrite (1). A moins que nous ne nous
trompions de tout au tout sur la signification de ces passages, nous sommes ici en présence d'un naturalisme
pratique arrivé à la pleine conscience de lui-même.

Passé et avenir des arts. — Tous sortent de la même
souche, ils ont pour but de satisfaire aux besoins de
l'homme. On commence à comprendre que loin d'avoir été
donnés à l'état d'achèvement, ils ont été comme l'avait dit
Xénophane une pénible et lente conquête de l'homme sur
la nature et sur lui-même. Critias dans son *Sisyphe* fait

(1) *Fragm. mor.*, 51, 23, 119. — Chez les philosophes de ce
temps (Socrate compris), les beaux-arts ne sont nulle part distingués des arts utiles. Il est à remarquer que cette confusion n'est
pas faite par les poètes dans les énumérations d'arts qu'ils nous
ont laissées. On ne la rencontre ni dans le passage curieux des
Suppliantes d'Euripide, au vers 199, ni dans celui d'*Antigone*, que
nous donnerons tout à l'heure.

allusion à un état primitif, abject de l'humanité, et le
mythe de Protagoras, confirmé par plusieurs mythes de
Platon, témoigne dans le même sens. Les sophistes ont
conscience des progrès accomplis depuis ces lointaines
origines : ils se sentent entraînés dans la même révolution que l'univers : un passage ironique de Platon nous
l'apprend. Hippias raconte que s'il n'est pas venu depuis
longtemps à Athènes, c'est qu'il a été député par l'Elide en
différentes villes pour des missions politiques importantes.
Socrate lui dit : « Voilà ce que c'est, Hippias, d'être un
homme vraiment sage et accompli, car d'abord tu es en
état, comme homme privé, de procurer aux jeunes gens
des avantages bien autrement précieux que l'argent qu'ils
te donnent en grande quantité, et ensuite tu peux rendre
à ta patrie, comme citoyen, de ces services capables non
seulement de mettre un homme au-dessus du mépris,
mais de lui acquérir de la renommée. Mais, dis-moi,
quelle peut être la cause pour laquelle les anciens dont
les noms sont si célèbres pour leur sagesse, un Pittacus,
un Bias, un Thalès de Milet et ceux qui sont venus depuis
jusqu'à Anaxagoras, se sont tous ou presque tous éloignés
des affaires publiques? — Quelle autre raison, Socrate,
penses-tu qu'on puisse alléguer, si ce n'est leur impuissance à embrasser à la fois les affaires de l'Etat et celles
des particuliers? — Quoi donc ! au nom de Jupiter, est-ce
que comme les autres arts se sont perfectionnés et que les
ouvriers du temps passé sont bien chétifs auprès de ceux
d'aujourd'hui, nous dirons aussi que votre art, à vous
autres sophistes, a fait les mêmes progrès et que ceux des
anciens qui s'appliquaient à la sagesse n'étaient rien en
comparaison de vous? — Rien n'est plus vrai. — Ainsi,
Hippias, si Bias revenait maintenant au monde, il paraî-
trait ridicule auprès de vous, à peu près comme les
sculpteurs disent que Dédale se ferait moquer, si de nos

jours il faisait des ouvrages tels que ceux qui lui ont
acquis toute sa célébrité ? — Au fond, Socrate, la chose
est comme tu dis ; cependant j'ai coutume de louer les
anciens et nos devanciers plus que les sages de ce temps,
car si je suis en garde contre la jalousie des vivants, je
redoute aussi la colère des morts (1). »

Nous touchons ici une des raisons qui ont empêché les
philosophes naturalistes de montrer à ciel ouvert leur
légitime orgueil pour les progrès récemment accomplis et
une foi plus ferme dans l'avenir (2). Une partie de
l'opinion était déjà persuadée que le plus ancien était le
plus parfait ; et déprécier le passé eût paru un sacrilége.
C'était déjà une hardiesse que de dire que les lois et les
religions étaient des produits récents de l'art et des
contrats. Platon protestera dans les *Lois* contre cette thèse.
Si l'on admettait volontiers que les astres et la nature
inanimée remontaient à l'origine des choses, c'est parce
qu'on les regardait comme divins et qu'on croyait la
genèse des dieux et celle du monde contemporaines.
Quand on entendit dire nettement que la matière brute
était antérieure à la pensée et que l'art était postérieur à
la nature, bien des esprits en furent troublés ; on n'eût pu
insister sans péril sur l'idée que la perfection devait
trouver place à la fin des temps, bien que l'idée contraire
n'ait pas encore décidément prévalu. Mais de plus l'idée
d'une accumulation graduelle et nécessaire des connaissances au cours de l'évolution sociale ne s'était encore

(1) *Pr. Hippias*, 281, 6.
(2) Démocrite dit, il est vrai, au fragment 205, que dans l'état
actuel des choses, τῷ νῦν κατεστῶτι κόσμῳ, les chefs des États peuvent
difficilement s'abstenir de toute injustice et qu'il faut installer un
ordre de choses nouveau où le juste, protégé contre toutes les
attaques, pourra être fidèle à ses principes. Mais cette condamnation du présent et cet espoir dans l'avenir ne sont pas, à proprement parler, une théorie du progrès.

formulée dans l'esprit de personne et nul n'avait, même dans sa pensée, affirmé l'avenir de ce progrès auquel on croyait tacitement pour le passé. On n'en avait pas une expérience assez ancienne. Et puis on ne voyait autour de soi aucun de ces grands et inébranlables établissements politiques qui font croire à leur éternité et à l'éternité de l'œuvre humaine qui se poursuit à leur ombre. On était seulement heureux du présent et très satisfait de penser que c'était au génie humain qu'on devait tout cela. Les poètes dramatiques du siècle ont célébré la civilisation grecque et ses bienfaits en termes qui prouvent combien peu les doctrines que nous venons d'analyser étaient des curiosités d'école étrangères au public : voici ce que dit le chœur dans l'*Antigone* de Sophocle ; nous terminerons par là : « Le monde est plein de merveilles et la plus grande de ces merveilles, c'est l'homme. Il franchit la mer écumante et, poussé par les vents orageux, il s'ouvre un chemin à travers les vagues qui mugissent. La terre, la plus vénérable des divinités, la terre incorruptible, infatigable, il la fouille d'année en année avec les socs recourbés ; c'est le cheval qui creuse le sillon. La race étourdie des oiseaux, les bêtes féroces, les espèces maritimes, il les chasse et les enferme dans des filets, cet homme avisé ! Il a des ruses pour s'emparer dans les montagnes de leurs habitants sauvages : le cheval à la belle crinière qu'il plie au joug et le taureau indompté. Il s'est formé à la parole, à la pensée aussi rapide que le vent, aux décisions régulatrices des cités et il sait préserver sa demeure de l'atteinte importune de la pluie et du froid. Fécond en ressources de tout genre, il va sans trouble vers l'avenir. Il y a une chose qu'il ne peut éviter, l'Hadès, mais du moins il a trouvé l'art de conjurer les maladies (1). »

(1) Antigone, vers 332 — 363.

CHAPITRE III

LA FABRICATION DIVINE

La religion spiritualiste et l'histoire de la Technique. — Esquisse de cette religion : spéculation et pratique. — I. *Les sociétés religieuses*. — Idée d'une technique universelle fondée sur le surnaturel. — Naissance de sociétés religieuses. — La providence. L'immortalité. — L'éducation et la tradition religieuses. — II. *Les prophètes et réformateurs* (Phérécyde, Pythagore, Empédocle). — Caractère général. — Cosmogonie. — Providence divine et providence humaine : les hommes divins. — La chute des âmes. — Idée du péché. — Ascétisme. — Art du gouvernement moral. — Place des arts inférieurs. — III. *Les philosophes* (Héraclite, Anaxagore et Socrate). — Idée de l'art. — Limitation de la science aux définitions morales. — L'idéolatrie. — Réduction de la science à la logique et de la logique à la théologie, de l'art à la morale et de la morale à la piété. — La Technologie surnaturelle. Le gouvernement moral en Dieu. Le gouvernement moral dans l'humanité. — Théorie des arts. — Conclusion.

La religion spiritualiste. — A mesure que les doctrines favorables à l'art humain se faisaient jour, elles excitaient, nous l'avons vu, une violente réprobation chez les esprits qui n'étaient pas assez cultivés pour en comprendre l'intérêt. Il semble d'ailleurs que de tout temps c'est sous leur forme la plus audacieuse et la plus fausse qu'elles furent connues du public : elles étaient comme un fruit vert, bien propre à agacer les dents des contemporains. Même sous la forme relativement achevée qu'elles revêtirent assez tard dans les ouvrages de Démocrite, elles ne proposaient à la volonté des hommes qu'un objet idéal difficilement concevable en ce temps-là : l'intérêt national, et cet objet, bien qu'il se résolve dans la morale de Démocrite en réalités plus concrètes, à savoir les citoyens de chaque cité, et que l'affection des citoyens les uns pour les autres y résume tous les devoirs, cet objet restait sans prises sur l'enthousiasme et dépourvu d'efficacité pratique, parce que sans doute il était trop complexe pour la majorité des esprits. Enfin les sentiments religieux avaient gardé un immense empire sur les âmes non seulement dans les populations rurales à constitutions aristocratiques, mais même dans les cités industrielles et maritimes comme Athènes ; partout l'évolution des croyances suivait son cours avec une force irrésistible, accrue par les malheurs publics et l'impuissance des individus et même des cités à fonder la sécurité de la vie présente par les moyens naturels. Une réaction profonde contre ces témérités d'un jour allait donc se produire inévitablement. On allait fonder le bonheur sur les rapports de l'homme non avec son milieu physique et social, mais avec des réalités transcendantes, d'aspect grandiose, rivales redoutables alors du pâle ξυνόν de Démocrite. Ces entités, qui deviennent le cœur et le foyer de la vie collective en Grèce, nous n'avons pas à les juger du point de vue scientifique moderne : nous devons constater seulement qu'elles était bien propres à la double fonction qui semble leur avoir été dévolue dans l'histoire : détacher les individus de la cité et préparer de loin la formation de formes politiques plus vastes. Elles marquent dans l'évolution humaine une décadence en un sens, un progrès dans l'autre.

Esquisse de cette religion (spéculation et pratique).
— Une nouvelle conception de l'action est d'ordinaire
accompagnée d'une nouvelle conception de l'univers.
L'une et l'autre se produisirent cette fois avec tant de len-
teur et par des contributions venues de sources si diverses
qu'il serait malaisé de suivre leur formation si elles
n'étaient d'abord présentées brièvement dans leurs grandes lignes. Voici donc en peu de mots les notions ou
croyances moitié philosophiques, moitié religieuses — la
distinction entre ces deux ordres est très délicate — qui
finirent par constituer au déclin du siècle un tout fixe et
discernable. Nous dirons ensuite par quelles accessions
isolées cet ensemble s'est formé peu à peu et qui l'a
ordonné.

L'Être parfait est nécessairement immuable, puisqu'il
n'a par définition aucun besoin de changer. Il est un, il
est à part de tout le reste, sans parties et sans mélange.
— N'étant point soumis au devenir, il a été de tout temps.
Il est donc antérieur aux êtres imparfaits. Ceux-ci lui
doivent leur existence, non absolument (on n'alla pas
d'abord jusque-là), mais quant à la forme qui les fait être
ce qu'ils sont. Dieu est donc l'ordonnateur, le metteur en
œuvre de la substance dont sont faits les êtres changeants
et multiples. Il est le suprême ouvrier, le démiurge du
monde. Et il continue de veiller par une sorte d'administration attentive au bien de chacune de ses parties. —
Dieu est âme, esprit ou raison. L'âme est la seule chose
indéfectible et pure. Partout où il y a de l'ordre, c'est-à-
dire de la fixité et de l'unité, c'est grâce à la présence
d'une parcelle de l'âme divine. Le corps, en effet, est
changeant et composé par essence. L'âme le maintient et
le gouverne. Elle est son démiurge. Elle joue en nous le
même rôle que Dieu dans le monde. — L'âme est la vraie
nature des choses et les lois imposées par le démiurge à

l'univers se reflètent en elle. Les cités reposent sur les mêmes lois que les âmes et n'existent également que par leur participation à la nature divine, qui est intelligence ou Raison. Les cités sont donc fortes et prospères comme les individus dans la mesure où elles portent l'empreinte de la législation primordiale naturelle, c'est-à-dire dans la mesure où l'âme, l'intelligence ou la Raison divines règnent sur les unes et les autres. — La naissance est une chute, et puisque le corps est l'obstacle essentiel à la fixité et à la pureté de l'âme, la vie est une mort véritable. Plus l'être vivant né de vivants se trouve, dans la suite des générations, éloigné de la source de toute vie, plus sa chute est profonde. Plus aussi il est malheureux. Le bonheur est donc à l'origine de l'humanité : c'est l'âge d'or. La vie présente est nécessairement misérable. — Mais les âmes sont éternelles comme Dieu et elles peuvent retrouver leur fixité et leur pureté altérées, partant leur bonheur perdu, quand elles sont séparées du corps. Ce que nous appelons mort est une délivrance. — Connaître Dieu, savoir l'origine et la fin des âmes, voir toutes choses dans leur rapport avec ces vérités, c'est pénétrer la nature des choses, c'est posséder la science. L'âme seule en est capable. Elle ne l'obtient qu'en regardant en elle-même pour voir pour ainsi dire l'âme divine au travers. Le corps, les sens corporels ne servent à rien pour cette connaissance. Mais toute âme ne peut retourner ainsi à son principe : il faut que Dieu fasse la lumière dans l'intelligence et y produise la vérité : Dieu, ou un homme ayant reçu de lui le don d'éclairer et de féconder les âmes de ses semblables.

Ces conceptions, comme toute philosophie embryonnaire, sont impliquées dans des prescriptions pratiques. Le but de la vie et la règle de l'action y sont déjà posées. Il est clair que la première obligation est de rechercher ou plutôt de demander à Dieu la science suprême, c'est-à-dire la connaissance des lois de la *nature* gravées dans l'âme, qui est celle des volontés divines. Cette science produit nécessairement la bonne conduite. La sagesse est inséparable de la science de Dieu et de l'âme. Aucune autre science ne peut lui être comparée. — Le but de la vie est le retour au divin; pour cela il faut assurer le triomphe de l'âme sur le corps; la préparation à la mort est le meilleur emploi de la vie. Le temps qui suit la séparation de l'âme d'avec le corps, n'est pas, en effet, moins important, ni moins digne de nos préoccupations que le temps de leur union. Dès maintenant d'ailleurs nous pouvons entreprendre cette séparation, commencer cette délivrance. Là est l'art suprême; aucun autre n'a de valeur en comparaison : qu'on vive ou qu'on meure, quand on est sur la voie du retour à l'état divin qui est un état de calme et de pureté, on est heureux : la sagesse est le bonheur même. L'âme asservie aux besoins du corps est au contraire malheureuse, quels que soient les avantages dont elle jouit. Elle sera malheureuse après la mort comme en cette vie. — La vie en commun ne peut avoir un autre but que la vie individuelle. Toute association doit se proposer l'accomplissement des lois éternelles de la nature ou des volontés de Dieu. La politique est identique à la morale, qui est identique à la religion. La vraie justice se ramène à la sagesse, qui se ramène à la piété. La justice ou la politique qui poursuit d'autres buts, n'est qu'une ombre de celle-là. — Qui est capable d'exercer la vraie justice si ce n'est le sage, c'est-à-dire celui qui, ayant la vraie science, connaît les vrais biens et a déjà commencé à s'affranchir des biens du corps? Il faut donc que le sage règne dans la cité comme l'âme dans le corps et Dieu dans le monde. Les âmes non affranchies lui seront soumises pour leur bien et il sera le démiurge de l'ordre social, comme Dieu est le démiurge de l'ordre céleste. Elles formeront un troupeau docile dont il sera le divin pasteur. — Quant aux circonstances extérieures et à la suite des événements non dépendants de notre volonté, Dieu seul sait lesquels doivent en fin de compte servir ou compromettre les intérêts moraux de l'individu et de la cité ; il est tout-puissant : nous devons nous en reposer sur lui pour l'issue de nos entreprises, d'autant plus qu'il ne nous refuse pas de nous éclairer par la divination quand nous le consultons sur leur opportunité.

Telle est la doctrine pratique d'ordre métaphysique et religieux à laquelle le cinquième siècle devait aboutir d'une part, en même temps qu'il aboutissait d'autre part au naturalisme de Démocrite : le centre de la perspective une fois indiqué, nous comprendrons mieux le sens et l'intérêt des apports partiels qui sont venus en divers temps et de diverses sources y aboutir. Ces sources sont au nombre de trois : il y a d'abord l'ancienne religion dont l'évolution interne tendait depuis longtemps, comme nous l'avons vu, à des conceptions théoriques et pratiques transcendantes ; il y a ensuite les nouveaux cultes et les prophètes de ces cultes (l'Orphisme, Pythagore et Empédocle) qui apportent des contributions importantes assez disparates ; il y a enfin la philosophie proprement dite qui fournit les idées maîtresses et pourvoit à la première ordonnance du dogme.

I. — LES SOCIÉTÉS RELIGIEUSES

L'Idée d'une Technique universelle fondée sur le surnaturel, principe de la pratique religieuse. Son utilité pour les progrès des techniques supérieures. — Nous avons montré comment depuis Homère jusqu'à Eschyle les croyances religieuses avaient affirmé à la fois la toute-

puissance des dieux et l'accord de leurs volontés avec la
nature des choses. Voilà pourquoi nous avons cru pouvoir
nommer cette période physico-théologique. L'homme sent
et proclame son impuissance ; il finit par déclarer que la
seule conduite qui soit sûre, consiste à suivre avec une
entière docilité la volonté des dieux, résumée dans les
prescriptions de la justice qui sont celles de la piété ;
mais il ne doute pas que cette volonté ne soit d'accord
avec les lois de l'univers, puisque ces lois sont les effets
de cette même volonté. Peu à peu cependant, autour des
sanctuaires, on s'habitue à penser que les dieux ne peuvent épargner les maux et accorder les biens à leurs
adorateurs que par une dérogation à l'ordre naturel. Les
dieux ne manifestent plus leur puissance par des institutions et des règles générales qu'ils ont données à l'homme
et qui font partie de sa nature, dont l'effet est naturellement immanquable, mais ils se révèlent par des actes
isolés, par des interventions et des combinaisons spéciales, qui réussissent en dépit des lois physiques et
sociales connues et sans la participation de l'activité
humaine, même conforme aux règles de la prudence. Dès
lors *les arts sont inutiles*, la sagesse appliquée à la gestion des intérêts conformément aux leçons de l'expérience
n'est que vanité. Un seul art subsiste, celui de se concilier
en toute occurrence la bienveillance des dieux. La piété,
l'accomplissement des rites, la vertu au sens religieux du
mot remplacent toute habileté et sont la seule sagesse. La
religion enseigne une sorte de Technique universelle, qui
s'oppose à toutes les autres et les rend absolument négli-
geables.

Déjà cette opposition se dessine dans les passages de
Solon et de Théognis que nous avons cités. Dans les tra-
gédies d'Eschyle elle est mieux marquée encore. Zeus se
détache non seulement de la foule des autres dieux, mais

encore, en tant que garant de la justice (elle-même de plus en plus supérieure aux autres arts), de l'univers qu'il soumet à l'ordre moral. Mais quand ces vieux poètes disent que l'habileté humaine réduite à elle-même est impuissante à fonder le bonheur, ils ne pensent pas à soutenir que la nature n'a pas de lois sur lesquelles cette habileté puisse s'appuyer, ou que l'application de ces lois est suspendue par l'intervention des dieux : ils conçoivent seulement (Héraclite l'indique) (1) une hiérarchie de lois, toutes émanées de Zeus, parmi lesquelles la loi de justice tient le premier rang et excerce une action prépondérante. Nous ne connaissons pas les autres lois ; nous connaissons celle-ci. A ces divers titres, c'est celle dont l'observation nous importe le plus. Pour qu'on parvînt à concevoir nettement l'idée de miracle ou d'intervention surnaturelle des dieux, il fallait qu'on fût en possession de l'idée contraire formulée par Leucippe et Anaxagore : à savoir que la nature est le domaine de la nécessité mécanique et que les phénomènes y sont soumis à un ordre invariable, étranger à toute intention intelligente. Il fallait que des négations radicales se fussent élevées contre la Providence et le gouvernement moral du monde, suivies de réaction et de protestations passionnées dans les milieux dévots (2). Ce n'est donc qu'à partir de ce moment que le sentiment religieux a pu acquérir en Grèce l'intensité que lui donne toujours la croyance en des divinités radicalement distinctes de la nature et maîtresses même de la nécessité (3). C'est à partir de ce

(1) Mullach, fragm. 19.

(2) Hérodote et Pindare protestent déjà contre ces négations ; ils sont l'écho du scandale produit par elles dans la ville sainte de Delphes et parmi les fidèles de la Pythie.

(3) Jupiter et Apollon sont encore soumis à la nécessité ; ils prévoient l'avenir, ils ne le font pas.

moment que la religion a pu instituer la discipline morale par laquelle elle a tant contribué à l'œuvre de la civilisation. Car cette technique de la poursuite du bonheur par des mérites religieux qui tend dès lors à remplacer toutes les autres, suppose un ensemble de techniques que Platon appelait psychagogiques (1), c'est-à-dire une multitude d'inventions dans l'art de former et de gouverner les âmes que le naturalisme ne pouvait produire à cette époque faute d'un sentiment assez vif des réalités spirituelles. En posant à part le principe de l'ordre et de l'harmonie soit dans le monde, soit dans l'être humain, en objectivant ce principe, la religion spiritualiste n'a pas fait autre chose que lui prêter une plus forte réalité, non celle des choses inertes, mais celle des personnes morales qui sont pour le cœur de l'homme des sources d'émotions bien plus profondes que les objets inanimés. Elle a mis le croyant en rapport non plus avec des volontés obscures et lointaines, voisines des forces cosmiques, mais avec un maître plus proche et plus intime, plus semblable à lui-même, partant plus distinct quoique invisible et dont il lui importait infiniment plus d'écouter la voix. C'est ainsi, c'est grâce à cette mythologie savante, que des progrès considérables ont pu être réalisés dans la technique éducative et gouvernementale au sein des sociétés religieuses.

(1) Le vrai rhéteur, dit Platon, doit être un « conducteur des âmes » et il ne peut les conduire que s'il les connaît, comme le médecin connaît les corps dans leur anatomie et leur physiologie. La *psychagogie* est ici assimilée à la fonction de l'hiérophante dans les mystères, fonction par laquelle il imite Mercure et Bacchus, conducteurs des âmes délivrées. *Phèdre*, 261 *a* jusqu'à 271 *c*, Ἆρ' οὖν τὸ μὲν ὅλον ἡ ῥητορικὴ ἂν εἴη τέχνη ψυχαγωγία τις διὰ λόγων. Tout le passage est pénétré d'idées et de termes pythagoriciens, ἁρμονικόν, ἁρμονία 168 *a*, ἀριθμησάμενος 270 *d*, προσαρμόττων 271 *b*. Pythagore est un dieu sur les traces duquel il faut marcher si l'on veut suivre la bonne méthode psychologique et psychagogique, 266 *b*. On retrouve dans le *Philèbe*, 16 *c*, en un passage ouvertement phythagoricien, les mêmes idées et les mêmes termes.

Naissance de sociétés religieuses. — Une des causes qui contribua le plus à la formation de cette nouvelle doctrine de l'action, est la constitution de sociétés religieuses. Pendant l'âge homérique, le magistrat et le prêtre sont une seule et même personne : tout pouvoir a un caractère sacré, mais par cela même aucun n'est exclusivement spirituel. Quand, à partir du VIIᵉ siècle, des pouvoirs exclusivement politiques surgirent et que la royauté des intérêts (la tyrannie) se fit une place à côté de la royauté des sacrifices, il arriva bien plus souvent que les serviteurs des dieux n'eussent pas d'autre fonction sociale que de prier et d'interpréter les oracles. Des familles furent vouées à ce ministère. Et à côté de sacerdoces annuels très dépendants des pouvoirs laïques qui les élisaient et contrôlaient leur gestion, il y eut des collèges de prêtres dans lesquels la spécialité des fonctions établit des traditions, des manières de penser et d'agir spéciales aussi. Le but était d'entretenir dans le public la foi en la toute-puissance du Dieu et de faire prévaloir ce que l'on regardait sincèrement ou non — sincèrement peut-être — comme sa volonté, en dépit des obstacles. Tâche difficile pour un corps qui ne disposait d'aucune force politique hors celle qu'il devait à son prestige et à son influence morale, et qui d'ailleurs devait dans l'immense majorité des cas se servir exclusivement d'armes spirituelles. Ajoutons que pour exercer son empire sur les esprits, le collège devait d'abord maintenir une discipline sévère dans son sein et toujours par des moyens moraux. C'est, en effet, une chose merveilleuse que, parmi ces communautés, aucun nom ne se soit signalé soit par des desseins subversifs, soit seulement par des services exceptionnels et que, par exemple, la longue hégémonie du sacerdoce delphien dans les affaires religieuses, politiques et coloniales de la Grèce soit restée entièrement anonyme. Curtius s'en étonne avec raison. Mais pour obtenir cet empire sur le dedans et sur le dehors, que de connaissances, que d'habiletés surtout n'étaient pas nécessaires aux grands colléges sacerdotaux ! Selon leur importance, tous les sanctuaires un peu fréquentés, et il y en avait d'innombrables, supposaient un personnel d'officiants en possession du même art de frapper et de retenir les esprits, de se conduire et de conduire les autres avec un minimum de moyens matériels, par l'ascendant de la croyance (1). De là sont sorties ces techniques multiples qui doivent beaucoup aux techniques vulgaires, mais font toutes de plus larges emprunts aux arts de l'éducation et de la politique, à la morale même. Physicien, chimiste, anatomiste, architecte, connaisseur en fait d'oiseaux et de bêtes diverses, surtout en fait d'animaux domestiques, habile en météorologie, médecin, exégète, pédagogue, légiste, politique, il fallait que l'interprète des oracles fût un peu tout cela ; mais il fallait surtout qu'il fût expert en psychologie appliquée, et qu'il eût l'art de lire dans les âmes, puisque toutes les ressources empruntées aux divers objets comme aux divers aspects de la nature et de la vie sociale devaient lui servir en fin de compte à dominer les volontés. Aussi le triomphe de la technique a-t-il été de former au sein de la communauté religieuse déjà constituée par la cité, des communautés plus restreintes d'abord quant au nombre de leurs ahérents, mais beaucoup plus larges et plus souples quant aux règles qui présidaient à leur admission, communautés qui, dépourvues de toute attribution politique, et bien que soumises à la loi, sont, en regard et à l'opposé de la tyrannie, la grande nouveauté morale des vi⁰ et v⁰ siècles helléniques. Le Pythagorisme est un fait

____

(1) Il y avait des sanctions pénales attachées par l'indignation publique à la violation des obligations religieuses, mais l'application en était irrégulière.

analogue, mais d'un ordre un peu différent. Nous y viendrons. En ce moment ce sont les confréries nées du culte
traditionnel ou en harmonie avec lui (1), qui sollicitent
notre attention. De telles confréries, peut-être importées
d'Asie-Mineure, les Thiases, les Eranes et les Orgéons,
naissaient à Athènes du temps de Solon, et s'y développaient en pleine liberté. Leur organisation impliquait le
concours spontané de leurs membres, mais la volonté du
Dieu, exprimée par les oracles, interprétée par le prêtre,
en était l'âme ; c'est elle qui réglait les intérêts spirituels
pour lesquels l'association était fondée : on y trouve déjà
souvent un Archithiasite ou un Archéraniste (2), qui
donne son nom à l'année et occupe dans tout le gouvernement de ce petit corps la place centrale ; c'est lui qui
admet, lui qui exclut, lui qui mesure la lumière de la
révélation aux aptitudes de l'initié. Nous sommes en
présence sinon de véritables Églises, du moins de sociétés
que la prédominance croissante de leur caractère religieux acheminait vers le type ecclésiastique. Mais les
Mystères, postérieurs à l'âge homérique et même à
Hésiode, sont le plus parfait modèle de la communauté
issue de la religion traditionnelle. Une série de degrés
séparait le profane de l'initié accompli : et si on a pu dire
qu'il n'y avait pas de clergé à Athènes, c'est sans doute
en exceptant les sacerdoces des grandes déesses, dont la
hiérarchie variée, dominant celle des mystes, était elle-
même dominée par l'hiérophante, prophète, mystagogue,

(1) M. Foucart, dans son bel ouvrage *des Associations religieuses chez les Grecs*, montre que le culte traditionnel a toujours
accueilli avec faveur les Confréries, quelques nouveautés qu'elles
apportassent (p. 156).
(2) Eschine, au dire de Démosthène, était appelé par les vieilles
femmes du Thiase ἔξαρχος καὶ προηγεμών. Si la hiérarchie des digni-
taires était mal définie, les fidèles étaient soumis à la surveillance
et à la direction du prêtre.

grand-prêtre de l'Attique. Déméter avait enseigné aux
hommes l'élevage des troupeaux ; Bacchus était le conducteur du troupeau des étoiles et du troupeau des âmes sur
le chemin de l'Hadès. Les mystes étaient constamment
comparés au troupeau, le mystagogue au berger : le fait,
si connu d'ailleurs, a une importance considérable dans
l'histoire de la technologie, puisque c'est de là que
Socrate a pris son type de gouvernement des âmes (1).
Enfin au point de vue du recrutement, l'admission à égalité de droits des étrangers dans les Mystères et des esclaves même dans les Thiases, Eranes et Orgéons, des
femmes et même des enfants dans les uns et les autres,
constitue une innovation tacite non moins surprenante
que la déclaration du sophiste Hippias, proclamant frères
selon la nature des citoyens de villes différentes. Seulement c'est la volonté du Dieu, ce n'est plus l'intérêt et la
raison, qui rompt ici les antiques liens sociaux pour en
former de nouveaux où la naissance et la fatalité n'ont
point de part. L'Église est déjà ici nettement différente
de l'État : la loi du secret creuse un fossé entre elle et la
communauté civile. C'est un organisme social à part
où tout est admirablement calculé en vue de l'entraînement religieux. Il n'est donc point douteux que le sacerdoce hellénique ait déployé, dans la formation et la
conduite de sociétés religieuses de type inconnu jusque-là,
un art supérieur dont il nous reste à étudier les principaux ressorts.

La Providence. — Le plus important est la foi de plus
en plus formelle en la Providence divine, c'est-à-dire la

(1) Voir plus loin. Remarquons l'existence dans la hiérarchie
d'Éleusis d'un κουροτρόφος chargé d'instruire les jeunes gens des
rites sacrés. Cf. Maury. *Histoire des religions de la Grèce
antique*, vol. II, p. 387, 388.

certitude entretenue chez le croyant que les dieux s'intéressent aux affaires humaines, particulièrement aux
siennes, qu'ils veillent sur lui et sont toujours prêts à lui
porter secours. Pour nourrir cette foi, pour entretenir
cette certitude, il fallait pouvoir montrer des marques de
l'intervention des dieux, il fallait faire des miracles. Le
sacerdoce hellénique, à l'époque dont nous parlons, orga-
nisa en quelque sorte le miracle. Cette sollicitude des
dieux, qui couvrait jadis par faveur exceptionnelle certains héros et encore sans pouvoir les défendre contre les
arrêts du destin, s'étendit jusqu'aux gens du commun,
aux femmes, aux enfants et aux esclaves. On put savoir
pour deux oboles la volonté des dieux : et comme ils
n'étaient plus gênés par la fatalité, comme ils n'avaient
pas à tenir compte des lois de la nature, l'efficacité de leur
protection parut souveraine. Elle l'était quelquefois. Par
exemple la médecine des temples employait une riche
variété de procédés pour la guérison des pèlerins : nous
relevons dans cet arsenal des exercices hygiéniques, des
bains, des liniments et onguents, des purgations et des
vomitifs, la suggestion hypnotique, des opérations prati-
quées pendant le sommeil demi-naturel, demi-hypnotique
qui précédait le réveil dans le dortoir sacré (1). Presque
toutes les divinités guérissaient et nous savons par des
exemples contemporains quel est l'effet de cette promesse
sur la foule. Dans toutes les conjonctures difficiles de la
vie, pour les peuples comme pour les individus, les
oracles, devenus de plus en plus avisés, avaient des
ressources miraculeuses disponibles. Tous les auteurs

(1) Salomon Reinach, *Stèles d'Épidaure*, Rev. archéol. 1885. —
Dans certains cas, on guérissait la stérilité. Ici la bonne foi des
prêtres est difficile à admettre. Il y avait trop d'habileté technique
dans l'invention et l'emploi de tous ces moyens pour que cette
habileté restât inconsciente.

s'accordent à nous témoigner que les peuples grecs firent
de la divination un usage universel et constant. Mais ce
qui est le plus merveilleux, c'est que les prêtres accoutu-
maient de plus en plus leur clientèle à ne plus fonder sa
piété sur le succès de celles de ses prières qui avaient
pour objet un avantage positif, extérieur, mais à demander avant tout aux dieux des biens moraux, de ces biens
qu'on est sûr d'obtenir en effet puisqu'on commence à en
jouir par cela même qu'on en reconnait le prix. Le souci du
péché, de l'impureté sous toutes les formes (1) devient dès
lors pour les âmes nobles un tourment aigu, et un grand
nombre de théologiens ont pensé depuis que là est le
commencement de la vraie vie religieuse. Le commerce
avec Dieu, devenu désintéressé, n'ayant plus pour fin que
la perfection morale, τελετή, se transforme alors en une
société intime où il n'entre presque plus d'illusion. Les
Grecs recevaient déjà des anciens sanctuaires ce précieux
enseignement ; mais il était plus pressant et plus direct
dans les Mystères où les processions, les chants, les
épreuves préparatoires, enfin les visions révélatrices
n'étaient qu'une longue purification (2). Le même mot
(κάθαρσις) signifiait purification et purgation et on croyait
que, comme le corps gagne à être soulagé de certaines

(1) La loi funéraire d'Iulis, dans l'île de Céos, vᵉ siècle, montre
que la question de la pureté, c'est-à-dire de la propreté et de la
salubrité, tenait une place considérable dans les croyances de la
religion populaire traditionnelle. Voir le texte de cette loi dans le
Recueil des inscriptions juridiques publié par MM. Dareste,
Haussoullier et Reinach, 1ᵉʳ fascicule.

(2) Il y avait déjà des mortifications imposées aux mystes et
surtout aux prêtres ; tout ce qui touchait à la fonction de génération était impur ; l'abstinence de certains mets considérés comme
aphrodisiaques était ordonnée et le jeûne était, par une connaissance réelle des lois psycho-physiologiques, la préparation obligatoire de toutes les cérémonies qui supposaient un certain degré
d'exaltation : il était surtout recommandé pour l'oniromancie.
L'entraînement mystique est là en germe. Cf. Platon, *Phédon*, 69 c.

humeurs, l'âme devient plus saine quand elle est déchargée des sourdes émotions qui l'oppressent. C'est pour cela qu'on avait semé le chemin des initiés de terreurs factices (1) ; c'est pour cela qu'ils se désolaient en esprit avec Déméter de la perte de Koré : acquérant ainsi par des angoisses plus réelles que leur objet cette calme sagesse dont Eschyle faisait déjà un fruit de la douleur. Tel est le sens des lamentations des femmes autour du sépulcre d'Adonis et d'Attis. Les natures nerveuses aiment l'excès en tout, mais particulièrement dans les larmes : ces grandes dépenses d'émotions les laissaient dans un épuisement extatique et délicieux. A tout cela se mêlait, sans aucun doute, chez les meilleures, un amer regret des fautes commises envers la divinité, car nous voyons les associations qui se sont développées dans le même sens pousser leurs membres à de véritables actes de contribution morale, à se précipiter la face contre terre, à se rouler dans la boue, à se couvrir d'un sac (2). Les hiérophantes remettaient les péchés ; le Coès des mystères de Samothrace entendait la confession. Toute cette discipline des sentiments qui avait pour but d'obtenir des dieux la paix du cœur, ne pouvait manquer de réussir et les prêtres ne risquaient pas de diminuer leur prestige

(1) Sur le sol rocheux d'Éleusis où toute excavation aurait laissé une trace, les fouilles récentes n'ont pas retrouvé ces souterrains où l'on nous dit que les initiés entendaient des bruits terrifiants et s'égaraient dans les ténèbres : c'étaient sans doute de simples corridors non éclairés. Cf. *Phédon*, p. 108 *a*, et *Rép.*, 400 *a*, 413 *d*, 500 *c*, 503 *a* ; *Lois*, 735 *b*.

(2) Nous ne pouvons croire avec M. Foucart que ces démonstrations n'avaient aucun caractère moral. Cette folie du remords n'était pas inspirée par un sentiment aussi distinct de l'indignité morale de l'homme que les austérités auxquelles se livrèrent les chrétiens quelques siècles plus tard ; mais l'analogie n'est pas douteuse. Cf. Foucart, *les Associations religieuses chez les Grecs*, p. 169 et 175.

en promettant de tels biens. Ils les donnaient en effet à ceux qui en avaient le goût.

L'Immortalité. — Il en est de même de l'annonce d'une vie future. Pindare et Sophocle s'accordent avec l'hymne à Déméter pour promettre une vie heureuse au-delà du tombeau à ceux qui, après l'examen préalable et les épreuves, avaient mérité l'initiation. C'est encore à ce moment que l'enfer devient de plus en plus redoutable aux méchants. Quelle source d'espérances et de terreurs passionnées ouvrait cette alternative de bonheur ou de malheur indéfini après la mort ! Quel but hors de toute comparaison avec tous les biens et les maux de cette vie se trouvait dès lors proposé aux efforts de l'homme ! Si cette croyance avait été, comme le dit Eschyle, imaginée par un Prométhée, ami des hommes, quel coup de maître ! Mais non ; elle est née spontanément, hors de la sphère de la réflexion, de l'horreur que la mort inspire et aussi peut-être du besoin de transporter hors de tout contrôle, d'élever hors de toute atteinte les sanctions du gouvernement moral attribué aux dieux. Ce pouvoir d'affranchir de la mort est le dernier terme de l'arbitraire divin. Le tyran, type idéal de la puissance humaine pour Thrasymaque et peut-être pour Gorgias, pouvait enrichir ses amis et mettre à mort ses ennemis. Le sage de Démocrite pouvait au plus sauver sa patrie et se rendre digne d'être traité en citoyen dans toutes les cités. La Divinité, telle que la concevait la religion renouvelée, non contente de guérir les corps malades et de donner le calme aux cœurs troublés, venait à bout de la mort même ! La simple pratique capable de faire naître de telles espérances et de les mettre au service de la moralité tenait déjà en échec les plus savantes techniques : quoi de surprenant qu'elle les ait éclipsées toutes le jour

où les philosophes l'ont érigée en méthode et en ont fait
un art ?

L'éducation et la tradition religieuses. — Cette pratique était encore inconsciente, comme c'est le propre des
créations religieuses primitives. Platon assure que les
prêtres savaient rendre raison des rites. Mais ce n'est
pas par l'exégèse que les croyances se transmettaient.
Elles étaient inculquées par l'autorité et par l'exemple ;
elles étaient liées dans l'éducation aux sentiments les plus
forts et les plus doux. « On ne saurait s'empêcher de voir
de mauvais œil et de haïr, écrit Platon dans les *Lois* (1),
ceux qui ont été et sont encore cause aujourd'hui de la
discussion où nous allons entrer. Quoi ! ils se sont mon-
trés dociles aux leçons religieuses que dès l'enfance ils
ont sucées avec le lait, qu'ils ont entendues de la bouche
de leurs nourrices et de leurs mères, leçons pleines de
charmes, qui leur étaient données tantôt en badinant,
tantôt d'un ton sérieux : au milieu de l'appareil des sacrifices, ils ont été présents aux prières de leurs parents ; ils
ont assisté aux spectacles, toujours frappants et agréables
pour les enfants, dont les sacrifices sont accompagnés ; ils
ont vu les victimes offertes aux dieux par leurs parents
avec la plus ardente piété pour eux-mêmes et pour leurs
enfants, et entendu les vœux et les supplications qu'ils
adressaient à ces mêmes dieux d'une manière qui mon-
trait combien était intime en eux la persuasion de leur
existence ; ils savent ou voient de leurs yeux que les
Grecs et les Barbares se prosternent et adorent les dieux
au lever et au coucher du soleil et de la lune dans toutes
les situations heureuses ou malheureuses de leur vie, ce
qui démontre combien tous ces peuples sont convaincus

(1) *Lois*, X, 887 d.

de l'existence des dieux, combien ils sont même éloignés
d'en douter — et maintenant, au mépris de tant de leçons,
et sur des motifs destitués de toute solidité, comme le
pensent tous ceux qui ont quelque étincelle de bon sens,
ils nous forcent à tenir le langage que nous leur tenons ! »
De même dans les mystères, c'est à travers des symboles,
dans le vague des visions et des chants, que les croyances
entraient dans l'âme des initiés. Les paroles sacramen-
telles de l'hiérophante à Éleusis, les exhibitions silen-
cieuses de l'époptie ne s'adressaient pas comme l'enseignement des sophistes à l'intelligence. Elles n'étaient
qu'un aliment offert à la passion religieuse. Elles ne
prouvaient pas l'immortalité, elles la donnaient, elles
étaient un avant-goût de la béatitude dont l'initié devait
jouir au-delà du tombeau. Voilà sur quelles influences
reposaient dès lors l'éducation et l'enseignement religieux.
S'il y avait des livres liturgiques, des rituels rédigés par
des prêtres à l'usage de leurs sucesseurs, ces livres
devaient rester secrets ; ce n'était pas d'ailleurs des
ouvrages d'exégèse. L'écriture religieuse n'a jamais eu
pour but, en ce temps-là, l'analyse ou la controverse ; elle
était un instrument de tradition ; elle tendait à fixer les
pratiques, à les placer au-dessus des variations dues à
l'oubli ou aux corrections individuelles. C'était par de
pieuses supercheries qu'elle s'était accrue et s'accroissait
encore tous les jours (Onomacrite). Dès qu'elle apparais-
sait, elle avait le caractère d'une révélation, elle passait
pour éternelle et immuable. Jamais ses auteurs ne la donnaient comme leur œuvre. Nous allons assister à des
innovations religieuses moins impersonnelles et à la
naissance de doctrines plus explicites.

II. — LES PROPHÈTES ET RÉFORMATEURS

Orphée, Linus et Eumolpe sont des personnages légendaires représentant une classe d'hommes, comme Dédale ; mais Phérécyde, Epiménide, Pythagore, Empédocle, appartiennent à l'histoire : ils introduisent un certain degré de réflexion dans leur enseignement soi-disant inspiré, et des doctrines plus ou moins explicites sont le point de départ de leurs réformes politiques et liturgiques.

Caractère général. — Le caractère commun de ces doctrines est de consister surtout en une pneumatologie, c'est-à-dire d'être spiritualistes au sens large, en d'autres termes d'expliquer le monde et l'homme par l'action d'âmes, de principes de vie distincts de la matière : ce qui les conduit à régler toute l'action en vue de la destinée des âmes, en ne réservant à la matière, au corps et aux arts qui servent la vie physique que le rôle d'antagonistes par rapport à l'âme et au service de l'âme.

Cosmogonie. — Bien que le monde et Dieu, en tant que vivants tous les deux, soient, dans ces systèmes, de nature homogène et que la tendance générale des prophètes soit à quelque degré panthéistique, ils établissent entre Dieu et le monde une distinction de plus en plus marquée à deux points de vue. D'abord ils font dériver le monde de Dieu, γεννητὸν ὑπὸ θεοῦ τὸν κόσμον, ensuite ils attribuent à Dieu le gouvernement des âmes et ce gouvernement ne peut être exercé que par une âme supérieure, infiniment plus parfaite que les autres. Le panthéisme primitif se transforme ainsi en une métaphysique spiritualiste au sens étroit, c'est-à-dire dualiste, où Dieu se

sépare du monde, l'âme du corps, les devoirs envers Dieu
et l'âme, des autres règles d'action.

Le mode de formation du monde par Dieu est d'abord
exposé comme une fabrication mécanique : Phérécyde
semble avoir admis le premier quelque chose comme une
création avec une matière préexistante, une démiurgie
divine. Mais déjà des traces d'une doctrine tout à fait
nouvelle, transformation des anciennes cosmogonies, se
montrent dans son récit de la création. Zeus, pour former
le monde, se métamorphose en Éros, qui représente la
force organisatrice immanente aux choses, et quand il a
fait l'immense étoffe brodée où se distingue la forme des
continents, c'est sur un chêne ailé, flottant de lui-même
dans l'espace, qu'il l'étend (1). La terre est donc un être
vivant avant d'être pleinement organisée. De même les
Orphiques se représentent le noyau primitif du monde
comme un œuf ayant en lui-même le germe de la vie. Cet
œuf est produit par un Dieu préexistant ; la création
devient une génération. D'où la place considérable accordée
dans les mystères orphiques, puis dans les mystères de la
religion traditionnelle, à mesure que l'orphisme y pénétra
plus largement, aux symboles génétiques de toutes sortes.
Ainsi se trouvent en présence dans les nouvelles cosmogonies deux idées sensiblement différentes, puisque le langage les opposait symétriquement l'une à l'autre, celle
d'une fabrication, d'une *démiurgie* divine d'après laquelle
Dieu, antérieur au monde, le façonne comme l'ouvrier
façonne la matière, et celle d'une production vivante,
d'une génération, φυτουργία (2), qui implique le développement spontané de germes où Dieu a jeté seulement
des tendances réglées et des aspirations harmoniques.

(1) Zeller, trad. française. Vol. 1. p. 84.
(2) Voir Lenormant : *la Voie Eleusinienne*, p. 259.

La cosmogonie pythagoricienne mêle ces deux conceptions en accordant peut-être, mais inconsciemment, la préférence à la seconde. Nous ne pouvons savoir avec certitude si la doctrine que nous allons indiquer remonte aux origines du pythagorisme : elle est exposée dans les fragments de Philolaüs, contemporain de Socrate, le premier pythagoricien qui ait laissé des ouvrages. Il est possible qu'elle soit dans ses grandes lignes antérieure à cette rédaction : cela est même probable, puisque son influence semble déjà s'être exercée sur la pensée de Socrate à qui la doctrine pythagoricienne n'a pu parvenir que par la transmission orale (1). Quoi qu'il en soit, nous y retrouvons les deux éléments signalés plus haut. D'une part, l'existence d'un premier principe y est proclamée ; et bien que ce premier principe soit déclaré inaccessible à la pensée humaine, son unité, supérieure à l'unité numérique, se rapproche de la personnalité ; il est défini comme la cause avant la cause, une, unique, séparée de tout le reste, comme le démiurge qui a placé au centre du monde, « à la façon d'une carène », le feu divin, pour y servir à la fois de pivot (il ne change jamais de place) et de moteur (il tourne sur lui-même) (2) à la machine infrangible de l'univers, comme « celui qui commande et gouverne tout, le Dieu un, éternellement existant, immuable, immobile, identique à lui-même, différent des autres choses » (3), opposé par conséquent à la matière qui par essence est *autre* que *l'un* (4). Et le nombre, le feu, le souffle ou l'âme ont la même puissance démiurgique : comme les

(1) ἃ μὲν οὖν τυγχάνω ἀκηκοώς, *Phédon*, 61 e.
(2) Philolaüs, fragments 4, 11, 19 et 22, d'après la numération de Chaignet. La *machine infrangible* (δημιουργίαν ἄρρηκτον) serait, d'après Proclus, une expression de Philolaüs.
(3) Philon, *De mundi opifice*, cité par Chaignet, vol. II, p. 54.
(4) Aristote, *Métaphysique*, XIV, 1.

artisans humains, ils façonnent, ordonnent et administrent par une sorte de délégation de l'unité (1). La terre, soumise à leur action, n'est qu'un instrument (ὄργανον) (2).

Mais, d'autre part, l'unité est un germe, une semence, elle est le ressort spontané (αὐτόεργος), la source interne de tout devenir (3), elle est vivante, elle se manifeste par l'âme d'où toute vie dérive (4). Le monde est un vivant, il respire ; les dieux, c'est-à-dire les astres, sont animés ; ils forment un chœur autour du feu central (5). Si leur mouvement est circulaire, c'est précisément parce que leur activité vitale est plus parfaite que celle des hommes, chez lesquels la *circulation* est interrompue : là est la cause, avait dit Alcméon, de l'immortalité des uns et de la mort des autres ; son point de vue était celui d'un médecin. Pour Philolaüs les nombres sont des proportions et des rythmes biologiques, organiques, en qui nous devons voir la plus haute manifestation de la vie universelle (6). La dialectique n'était pas née : on ne connaissait alors nullement la différence entre l'abstrait et le concret : la régularité géométrique, l'ordre rigide des nombres formaient une musique délicieuse et impliquaient la vie, loin de l'exclure.

Ainsi donc voilà deux points de vue, celui de la fabrication et du commandement, et celui de la croissance spontanée qui s'opposaient confusément dans l'esprit des Pythagoriciens. Comment les concilier ? Ils imaginèrent que le principe premier était l'auteur de la vie, la source de la semence : ils dirent que Vesta, siège du feu central,

(1) Fragment 18.
(2) Scoliaste d'Aristote cité par Chaignet, I, p. 76.
(3) Fragments, 4 et 17.
(4) Fragments, 22.
(5) Fragments, 11 *a* — Le monde se nourrit, fragment 12.
(6) Fragments, 18 *a*.

était la mère des dieux, que le Dieu premier avait engendré l'univers, qu'il en était le père en même temps que l'ouvrier (1). Le nombre fut le principe mâle, la matière le principe féminin, la matrice de cette génération. Autre image demi-biologique, demi-morale : ce siège immuable d'où le feu central assure le maintien de l'ordre cosmique, fut représenté comme le poste ou la tour d'où Jupiter observe le chœur des âmes sidérales (2). Dieu est le maître de volontés réglées. Il est le principe et le terme de leur action (3).

Un thème nouveau d'explications cosmologiques était ainsi proposé à l'attention des philosophes. Le gouvernement moral succédait dans l'empire du monde à la nécessité mécanique. Des forces demi-physiques, demi-morales, l'attraction et la répulsion, l'amour et la haine, personnifications des sentiments humains, président, selon Empédocle, au devenir du monde : nouvelle contribution à une interprétation biologique et morale plus précise de l'ancienne cosmogonie. Le sphérus primitif est doué d'une unité qui ressemble à celle de la personne humaine regardée comme parfaite et absolument homogène. Après que la discorde a dissocié les parties de ce sphérus, l'amour reforme les grandes masses, d'abord la terre, puis les êtres organiques. Ceux-ci, et les hommes en particulier, sortent de la terre : c'est une génération divine, si l'on en croit Platon, plus directe que celle qui est due à l'union des sexes. Les âmes qui viennent pour un temps animer les corps sont donc des émanations de la nature divine (θεόθεν). Elles sont divines et ceux qui les reçoivent avec pureté sont divins. La parenté de toutes les âmes

(1) Philol. fr. 22.

(2) Aristote : *De Cœlo*, II, 13, et Simplicius dans son Commentaire sur cet ouvrage. Cf. Chaignet, vol. II, p. 76.

(3) Philolaüs d'après Platon. *Phédon*, 626. Diog. Laërte, VIII, 32.

entre elles et avec l'âme céleste est au fond la pensée de
tous ces prophètes et révélateurs (1).

*Providence divine et providence humaine : les hom-
mes divins.* — Le dogme de la Providence reçoit d'eux
une nouvelle confirmation. La terre est l'un des champs
d'ensemencement du principe central de toute vie (τὴν δημιουργικὴν δύναμιν τὴν ἐκ μέσου πᾶσαν τὴν γῆν ζωογονοῦσαν) (2). Les
hommes, comme tout ce qui respire à sa surface, sont
ainsi la propriété (κτῆμα), le bétail chéri du Dieu : ils
vivent ici-bas comme dans un enclos (ἔν τινι φρουρᾷ) (3) où
ils sont l'objet des soins de celui qui les a fait naître et
les nourrit. De là les idées d'Empédocle sur les origines
de l'humanité, sur l'état d'innocence et de félicité de nos
premiers pères qui s'abstenaient de viande et n'offraient
aux dieux que des fruits et des images peintes.

Le dogme de la divinité des âmes et de l'animation universelle vient compléter le dogme de la Providence. Le
sage inspiré est bien supérieur au prêtre. Celui-ci est l'interprète des lois ou rites qui sont en même temps des lois
de la nature ; il n'est que l'instrument des *contraintes
suppliantes* ἀνάγκαι ἱκέσιοι auxquelles les dieux se sont
d'avance soumis. Le sage est personnellement de nature
divine. Il appartient à la race intermédiaire des Démons.
C'est dans son âme qu'il lit directement la volonté des
dieux. Il ne sait pas tout et ne peut pas tout ; mais sa
science et son pouvoir n'ont de limites que dans la
volonté même de celui qui l'a délégué aux fonctions de
Providence terrestre. Epiménide remplit Athènes de ses
prodiges et la « sanctifie ». Phérécyde exerce une action

(1) Diog. Laërte, VIII, 27.
(2) Simplicius in Lib. Arist. *de Cœlo*, f. 124, Scholl, p. 505 a, 34,
cité par Chaignet, vol. II, p. 82.
(3) Voir l'appendice II.

surnaturelle. Les prêtres orphiques remettaient les péchés ; ils disposaient du bonheur et du malheur dans cette vie et dans l'autre. Pythagore, on le sait, entendait l'harmonie des sphères célestes ; dans les bruits de la nature il discernait les voix divines ; il avait traversé plusieurs existences et se rappelait tout ce long passé ; il prédisait l'avenir ; il faisait des miracles de toutes sortes. Il excellait aux conjurations et aux purifications. Il a eu certainement la conscience de sa divinité. Empédocle était un puissant thaumaturge et lui-même s'attribue une science et un pouvoir surnaturels : « Amis, qui habitez sur les sommets de la grande ville au pied de laquelle coule l'Acragas, cœurs épris de bonnes œuvres, hôtes vénérables à qui le mal est inconnu, salut ! Moi qui ne suis plus un homme, mais un Dieu, me voici ! Je marche parmi vous, orné, comme je dois l'être, de bandelettes et de couronnes solennelles. Quand j'entre dans vos villes prospères, les hommes et les femmes me rendent honneur et m'accompagnent en foule, me demandant la voie du salut, réclamant les uns des oracles, les autres des paroles qui adoucissent leurs maux et apaisent leurs douleurs... Mais pourquoi insister sur ces choses, comme s'il y avait quelque grandeur pour moi à l'emporter sur ces mortels éphémères ? » La divination trouve ici une sorte de justification rationnelle ; le divin étant répandu partout, l'homme divin pénètre nécessairement toutes choses par sa pensée et par son action dans la mesure où il participe de la nature divine. Ainsi naît la théorie de l'homme divin ou du Dieu fait homme qui devait avoir dans l'histoire un si long retentissement.

La chute des âmes. — Etant divines, les âmes ne peuvent périr. Elles n'ont rien à craindre de la mort, du moins quant à leur intégrité et à leur durée ; c'est la nais-

sance qui les altère, qui seule leur fait perdre la pureté de
leur substance et la régularité de leur mouvement. Toute
naissance est une chute, une dégradation. Selon Philolaüs
l'âme est ensevelie vivante dans le corps. Il empruntait
cette doctrine aux Orphiques qui comparent le corps à un
tombeau où l'âme est enfermée, σῆμα σῶμα (1). Ceux-ci semblent avoir admis comme les Pythagoriciens que la chute
de l'âme dans le corps n'est pas la plus profonde et que le
principe immortel peut descendre encore dans des corps
plus grossiers, ceux des animaux. Quant à Empédocle, il
se croit tombé (πεσών) du ciel dans la caverne terrestre ; il
ne se console pas d'être né : « J'ai pleuré, dit-il, j'ai
poussé des gémissements en voyant ce lieu inaccoutumé
où le meurtre, la haine et des hordes de maux semblables,
les noires maladies, les pestes et les efforts inutiles errent
à travers la prairie maudite dans les ténèbres. »

Idée du péché. — L'idée du péché joue dans toute cette
pneumatologie un rôle considérable. La naissance origi-
nelle, c'est-à-dire la réclusion de l'âme dans la prison cor-
porelle, est vraisemblablement une punition : de quel
crime ? Ils ne le disent pas. Elle est pour Empédocle l'effet
d'un arrêt du destin. Mais les Pythagoriciens et Empédocle expliquent expressément par des fautes commises
en cette vie (2) le passage de l'âme dans des corps inférieurs. Nous touchons déjà ici aux antipodes du naturalisme. La naissance devient une souillure. La source de
la vie organique est pour longtemps empoisonnée par
l'amertume du remords. La survivance de l'âme après la
mort physique n'est qu'une autre menace pour le pécheur :

---

(1) *Cratyle*, 300 c. *Phèdre* 274 a. Clément d'Alexandrie, Stro-
mates, III, p. 433.

(2) ὡς δίκην διδούσης τῆς ψυχῆς... ἕως ἂν ἐκτίσῃ τὰ ὀφειλόμενα. *Cratyle*,
300 c.

il y a dans l'Hadès orphique des supplices affreux : l'enfer commence à hanter les imaginations. Châtiment dans la vie, châtiment dans la mort : ce serait le plus noir des pessimismes, si la mort avec ses supplices et les naissances ultérieures n'étaient en même temps considérées comme des moyens de purification et de relèvement. Les âmes les meilleures reviennent peu à peu vers le ciel d'où elles étaient exilées. Elles entrent d'abord dans le corps de poètes, de médecins et de princes, enfin elles retournent parmi les dieux et rentrent elles-mêmes en possession de leur nature divine. Gardent-elles leur individualité à travers ces migrations ? Tout ce qu'on peut dire, c'est que les punitions et les récompenses qui leur sont ménagées supposent une certaine permanence de la conscience individuelle : mais le problème ne se pose pas encore expressément.

Cette conception du monde et de la vie paraît avoir son principe dans le besoin de distinction et de séparation que nous avons signalé comme le trait essentiel de l'intelligence héllène au cours des vi^e et ve siècles. Pour mieux saisir les activités conscientes, on a voulu les placer à part des fonctions corporelles ; et pour opérer cette séparation, il n'a pas paru suffisant de juxtaposer les unes et les autres dans un même individu humain, comme deux réalités spatiales ; on a voulu les écarter les unes des autres dans la durée en prêtant à l'âme une existence avant et une existence après celle du corps. Mais comme l'existence après cette vie n'est heureuse qu'exceptionnellement, c'est vers le passé que les hommes vont se tourner de plus en plus pour contempler l'image du bonheur rêvé ; Empédocle peint de charmantes couleurs la vie pure des mortels des premiers temps (1), et au-delà, dans un passé

(1) Mullach, p. 12, vers 417, 433, et p. 9, v. 318.

plus reculé encore, c'était l'union avec Dieu au sein du sphærus, c'était la béatitude, maintenant perdue (1). Les Pythagoriciens résumaient bien l'opinion qui tendait à se former dans toutes ces écoles sur la suite des époques du monde, quand ils disaient que le plus ancien en tout est le plus parfait (2).

Ascétisme. — La plus saillante nouveauté qui résultât pour la philosophie de l'action de cet ensemble de doctrines était une tendance décidée vers l'ascétisme. La vie a pour but l'affranchissement de l'âme, sa séparation d'avec le corps. Le corps commence à passer pour la cause de toute impureté ; il n'y a donc lieu de s'occuper de lui que pour le refouler et le réduire. Nous savons que Pythagore se souciait de l'hygiène, qu'il recommandait l'exercice modéré, qu'il préconisait la mesure et l'harmonie, mais si nous interrogeons les comiques et Platon lui-même sur la « vie Pythagorique » telle qu'elle était pratiquée au v⁰ siècle, nous voyons que, dans ce régime, des abstinences diverses et la négligence du corps (les bains étaient défendus) étaient les prescriptions les plus apparentes. On ne visait pas encore directement dans l'orphisme et le pythagorisme à affaiblir le corps ; si l'on devait s'abstenir de viande, c'était pour ne pas se souiller du sang des animaux et par respect pour des corps vivants, demeures d'âmes peut-être humaines ; si l'on se privait de vin, si l'on jeûnait, c'était peut-être pour méditer plus à l'aise. On ne voit pas quelle raison a pu intro-

(1) Là est l'origine première de la conception d'un âge d'or, d'un état de nature et d'un droit naturel, qui prit une importance considérable dans la philosophie politique et la religion des derniers siècles de l'antiquité et pesa d'un poids énorme sur la philosophie sociale du xvii⁰ et du xviii⁰ siècles. Voir dans la *Revue bleue* du 7 mars 1896, notre résumé de la philosophie sociale du xviii⁰ siècle.

(2) Diog. Laërte, VIII, 22.

duire dans les sociétés religieuses la pratique de la chasteté, si ce n'est simplement un éloignement pour tout ce qui est matériellement malpropre ou impur. Mais enfin le programme de la vie ascétique se constituait ainsi peu à peu. Des fragments de diverses comédies (1) nous apprennent que déjà les Pythagoriciens se faisaient forts de braver la chaleur et le froid, de se passer de sommeil, de réduire leur nourriture à un minimum ; nous voici assez près des Cyniques, ou plutôt nous touchons à Socrate. Inutile de dire que pour une pareille philosophie pratique, les arts utiles autres que la médecine et la gymnastique, lesquelles sont avant tout des moyens d'éducation et les auxiliaires de la morale, n'existent pas : il en était fait constamment mention dans les ouvrages des naturalistes ; ici nous n'en entendons plus parler une seule fois (2). Le retour à l'état de pureté, l'assimilation de l'homme à l'âme et de l'âme à Dieu est l'unique but de la vie, le seul objet de l'activité humaine.

Art du gouvernement moral. — En revanche, les arts qui pourvoient à la conduite des âmes sont cultivés dans l'École avec une compétence supérieure. L'Institut Pythagoricien est un monument où éclate l'habileté de son fondateur et de son chef dans le gouvernement des esprits. Il

(1) Cités par Chaignet, vol. I, p. 124.

(2) De la fortune comme dispensatrice des biens extérieurs, il n'y a pas lieu de se soucier. N'est-elle pas soumise à Dieu ? La fortune τύχη n'a un rôle dans les fragments des Pythagoriciens que comme un des facteurs des résolutions morales, et elle est la divinité même sous un autre nom : « Il y a, dit le plus sûr témoin que nous ayons de leurs opinions (Aristoxène), une partie de la fortune qui est divine ; car un souffle surnaturel inspire à quelques personnes tantôt de bonnes, tantôt de mauvaises pensées. » (Stob, I, 206.) Rencontrer une cité sagement réglée où l'on puisse recevoir une bonne éducation et pratiquer la vertu sans effort est également un don de la fortune, c'est-à-dire une grâce de la divinité. (Fragm. d'Hippodamus.)

est, plus encore que les sociétés religieuses dont nous avons parlé, une Église, c'est-à-dire une société qui a pour but, à l'opposé de la tyrannie qui est l'organe des intérêts collectifs purement temporels, le *salut*, l'affranchissement par des efforts communs et combinés, des liens du corps, la vie au-delà du tombeau. Non seulement cette Église est indépendante du pouvoir temporel qu'elle réussit à tenir en échec, ou tend à renverser en le minant par le dedans, mais, là où les circonstances sont favorables, elle le supplante, elle embrasse l'État, et l'influence que les membres de l'Institut exercent dans les assemblées aristocratiques de la Grande Grèce font des philosophes prêtres de véritables rois. Ce que Platon propose aux Athéniens dans la *République* avec maintes précautions, comme une innovation hardie, à savoir que les philosophes gouvernent la cité, les Pythagoriciens l'avaient déjà réalisé en Italie plus d'un siècle auparavant. Et ce gouvernement repose, comme nous l'avons vu, non sur l'autorité des règles traditionnelles, mais sur la science inspirée du philosophe ; c'est déjà une sophocratie, c'est-à-dire une théocratie en réalité. Le premier point de vue de la morale et de la politique pythagoriciennes est que la foule est un mauvais juge en fait de sagesse pratique, que l'homme a besoin d'un guide pour arriver à la vertu, que tous par conséquent doivent commencer par être des disciples, que presque tous le seront toute leur vie, que l'abnégation, l'humilité et la docilité sont les premiers des devoirs. Le chef de l'Institut ne veut pas d'une obéissance contrainte ; il réclame un acquiescement volontaire, μὴ πλαστῶς, ἀλλὰ πεπεισμένως (Jamblique) : ce sont des êtres vivants et conscients qu'il dirige et le lien de cette société est un lien spirituel. Il n'en est que plus fort. Aussi la politique tend-elle à se confondre avec l'éducation. Le futur initié est soumis à un entraînement intellectuel et moral

qui dure de longues années et même, en tant que conti-
nué par la règle de l'Institut, ne se termine qu'à la mort.
La discipline pythagorique régit tout l'homme, depuis les
actes les plus insignifiants, depuis les gestes, le costume,
le régime des aliments, les relations sexuelles, les heures
de l'activité et du repos, jusqu'aux mouvements les plus
profonds de sa conscience que le disciple est invité à
scruter chaque jour pour les soumettre à l'ordre et à
l'harmonie, jusqu'à ses sentiments les plus intimes qui
doivent être ceux d'une affection et d'une confiance réciproques. De même que, comme êtres du monde ou membres de la maison de Zeus, nous appartenons à Dieu,
notre gardien et notre chef, dans la société philosophique
nous dépendons du sage, du bon maître de qui nous
devons attendre toute lumière, toute direction, tout bonheur. Voilà un principe de hiérarchie assez fort pour
enchaîner solidement les parties les plus disparates des
plus vastes empires, quand les princes seront divinisés.

Si nous voulons caractériser d'un mot emprunté à la
science moderne le rapport qui lie dans cette théorie
morale et politique les parties au tout, il n'est pas douteux que nous devons le qualifier d'organique. Il reste
une part de mécanisme dans le rôle prépondérant et
dans le pouvoir arbitraire attribués au chef (1); mais le
caractère spontané du concours prêté au maître par les
disciples, l'affection libre qui unit ceux-ci les uns aux
autres et à leur maître, tout fait penser à l'harmonie na-

(1) Nous ne pouvons nous empêcher de penser que la structure
aristocratique des tribus doriennes et la constante relation de ces
populations agricoles et pastorales avec les animaux sont pour
quelque chose dans la naissance de telles conceptions. Platon
nous aidera bientôt à confirmer cette vue. Le type de l'action pour
une population de pasteurs est nécessairement l'élevage et la
conduite d'êtres vivants réunis en troupe, ἀγελαιοτροφική, comme
dira Platon. Voir l'appendice II.

turelle qui embrasse les organes dans le corps vivant. Les Pythagoriciens regardent la naissance comme une chute de l'âme ; mais leurs théories cosmologiques, en tant que fondées sur les nombres et les proportions, reflets de l'unité vivante, les portaient à reconnaître partout des rapports harmoniques et à expliquer par de tels rapports l'union de l'âme avec le corps, pour le temps du moins que durait cette union. Il y eut de bonne heure parmi eux des penseurs pénétrés d'un demi-naturalisme. S'il est vrai qu'au début l'enthousiasme religieux, le génie dorien, dur, étroit, ascétique et mystique l'aient emporté dans l'Ecole, ensuite et peu à peu la curiosité scientifique, le désir de tenir compte des faits, un esprit tout ionien de raison, de mesure et de liberté élargirent et assouplirent ses conceptions. Philolaüs, contemporain de Socrate, est évidemment préoccupé (nous ne doutons pas que les fragments qui nous ont été conservés sous son nom ne soient authentiques) de marier comme il le dit, le déterminé avec l'indéterminé, l'impair avec le pair, l'esprit avec la matière et de montrer comment « toutes choses participent de toutes choses. » Le monde, nous l'avons vu, est pour lui un ζῷον, il respire et les parties de ce monde sont toutes vivantes : l'animisme vient tempérer le dualisme spiritualiste d'où nous avons dû partir. Des intervalles ménagés atténuent les oppositions, réconcilient les contraires. Veut-on refuser à ces fragments toute valeur historique ? la définition pythagoricienne de l'âme (une harmonie) rapportée par Platon dans le *Phédon*, reste une preuve suffisante de la tendance de l'Ecole vers une interprétation organique, biologique de l'unité spirituelle. Philolaüs dit que l'âme chérit son corps, comme organe de la sensation, c'est-à-dire de la connaissance. Et il réagit contre l'ascétisme en interdisant le suicide. Nous ne devons pas attenter à nos jours parce que nous sommes une propriété

des dieux, mais aussi parce que nous ne devons pas diminuer la vie dans le monde : le rôle du sage est bien plutôt
de coopérer à la vie. Et dès lors peut-on ne pas être frappé
de l'accord que présentent avec cette donnée essentielle
les fragments politiques d'Hippodamus et d'Euryphame ?
Ils se rencontrent pour affirmer que l'individu n'est rien ;
que, comme partie d'un tout, sa perfection (et par conséquent son bonheur) consiste à jouer convenablement son
rôle dans l'ensemble ; qu'avoir la vue perçante ou les pieds
rapides sont des qualités individuelles, mais que la vertu
et le bonheur, biens collectifs, ne peuvent se rencontrer
dans l'individu que s'ils sont dans le tout ; que dans la
nature, en effet, le tout est antérieur à la partie ; qu'enfin,
de même que la vertu du corps est la santé et la force, de
même que la vertu du monde est l'harmonie, la vertu de
la Cité est une organisation tempérée des pouvoirs, cette
εὐνομία souvent célébrée par Pindare, qui est de toutes les
œuvres de l'homme la plus belle et la plus digne des dieux !
Après tout, il n'y a rien d'impossible à ce que des hommes
du v⁰ siècle, des contemporains de Démocrite se soient élevés jusqu'à ces vues synthétiques et qu'ils aient même
conçu cette classification si profonde des facteurs de
l'ordre social dont le principe est que, dans tout composé
harmonique comme dans la lyre, il y a trois choses à
considérer : 1° les éléments de la structure ; 2° leur
assemblage, leur mode de liaison ; 3° leur mode de fonctionnement ou leur jeu. Il n'y a rien d'impossible à ce
que, partant de cette conception organique du corps social,
un de ces Pythagoriciens du second âge (que ce soit Bryson
ou un autre), ait mieux compris la nécessité dans l'Etat
de fonctions dédaignées par leurs devanciers, à savoir
celles qu'accomplissent les arts manuels ou mécaniques.

Place des arts inférieurs. — Voici ce passage, inspiré

par l'idée la plus juste de l'interdépendance des phénomènes sociaux : « Les choses humaines se tiennent comme
les anneaux d'une chaîne. Ceux-ci sont attachés les uns
aux autres et se suivent de telle sorte que si l'on tire l'un
quelconque d'entre eux, toute la chaîne vient, jusqu'au
premier anneau. Qu'on prenne de même celle que l'on
voudra des affaires de la vie, on verra que toutes les
autres s'entresuivent nécessairement. Par exemple, si l'on
étudie l'agriculture, ne doit-on pas connaître d'abord la
fabrication des outils de bois ; et celle-ci à son tour ne
suppose-t-elle pas la connaissance de l'art du forgeron ?
L'art du forgeron à son tour suppose la connaissance de
la métallurgie. D'autre part pour travailler aux champs,
les agriculteurs doivent être couverts : voilà donc le
tissage et l'architecture qui deviennent nécessaires. C'est
ainsi que tout le reste, pour peu qu'on examine et qu'on
approfondisse, se trouve lié par des rapports réciproques (1). »

L'auteur ne rattache pas ici expressément les arts inférieurs aux supérieurs, mais dans la division de la cité en
trois classes que nous présente un autre fragment, la
place qu'occupent les artisans par rapport aux guerriers
et aux sages montre assez ce que les Pythagoriciens de
cette période pensaient de la dignité des arts manuels. Ils
mettaient les artisans au dernier rang, après les gouvernants et les guerriers, sans cependant leur enlever
tout rôle dans la vie publique. « La constitution de l'Etat
sera vraiment solide si elle est mixte, c'est-à-dire composée par le mélange des diverses formes de gouvernement... La démocratie est (dans ce mélange) d'une
absolue nécessité. En effet, le citoyen qui est un membre
de l'Etat doit recevoir une part d'honneurs et d'avantages.

(1) Stob. *Flor.*, LXXXV, 15.

Seulement il ne faut pas accorder trop d'influence au vulgaire parce qu'il est plein d'audace et d'emportement (1). » Les arts manuels sont donc les plus humbles, mais non les moins nécessaires des fonctions sociales. Et tout humbles qu'elles sont, elles ne sont pas moins liées aux fonctions supérieures qu'elles ne le sont entre elles. La politique et la morale comme la psychologie et la cosmologie des Pythagoriciens du v° siècle sont donc secrètement inspirées par l'idée encore mal éclaircie de connexion organique. Nous verrons combien cette remarque nous fournit un passage naturel à la philosophie pratique de Socrate, d'Archîtas, de Xénophon et de Platon.

Et pourtant toutes ces vues si nouvelles et si pénétrantes sur l'activité de l'homme au sein du corps social sont bornées par les lignes générales du système. En effet l'organisme social est pour les Pythagoriciens comme les autres organismes une machine naturelle, liée à la machine du monde, mais une machine encore et très simple, *qui reçoit du dehors son impulsion*. L'objet dont l'étude les avait amenés à concevoir la corrélation *organique* des parties d'un tout était un instrument, un ὄργανον, la lyre ; et l'harmonie, la loi primordiale du monde, était pour eux la tension réciproque, l'ajustement (ἁρμόζω) de parties fixes, matérielles et passives. Il ne distinguaient pas encore nettement la conspiration spontanée de l'accord qui résulte de la structure et du jeu artificiels. En sorte que quand ils constataient comme Hippodamus que l'activité individuelle n'assure pas le bonheur et que nous devons pour être heureux rencontrer une cité bien réglée, c'est sur Dieu en fin de compte et après Dieu sur le sage, prêtre et roi, c'est-à-dire sur une action extérieure, qu'ils s'en reposaient pour la préparation de cette rencontre. Ils

(1) Stob. *Flor.*, XLIII, et Mullach, p. 14,

ne croyaient même pas que l'homme disposât de sa volonté pour le bien ou pour le mal, puisqu'ils disaient que la fortune qui vient pousser quelques-uns d'entre nous d'un côté ou de l'autre, n'est pas autre chose qu'une inspiration divine. « La vertu est un don de Dieu (1). » C'est à la théologie, à la politique et à la morale religieuses que les découvertes de cette Ecole devaient profiter, avant d'être utilisées par la science moderne.

III. — LES PHILOSOPHES

Les philosophes proprement dits sont venus donner aux croyances spéculatives et pratiques que nous avons exposées un caractère rationnel, systématique qui devait les consolider pour longtemps.

Quand Empédocle affirmait l'unité de Dieu, c'était à l'exemple des Eléates et parce que, comme eux, il estimait l'unité de l'être, l'accord des parties d'un tout avec elles-mêmes plus parfaits que la discorde intestine. Force lui était de reconnaître qu'un jour cette discorde avait prévalu. Mais les Eléates se refusaient à admettre la possibilité d'une telle déchéance. Dieu ou l'Etre fut toujours pour eux éternellement indissoluble, immuable dans sa perfection, partant dans son unité. — Vers le même temps (vi⁰ siècle) Héraclite avait soutenu, comme nous l'avons montré, le parallélisme, dans le monde, de la nature et de la règle volontaire (νόμος), de la nécessité et de la raison. Mais la raison lui paraissait déjà occuper dans l'univers une place considérable. Il tendait à attribuer la personnalité et la conscience au premier pincipe ; εἶναι ἓν τὸ σοφόν, disait-il, la raison est une ; ἓν πάντα εἰδέναι, l'unité sait

(1) Fragments d'Hippodamus : τὰν μὲν ὢν ἀρετὰν ἔχει διὰ τὰν θείαν μοῖραν. — Stob. *Flor.*, CIII, 26. Cf. le fragment d'Aristoxène sur la Fortune, I, 206, cité par Chaignet, p. 209 du vol. II.

tout : distinguant ainsi des intelligences et des volontés humaines « cette règle qui fait sentir sa force à toutes les autres et en garde encore par surcroît. » Quand après cela, nous aurons rappelé que le Dieu d'Héraclite est une raison éternellement vivante, que son action est celle d'un démiurge, qu'elle gouverne l'univers (ὅπως κυβερνᾶται τὸ σύμπαν) et qu'elle combine comme l'enfant qui joue aux dames πεττεύων, les éléments de ce κόσμος, nous aurons suffisamment établi que son panthéisme n'exclut pas plus que celui des Pythagoriciens l'intervention de l'industrie et de la prévoyance divines dans le devenir des choses et qu'enfin ce penseur obscur, ami des contradictions, est aussi bien le père de la philosophie transcendante que du naturalisme. Anaxagore au siècle suivant a conçu le mécanisme : nous avons montré la portée de cette vue de génie peut-être empruntée à Leucippe ; mais cela n'empêcha pas ou plutôt c'est ce qui lui permit de concevoir par opposition le νοῦς dans sa pureté, dans sa simplicité, dans son indépendance, dans sa souveraineté comme ordonnateur ou fabricant de l'univers et comme cause du mouvement des autres âmes. Ces fonctions du νοῦς sont enchaînées par un lien logique ; pour agir sur la matière inerte, pour la connaître, il faut qu'il soit distinct d'elle. Cette théologie nous montre l'expression la plus saillante dans l'ordre de la science de l'*artificialisme* contemporain : ce n'est point Anaxagore qui devait en tirer les conséquences pratiques ; son νοῦς n'est point une puissance morale ; il n'est point investi du gouvernement du monde spirituel. C'est une force de la nature plus qu'une Providence. Platon le lui a reproché (1). Socrate revient au point de vue moral : c'est lui qui achève de remplir le programme que nous avons esquissé comme résumant

(1) Phédon, 99 *c*.

la philosophie de l'action des écoles spiritualistes au
v⁰ siècle : c'est lui qui systématise les éléments de la religion rationnelle épars dans les doctrines que nous venons
de passer en revue.

Il faut ajouter immédiatement que cette systématisation
est encore très incomplète. Socrate est un homme de foi
en même temps qu'un dialecticien. Sa doctrine se compose
d'un certain nombre de postulats très distincts reliés après
coup par des raisonnements et dont chacun ne suppose pas
nécessairement les autres. Les principaux sont : l'existence de Dieu comme âme royale universelle, l'existence
de l'âme dans l'homme et sa parenté avec l'âme divine,
la providence, la souveraineté du point de vue moral,
l'intelligibilité des choses de l'ordre moral dans l'homme
et dans l'univers, l'inviolabilité des croyances traditionnelles (en particulier sur la divinité des astres) et des
institutions nationales, le caractère absolu des prescriptions du culte. Tous ces postulats étaient présents à son
esprit simultanément et dominaient ses jugements avec
une force égale. En sorte qu'il n'y a pas d'ordre sériel
satisfaisant qui convienne à l'exposition de sa doctrine.
Socrate ne paraît pas même s'être préoccupé de mettre
ces postulats d'accord les uns avec les autres; il se place
successivement à divers points de vue, parfois opposés.
Nous nous y placerons successivement avec lui. Le lecteur comprendra en nous suivant qu'une telle manière de
penser répugnait à l'énonciation écrite, d'autant plus que,
dans l'opinion du réformateur lui-même, son influence
tenait à son action personnelle et à la nature toute particulière des sentiments qui l'unissaient à ses disciples.

Il a subi l'influence de ses adversaires. Comme les
sophistes, il considère les arts dans leur généralité. Les
plus humbles peuvent selon lui servir d'éléments de comparaison pour l'appréciation des plus élevés, parce que

tous appartiennent au même genre. De là ces rapprochements incessants entre l'art du cordonnier ou du bouvier (1) et l'art du politique ou du chef militaire, rapprochements que les contemporains étrangers à ce point de vue trouvaient bizarres, et qui passent encore aujourd'hui pour une affectation de familiarité, tandis qu'ils ne sont qu'une preuve du caractère élevé et général des spéculations de Socrate.

Idée de l'Art. — Qu'est-ce que l'art? Une connaissance et une connaissance certaine, une science, ce que nous appelons une théorie. Chaque opération suppose la connaissance approfondie d'un ordre spécial de faits et d'idées. Il y a pour Socrate une technique de toutes les professions : du gouvernement, de la rhétorique, de l'économie domestique et publique, de la tactique, de l'éducation, de de l'agriculture, de l'entremise matrimoniale (2) et même de l'amour mercenaire (3), comme il y a une théorie de la conduite en général et du bonheur. C'est la certitude du savoir qui fait l'efficacité de l'action (4). Et là seulement où il y a une connaissance certaine (pourvu qu'il s'agisse de faits accessibles à l'activité humaine) le succès est assuré (5), en ce sens que l'habileté pratique se communique d'emblée avec les notions justes et que les heureuses dispositions naturelles ne dispensent jamais de la culture scientifique. Toute action pour être efficace veut un

(1) *Mém.* I, ii, 37.
(2) *Mém.* II, vi.
(3) *Ib.*, III, xi.
(4) *Ib.*, I, i, 15. III, ix. — IV, iii, 11.
(5) La rhétorique qui ne s'appuie pas sur la psychologie n'est pas un art véritable, une ψυχαγωγία méthodique, mais une pratique empirique ἄτεχνος τριβή. Platon, *Phèdre*, 260 e. Nous verrons tout à l'heure que cette psychologie est en réalité une métaphysique.

apprentissage théorique, une instruction préalable, une
patiente application sous la conduite de maîtres spéciaux (1). L'art, la vertu comprise, a donc tous les caractères d'une science. Tout vrai mérite suppose une connaissance supérieure. Jusqu'ici Socrate paraît d'accord
avec les sophistes.

Limitation de la science aux définitions morales. —
Mais toute science n'est pas convertible en art. Les deux
concepts ne sont pas équivalents. Socrate déclare expressément que le domaine de la science dépasse celui des
théories pratiques. Il y a des connaissances abstraites qui
ne correspondent à aucune opération ; l'arithmétique
savante, la haute géométrie, l'astronomie, la météorologie
sont dans ce cas (2). Ces sciences sont donc inutiles
(μάταιοι) et il est préférable de les négliger ; elles absorbent
la vie au détriment d'occupations plus profitables. Socrate
ne ressent pas cette passion de la science pour elle-même
qui animait les sophistes non dégénérés : il n'a pas foi en
elle : il ne croit pas à sa valeur propre, ce qui l'eût conduit
à reconnaître l'indépendance de l'esprit humain. Il est
trop religieux pour cela. Le premier métaphysicien
devait nécessairement travailler à la limitation de la
science et par suite à la diminution de la confiance de
l'homme en ses propres ressources.

Il ne niait pas l'enchaînement mécanique des phénomènes de la nature. Plusieurs de ses idées les plus origi-
nales impliquent formellement la reconnaissance de la
physique contemporaine. Il y a selon lui dans les objets
des arts mécaniques et biologiques une liaison nécessaire,
des rapports de poids et de mesure qui rendent pour le

(1) *Mém.* III, ı, 1-6, ııı, 6-12, ıx, 1-5, 10-13. — IV, ı, 3, ıı, 1-6.
(2) *Mém.* IV, ıı, 14, 19 et suiv.

détail l'action des hommes instruits de ces lois entièrement certaine (1). Même on ne lui fait dire nulle part que l'action des dieux ne soit pas soumise à de telles lois, au fond mécaniques (ἀνάγκαι). Mais, outre cette considération indiquée tout à l'heure, que les vérités de cet ordre les plus simples et les plus familières sont les seules utiles, il avait plusieurs raisons de s'abstenir des études sur la physique et d'en détourner les autres.

N'oublions pas que parmi les postulats indiscutés de la pensée socratique figurait une piété vive et profonde envers les dieux de la religion populaire. Par exemple, il fait un matin sa prière *au Soleil* après être resté en méditation toute la journée et toute la nuit précédentes. C'était au camp. Il savait qu'il était vu. Il affirmait ainsi, comme il le fera par ses dernières paroles (nous devons un coq à Esculape), l'intensité de sa foi aux dieux du vulgaire. Pour tous les croyants, le soleil, lié à la personne d'Apollon, la lune, c'est-à-dire Hécate, l'air ou l'éther, c'est-à-dire Zeus même, étaient réellement des puissances divines. Mais l'idée du secret était inséparable dans l'esprit des Grecs de celle du divin. Socrate croyait de même que l'investigation des phénomènes cosmiques et particulièrement des phénomènes astronomiques où se manifestait la divinité, était une profanation : il voyait dans l'obscurité des problèmes que la curiosité humaine se posait à ce propos, un indice de la volonté qu'auraient eue les dieux d'en cacher à l'homme la solution. Il était donc d'accord avec le sentiment populaire pour considérer de telles recherches non seulement comme inutiles et encombrantes, mais encore comme sacrilèges, ἄθεμιτα (2).

(1) *Mém.* I, i, 9.
(2) *Mém.* I, ii, 9.

Quand il cherchait à se rendre compte de cette inter-
diction, il croyait constater que la difficulté de ces problèmes tenait à leur complexité, dont le désaccord des
physiologues était le signe. La vérité faite pour l'esprit
de l'homme, celle qui porte sur les objets les plus parfaits, est simple, elle est reçue unanimement : l'unité est
la marque de la perfection, comme l'immutabilité (1).
C'est sans doute ce qui engageait Socrate à diviser les
vérités scientifiques en deux classes, dont l'une devait
nous rester inaccessible et l'autre était mise à notre portée de par un décret des dieux.

Dans la première il comptait les moyens employés par
les dieux pour réaliser la machine de l'univers, τὰς τῶν
θεῶν μηχανάς, ἥ ἕκαστα ὁ θεὸς μηχανᾶται (2) ; ces combinaisons,
bien que nécessaires (3) et sans doute soumises à des lois,
ne sont pourtant pas entièrement assimilables aux phénomènes de la physique vulgaire. Le soleil n'a rien de commun avec le feu ; on peut regarder le feu en face, non le
soleil ; le feu ne noircit pas la peau comme le fait le soleil ;
la chaleur du feu détruit les productions de la terre que les
rayons du soleil font naître et grandir, etc. : bizarreries
qui semblent faites pour dérouter les recherches indis-
crètes (4). Aussi les combinaisons de moyens employées
par l'industrie humaine μηχαναί ne se prêtent-elles à la
prévision et ne procurent-elles le succès que dans les opérations élémentaires des arts. Quand il s'agit du résultat
(plus complexe) de ces opérations, de leurs conséquences
lointaines et de leur dernière issue, comme ces problèmes

---

(1) *Phèdre*, 230 *a*.
(2) *Mém*. IV, vii, 6.
(3) Τίνι ἀνάγκαις ἕκαστα γίγνεται τῶν οὐρανίων. *Mém*. I, i, 11. Cf. *Cyropédie* I, vi, 5, 6.
(4) *Mém*. IV, vii, 7, *Cyropédie* I, vi, 6.

exigent que nous pénétrions dans les secrets de l'administration divine du monde par les lumières de la « physique » (1), nous n'en pouvons plus juger, du moins cela se perd dans la nuit sacrée de la machine cosmique. L'investigation des desseins de Dieu par cette voie est aussi impuissante que téméraire. Nous devons donc conclure que Socrate a institué le premier ce qu'on peut appeler le scepticisme religieux, qu'il a inauguré au nom de la foi le mépris de la science — le mot n'est pas trop fort, puisqu'il taxait les philosophes naturalistes de folie, — qu'enfin il a fait le possible pour limiter au cercle des opérations pratiques les plus humbles le domaine de la science purement humaine et de l'art fondé sur la science.

Quelles sont ces connaissances de la seconde classe, à la fois accessibles, permises et utiles, sur lesquelles l'art peut se fonder en sécurité, ou plutôt qui sont elles-mêmes des arts, c'est-à-dire des théories pratiques ? Ce sont les connaissances qui ont le *moral* de l'homme pour objet : « Il parlait ainsi (avec le mépris que nous venons de dire) de ceux qui traitent de tels sujets (de ceux qui traitent des questions de physique céleste). Pour lui, s'entretenant sans cesse des choses humaines, il recherchait dans des conversations incessantes ce que c'est que la piété et l'impiété, le bien et le mal, la sagesse et la folie, le courage et la lâcheté, l'État, l'homme d'État, le gouvernement, le gouvernant et toutes les autres vérités dont la connaissance fait l'honnête homme et dont l'ignorance attire justement à ceux qui en sont affectés le nom d'esclaves (2) ». En d'autres termes, il cherchait en com-

---

(1) *Cyropédie*, I, vi, 22. Nous verrons tout à l'heure que les desseins de Dieu en tant que Providence et maître du monde moral nous sont accessibles par la considération des causes finales et la divination.

(2) *Mém.* I, i, 16, et IV, vi, 15.

mun avec ses disciples la définition des qualités de l'âme
humaine ; et il pensait que, cette définition une fois
trouvée, ses interlocuteurs auraient par cela même les
capacités ou vertus correspondantes ; que ceux, par
exemple, qui sauraient ce qu'est la piété seraient pieux,
que ceux qui sauraient ce qu'est la sagesse seraient sages,
que la connaissance de la vraie nature du courage, de la
cité, du gouvernement les rendrait de même courageux,
bons citoyens et bons magistrats (1). Or la définition a
pour objet les notions les plus générales. Le but de
Socrate était donc de préciser dans les esprits de ses disciples les notions, idées ou concepts qui constituent les
éléments de la vie morale. Et comme toutes les sciences
et tous les arts relèvent de la logique en tant que suscep-
tibles de définition, et de la morale en tant que subordonnés aux règles de la conduite et contribuant au
bonheur ou au malheur de la vie totale, la logique et la
morale absorbaient pour lui toutes les sciences et tous les
arts. « Il ne se pressait pas de rendre ses disciples habiles
dans la parole et dans l'action, féconds en moyens pratiques μηχανικούς (2) (comme le faisaient les sophistes) : il
pensait qu'avant tout il fallait faire naître en eux la
sagesse, » c'est-à-dire la bonne conduite qui repose sur
d'exactes définitions. Dans ce domaine seulement la
science et l'art lui paraissaient adéquats.

L'idéolatrie. — En reconnaissant l'importance de la
généralisation et de la définition, en indiquant déjà,
quoique d'une manière sommaire, celle du raisonnement
comme moyens d'investigation applicables à la science de

(1) *Mém.* III, 1, 2, IX, 10. Les Pythagoriciens avaient déjà recher-
ché les définitions, ἐζήτουν καθόλου ὁρίζεσθαι. Arist. *Met.* I, 5, XIII, 4.
(2) *Mém.* III, III, 1.

l'homme et à l'art de la conduite, Socrate faisait faire à la technique de la recherche psychologique et morale un pas décisif. Il mettait entre les mains des philosophes un instrument de précision bien supérieur à la rhétorique des Tisias et des Gorgias ; mais en même temps, comme nous allons le voir, par l'explication qu'il suggérait de son efficacité, il donnait l'exemple d'une attitude de l'esprit très singulière : à savoir l'adoration de ses propres facultés analytiques, ce que nous proposons d'appeler l'idéolatrie. De même que les Pythagoriciens n'avaient pu perfectionner l'arithmétique qu'en déifiant les nombres, il semble que Socrate ne pouvait analyser les procédés élémentaires de la connaissance psychologique et morale qu'en proclamant la divinité de l'esprit en tant que fonction généralisatrice ou source de concepts. Enthousiasme de la découverte, besoin d'objectiver les fonctions invisibles pour aider l'attention encore novice dans ce domaine, empire des croyances religieuses qu'il allait précisément bouleverser par cette innovation, quelles que soient les causes qui l'ont déterminé, Socrate fait ici ce que faisaient les habiles ouvriers ses contemporains quand ils portaient dans les temples les premières machines (θαύματα) inventées par eux. Par là il constituait la métaphysique. Les conséquences de ce fait furent immenses ; elles dominent pendant vingt siècles l'histoire des idées. Elles ont la même portée dans la philosophie de l'action (1).

---

(1) De nos jours encore de vigoureux efforts sont tentés par la philosophie universitaire en France pour conserver à la psychologie le caractère métaphysique qu'elle a reçu de sa première orientation. Toute la science de l'homme a été imbue de platonisme, c'est-à-dire du socratisme, c'est-à-dire encore de théologie hellénique pendant ces vingt siècles, et avec la science de l'homme, les arts principaux, la morale et la politique, et toute la philosophie de l'action. Ces longues survivances sont un des faits sociologiques les plus étonnants. Mais enfin elles ont leur terme.

Réduction de la science à la logique et de la logique à la théologie, de l'art à la morale et de la morale à la piété. — Si l'esprit de l'homme a de l'affinité pour les vérités simples ou pures concernant la vie morale, c'est qu'il est lui-même une chose simple ou pure. Il y a une âme en nous et cette âme seule est vraiment nous-même (1). Par le corps nous sommes un monstre compliqué et incompréhensible (2) : par l'âme, bien qu'invisible, nous nous connaissons nous-même et connaissons tout ce qu'il nous importe de savoir. Pour bien voir en effet les concepts moraux, il faut les regarder dans son âme (3). Nous nous apercevons alors que l'âme de l'homme n'est qu'une parcelle de l'âme universelle (4) et comprenons que cette âme divine a tout fait pour le mieux en général et pour notre bien en particulier (5). La véritable raison des choses se tire de là : chaque chose s'explique par le bien qu'elle est appelée à réaliser ; sa définition, c'est sa perfection, sa fin, son but, en d'autres termes le dessein que Dieu a eu en la faisant (6). Tout à l'heure nous voyions Socrate ramener la science à la logique, en tant qu'elle définit les concepts moraux, voilà maintenant la logique ramenée à une téléologie transcendante, c'est-à-dire à la théologie.

De même la morale se ramène à la piété. Ce qu'il faut faire c'est ce qui nous rend heureux, ce qui nous est bon.

(1) 1er *Alcibiade*, 133 *b*.
(2) *Phèdre*, 230 *a*.
(3) 1er *Alcibiade*, 129 *b*.
(4) *Mém.* I, II, 8.
(5) *Phédon*, 97 *b*.
(6) *Mém.* IV, III, 11 : καταμανθάνωμεν ὅτῃ ἕκαστα συμφέρει. C'est la fonction essentielle de l'intelligence, ce don de Dieu, et si l'intelligence n'y suffit pas, nous pouvons recourir à la divination, qui a au fond le même objet que la généralisation, mais qui nous fait atteindre les fins divines par une voie plus sûre et plus prompte ; διδασκόντων ᾖ τὰ ἄριστα γένοιτο (ὰ ἀποβησόμενα). Cf. *Phédon*, 97 *d* : la cause de chaque être est ce qui vaut le mieux pour lui et c'est cette cause qu'il faut chercher avant tout.

Mais l'âme est vraiment nous-même. Rien n'est donc bon pour nous que ce qui favorise la pureté de l'âme, mauvais que ce qui la compromet. Là est le bien constant, invariable. Comment nous l'assurer ? Comment nous occuperons-nous de la seule affaire qui soit vraiment nôtre ? Nous voyons bien qu'en général les besoins du corps sont un obstacle pour les fonctions de l'âme, puisqu'ils troublent la pensée, et nous en tirons sans peine cette règle générale qu'il faut chercher à se rapprocher de Dieu, qui n'a pas de besoins, en restreignnat les besoins du corps (1). Il reste à savoir après cela en quoi telles et telles actions particulières peuvent contribuer par leurs effets ultimes à notre bonheur ou à notre malheur, c'est-à-dire hâter en fin de compte ou contrarier l'épuration de l'âme (2). Là-dessus les arts ne nous apprennent rien ; leur domaine est celui des moyens, non des fins. Le seul parti sûr est donc de s'en rapporter à la volonté des Dieux (3). Cette volonté est déposée dans les lois, écrites ou non écrites ; elles expriment la nature des choses, c'est-à-dire les desseins célestes (4). Les dieux nous ont déclaré eux-mêmes en les inspirant ce qu'ils demandent de nous soit dans nos rapports avec nos semblables, soit dans nos rapports avec eux-mêmes. La justice et la piété sont donc une seule et même vertu : elles sont la sagesse même (5). Il y a plus : si les lois sont muettes, Dieu lui-même nous parlera. La divination viendra au secours de nos perplexités : qu'il s'agisse de la conduite des Etats ou de la conduite personnelle, Dieu ne refuse pas

(1) *Mém.* I, vi, 10.
(2) *Mém.* I, i, 8.
(3) *Cyropédie* I, vi, 44.
(4) *Mém.* IV, iv, 19 ; *Phèdre*, 260 c, 278 d.; 1er *Alcibiade*, 134 c. δικαίως équivaut à θεοφιλῶς.
(5) *Mém.* II, i, 31 ; IV, vi, 4.

ses conseils à ceux qui les lui demandent (1), car sa vigilance et sa bonté s'étendent à tout ce qui nous concerne jusqu'aux moindres détails (2). Les oracles sont aux lois ce que sont les volontés particulières aux volontés générales. Les uns et les autres ne sont qu'une manifestation de l'intérêt que prend l'âme divine aux âmes des hommes. Il suffit donc de prier Dieu pour obtenir ces lumières spéciales à tout moment. La prière vaut encore mieux que la science.

Ainsi le trait dominant, original, de la pensée socratique est la conviction profondément arrêtée qu'il y a un passage par la fonction généralisatrice, par la raison organe des concepts, instrument des définitions, par la logique abstraite en un mot, de l'âme humaine à l'âme divine et la croyance consécutive en une communication inverse par la même voie de l'âme divine avec les âmes humaines pour le gouvernement moral du monde. Ce gouvernement moral est tout ce qui importe au bonheur de l'homme ; le reste (c'est-à-dire les événements cosmiques extérieurs et les arts correspondants) n'a de valeur qu'en tant qu'il concourt et se subordonne à l'ordre divin (3). Par conséquent un seul art mérite d'être étudié, celui de connaître la volonté des dieux, et cet art est d'abord la logique élémentaire, l'art des définitions morales. Mais lui-même enfin n'a qu'une efficacité ambiguë, équivoque, variable (ἀμφίλογον) (4) ; quand le δαίμων extérieur ou intérieur fait entendre sa voix, il n'est plus besoin de définir ni de discuter, il faut obéir (5). Et pour provoquer cotte révé-

(1) *Mém.* IV, III, 12 ; I, I, 6 ; III, 2, 4, IV, 15. — *Cyropédie*, I, VI, 22.

(2) Voir ce qui est dit plus haut du dogme de la Providence d'après la religion vulgaire. Socrate est sur tous les points aussi orthodoxe que possible, du moins d'intention, car au fond sa pensée a suscité une révolution profonde.

(3) *Mém.* III, IX.

(4) *Mém.* IV, II, 14.

(5) *Mém.* I, III, 4.

lation, nous n'avons qu'un moyen sûr : la prière. Autant
vaut dire que l'homme n'a aucune ressource propre soit
pour arriver au bonheur, soit pour y conduire les autres :
le sens dernier de la prédication socratique, bien qu'en
apparence et au premier aspect très favorable à la science,
est la négation de la science et de l'art humains. L'emploi
de tous les procédés préconisés par le réformateur suppose
en effet une impulsion secrète que le Maître ne peut éprouver et communiquer aux autres que *si Dieu le veut* (1).

La technologie surnaturelle. — Rien ne nous paraît
plus important pour l'histoire de la technologie que les
négations de la technologie même. Celle-ci n'est encore
qu'implicite. Elle annonce pour un avenir encore lointain
d'autres négations bien plus systématiques et qui ouvri-
ront la longue période (2) pendant laquelle la théologie et
la théocratie remplaceront toutes les sciences et tous les
arts. Mais elle n'a eu pour effet immédiat qu'une reprise
plus active des études sur les arts jusque là négligés de la
politique, de la morale et de l'éducation (3). En effet, si,
comme le pensait Socrate, l'obéissance à la volonté de
Dieu est le tout de l'homme, il lui faut étudier les voies
suivies par cette volonté souveraine. Si le gouvernement
moral du monde par l'âme divine est pour lui la source de
tout bien, il faut qu'il s'applique à en connaître les lois
pour s'y soumettre et pour les réaliser autant qu'il est en
lui dans la société humaine ; ce qui revient au fond à
retracer d'après la volonté humaine élevée à la perfection,
divinisée, une morale, une politique et une pédagogie

(1) 1er *Alcibiade*, 127 e et 135 d ; *Rép.* 492 a ; *Théétète*, 150 d ;
Philèbe, 25 c ; *Cyropédie* I, VI, 44.
(2) La fin de l'antiquité et le moyen-âge.
(3) Chez Xénophon, Platon et Aristote, chez tous les Socratiques.
Voir le livre suivant.

idéales confondues dans la pratique de la piété. C'est précisément ce qu'a essayé Socrate lui-même.

Il est encore très près d'Héraclite et d'Anaxagore; s'il distingue Dieu du monde et l'âme du corps, il ne les oppose pas les uns aux autres de manière à être embarrassé pour les unir. D'ailleurs les lois du monde et du corps, tout ce que ses contemporains appelaient la nature, φύσις, n'a plus aux yeux de ce méditatif qu'une importance secondaire : c'est l'ensemble des pensées et des intentions divines et humaines, ce que les contemporains appelaient la loi ou règle, νόμος, qui prend dans ses préoccupations la place prépondérante. C'est pour cela qu'il ne pose jamais la question de leurs rapports (1). Le monde moral éclipse le monde physique. Ou mieux c'est lui qui devient la nature, car il n'y a qu'une nature parcourue par les agiles pensées de Dieu, tout entière régie par sa Providence. Dans cette philosophie transcendante, le point de vue des causes finales supprime les lois naturelles proprement dites ; celles-ci deviennent, elles aussi, des institutions divines, θέσμοι (2). La physique se spiritualise et la morale pénètre l'ordre cosmique. Les lois du monde moral, lois non écrites, dit Socrate, sont à la fois les conditions d'existence des sociétés et des volontés divines (3). Elles sont sœurs des lois des enfers (*Criton*), c'est-à-dire des lois éternelles et immuables de l'être que la croyance antique plaçait à la racine du monde. Les lois positives

(1) Comme l'ont fait constamment les naturalistes. Voir le chapitre précédent : « *La fabrication humaine* ». L'opposition entre φύσις et ἔργον qui se voit au livre III, chap. IX, des *Mémorables* est psychologique et pédagogique ; elle ne porte pas sur l'ensemble des choses et des institutions comme l'opposition des sophistes entre φύσις et νόμος, Socrate demande seulement que les dispositions naturelles soient cultivées.

(2) *Cyropédie*, I, VI, 5, 6. Le mot de θέσμια dans la *Constitution d'Athènes*, III, 4, et XVI, 10, désigne les lois antiques et sacrées.

(3) *Mémorables*, IV, IV, 15, 19.

revêtent le même caractère sacré ; elles ne sont qu'une transcription des lois naturelles. Elles sont établies « pour le salut de l'Etat et de tout ce qui existe » par le suprême législateur. Les affections qui unissent les hommes les uns aux autres sont des liens à la fois matériels et moraux : par l'échange des services elles assurent la sauvegarde des intérêts et de la vie comme l'observation des lois de la piété. Les frères sont entre eux comme les doigts de la même main. L'amour qui unit les âmes est une force divine en même temps que naturelle. Aussi les lois des sociétés diverses, domestique et civile, en tant que primordiales, essentielles et naturelles, c'est-à-dire encore une fois divines, sont-elles garanties par des sanctions inévitables, qui résultent directement de leur accomplissement ou de leur violation (1). La véritable utilité coïncide avec la moralité (2). L'hygiène et le plaisir même rentrent en grâce avec la vertu.

Socrate introduit donc, tout en niant la technologie, du moins la technologie indépendante et purement humaine, un point de vue technologique de la plus haute importance. Il renverse les barrières qui séparaient d'après certains philosophes de la nature le champ d'action des forces morales de celui des forces physiques. Un seul théâtre s'étend depuis les sommets du ciel jusqu'aux profondeurs de la terre devant l'activité des âmes vivantes, source unique des mouvements ordonnés, en sorte que l'unité des formes diverses de la spéculation et de la pratique se refait à un point de vue nouveau, en même temps que celle de l'art et de la nature. C'est ce que les lignes suivantes vont expliquer plus clairement.

(1) *Mém.* III, xii.

(2) *Mém.* I, ii, 54 (notre corps nous est cher, expression de Philolaüs), et I, ii, 4 ; IV, v, 9 et 10.

Le gouvernement moral en Dieu. — L'action divine, avons-nous dit, est le type d'après lequel toutes les actions doivent être comprises et modelées. Comment cette âme souveraine opère-t-elle ? Elle est invisible. Nous ne jugeons de son action que d'après ses œuvres. Elle agit par la pensée. Mais cette pensée est celle d'un être vivant. C'est elle qui *fait* les êtres vivants ; elle les aime donc et travaille pour leur bien. C'est donc encore une pensée prévoyante ou une Providence. Elle a fait les hommes dès le commencement et n'a cessé de les soigner (ἐπιμελεῖσθαι). En d'autres termes, c'est un démiurge qui diffère des artisans humains en ce qu'il est beaucoup plus intelligent et beaucoup plus puissant, en ce que, de plus, il communique à ses œuvres la vie avec des instincts qui assurent le maintien de la vie. C'est donc un maître, un chef dont le monde est le royaume et les forces cosmiques les ministres. L'art du gouvernement, le premier et le plus beau des arts, l'art royal, est donc sa fonction propre (1).

(1) On pourrait croire que Socrate vivant à Athènes (*Phèdre*, 230 c.) n'avait pas d'autre forme d'action sous les yeux que la fabrication industrielle ; c'était, ce semble, leur caractère édifiant qui l'avait prévenu en faveur des comparaisons pastorales employées dans les Mystères. Il n'est cependant pas impossible, pensions-nous, que pendant cette jeunesse dont nous ne savons rien, le rustique apôtre de la sobriété et de l'endurance, l'homme aux plaisanteries familières et à la foi robuste ait appartenu à quelque dème rural où il aurait connu la vie agricole par une expérience personnelle. Xénophon lui-même s'étonne (*Économique*, XVII-XVIII-XIX) des nombreuses observations qu'il avait faites sur les pratiques agricoles. On le voit au chapitre XIX fort au courant de la nature du sol aux environs de la ville. Et en effet M. Haussoulier dans son savant ouvrage sur *la Vie municipale de l'Attique*, p. 185, nous apprend que le bourg d'Alopèce était un dème rural. Socrate unit dans sa conception de l'action divine les deux types d'action : la fabrication intentionnelle du démiurge et le gouvernement du troupeau par le berger, l'ἐπιμέλεια, le soin, la sollicitude du chef pour les êtres vivants confiés à sa garde. C'est dans la démonstration de l'existence de Dieu qu'il paraît avoir surtout devant les yeux l'image de l'artisan intelligent et prévoyant, assurant d'avance, par ses combinaisons savantes, le bon

Le Gouvernement moral dans l'Humanité. Théorie spiritualiste de l'autorité. — L'âme de l'homme règne de

fonctionnement de la machine vivante qu'il exécute. « Quels artistes trouves-tu les plus admirables, de ceux qui exécutent, ἀπεργαζόμενοι, des images dénuées de raison et de mouvement ou de ceux qui exécutent des êtres conscients et agissants ? ζῷα ἔμφρονά τε καὶ ἐνεργά ; — Par Jupiter, et de beaucoup, ceux qui font des êtres conscients, si cependant ces êtres sont l'ouvrage d'une intelligence et non pas du hasard. — Des ouvrages dont on ne reconnaît pas la destination et de ceux dont on aperçoit manifestement l'utilité, lesquels regardes-tu comme le produit d'une intelligence, ou comme le produit du hasard ? — Il est raisonnable d'attribuer à une intelligence les ouvrages qui ont un but d'utilité. — Ne te semble-t-il pas que celui qui fait les hommes dès le commencement leur a donné pour leur utilité des organes de sensation, les yeux pour voir, les oreilles pour entendre ? A quoi nous serviraient les odeurs si nous n'avions pas de narines ?... (Suit le détail des adaptations organiques). Ces combinaisons réalisées avec une telle prévoyance, tu doutes si elles sont le produit du hasard ou celui d'une pensée ? (γνώμης). — Non certes ; si on considère les choses de ce point de vue, cela ressemble bien à l'art d'un ouvrier habile et qui aime les êtres vivants, πάνυ ἔοικε ταῦτα σοφοῦ τινος δημιουργοῦ καὶ φιλοζῴου τεχνήματι. — Et cela : avoir fait naître dans les pères le désir de se reproduire, dans les mères le désir de nourrir, dans tous les animaux la plus grande passion pour la vie, la plus grande aversion de la mort ?... Il semble bien que celui qui a fait toutes ces combinaisons voulait qu'il y eût des êtres vivants... » etc. Mais une telle fabrication implique une sollicitude constante pour les êtres vivants ainsi organisés. « Mon cher, pense que ton esprit, présent dans ton corps, le manie à son gré. Il faut donc croire que la Sagesse présente dans l'univers dispose toutes les choses comme elle l'entend. Quoi ! Ta vue peut s'étendre jusqu'à plusieurs stades et l'œil de Dieu ne pourra tout embrasser ! Ton esprit peut penser en même temps aux événements qui se passent à Athènes, en Egypte et dans la Sicile, et la pensée divine ne sera pas capable de veiller en même temps à tout ! τὴν τοῦ θεοῦ φρόνησιν μὴ ἱκανὴν εἶναι ἅμα πάντων ἐπιμελεῖσθαι. » (I, IV, 17.)

« Dis-moi, Euthydème, t'est-il jamais venu à la pensée de réfléchir avec quelle sollicitude, ὡς ἐπιμελῶς, les dieux nous procurent ce dont nous avons besoin ? » Suit l'énumération des avantages ménagés à l'homme. — Les dieux, répond Euthydème, semblent avoir pour l'homme la plus grande sollicitude, τὴν μεγίστην ἐπιμέλειαν. (*Mém.* IV, III).

Ce démiurge φιλόζῳος n'est pas autre chose qu'un bon pasteur. L'expression, spéciale au langage des Mystères, n'est pas employée dans les *Mémorables*, quand il s'agit de Dieu, mais Platon s'en sert souvent. L'art pastoral fournit de nombreuses comparaisons à

même en nous. Elle manie le corps à son gré (1). Dérivée
de l'âme divine, elle a en elle-même nécessairement les

l'auteur des *Mémorables* quand il s'agit de l'art du gouvernement
dans l'homme. Voici les passages mêmes inspirés par ce rappro-
chement. « Je serais étonné, dit un jour Socrate, que le gardien
d'un troupeau, βοῶν ἀγέλης νομεύς, qui en perdrait une partie et rendrait l'autre plus maigre ne voulût pas s'avouer mauvais pasteur ;
mais il serait plus étrange encore qu'un homme qui, investi du
pouvoir, détruirait une partie de ses concitoyens et corromprait le
reste, ne rougît pas de sa conduite et ne s'avouât pas mauvais
magistrat. » I. II, 31. « Si tu avais un chien, gardien fidèle de tes
troupeaux, qui caressât les bergers et qui grondât dès que tu l'ap-
proches, n'est-il pas vrai qu'au lieu de te mettre en colère, tu
tâcherais de l'apprivoiser par des caresses ? Et tu ne ferais rien
pour te concilier ton frère, etc. ! » (II, III, 9). Cf. VI, 7. — « Du
temps que les bêtes parlaient, une brebis dit à son maître : Je
trouve bien étrange qu'à nous qui rapportons de la laine, des
agneaux, des fromages tu ne donnes jamais que ce que nous
arrachons à la terre, et qu'à ton chien, qui ne te rapporte aucun
profit, tu fasses part du même pain dont tu manges. Le chien
l'écoutait. (Il lui dit :) — En vérité a-t-il donc si grand tort, lorsque c'est moi qui vous garde, que sans moi vous seriez la proie
des voleurs ou le repas des loups, que, si je ne faisais sentinelle,
la peur vous empêcherait même d'aller paître ? — Les brebis
convaincues trouvèrent bon que le chien leur fût préféré » (II, VII,
13). — « Ne devrais-tu pas aussi nourrir un homme qui eût le
pouvoir et la volonté de donner la chasse à ceux qui cherchent à
te faire du tort ? (Archédème ayant accepté ce rôle pour Criton,
d'autres personnes, amies de Criton, lui demandèrent de les mettre
sous la garde d'Archédème et le crédit de Criton s'en accrut.)
Quand (en effet) un berger νομεύς possède un bon chien, les autres
pasteurs mettent leurs troupeaux auprès du sien, afin qu'ils soient
en sûreté sous la même garde. » (II, IX, 7). — « Socrate rencontra
un jour un citoyen qui venait d'être élu général. « Homère, dit-il,
appela Agamemnon le pasteur des peuples ; n'est-ce pas parce que,
semblable à un pasteur qui veille au salut, à l'alimentation et aux
besoins de ses brebis (ὥσπερ τὸν ποιμένα δεῖ ἐπιμελεῖσθαι, etc...) le général doit veiller au salut et à la satisfaction des besoins de ses soldats » (III, II, 1). Cf. IV, v. 10. — Cet appel à l'autorité morale, à
l'ascendant de la bonté caractérisait si bien la politique de Socrate
que c'est un des points de son enseignement qui irrita le plus les
tyrans ; ἀπαγγειλάντες αὐτοῖς τοῦ περὶ τῶν βοῶν λόγου, ὠργίζοντο τῷ Σωκράτει.
— Nous avons voulu mettre ces passages sous les yeux du lecteur,
parce que ce thème symbolique du bon pasteur doit prendre une
grande importance dans les théories politiques de Platon, et par
elles dans les théories politiques du christianisme.

(1) I, IV.

volontés, ou fins que Dieu s'est proposées en créant toutes choses. Ces fins sont, comme nous l'avons vu, l'objet de la définition (1). Elles sont en nous à l'état de concepts. Ceux-ci, en tant que participant à la vie des âmes, forment diverses espèces ou races naturelles (γένη) qui correspondent à l'ordre des vérités morales (2). C'est le propre de l'âme, une fois affranchie de la servitude des désirs violents, de suivre et de démêler ces généalogies d'idées, suprême expression de la vie, source de lumière et de force pour l'action. Elle ne peut le faire avec succès qu'en se mêlant à la vie des autres âmes, munies, elles aussi, en raison de leur préexistence, de semblables familles d'idées, en les pénétrant par l'amour et en conversant aver elles. Le sage est-il semblable au laboureur qui jette la semence ou à la sage-femme qui se borne à délivrer les autres femmes après avoir renoncé elle-même à la maternité ? Les deux images ont été employées par Platon, la première dans le *Phèdre* (227 *a*), la seconde dans le *Théétète*. Mais dans les deux dialogues il est affirmé que la fécondité appartient à la nature de l'âme, qu'enseigner n'est au fond qu'aider les âmes à se ressouvenir (3). Les vérités dont le sage provoque le réveil sont « sœurs » des vérités qu'il a le premier vues dans son âme. L'action qu'il exerce sur les autres âmes n'est donc qu'une manifestation de la dialectique, c'est-à-dire de l'art divin de reconnaître et de suivre la *généalogie* des concepts partout où il y a de l'âme et, après qu'on a ainsi affranchi et fortifié son âme, d'affranchir et de fortifier de même les âmes des autres (4). Par cela

(1) *1er Alcibiade*, 129 *b*.
(2) *Mém*. IV, ii, 12.
(3) *Phèdre*, 278 *a*.
(4) *Mém*. IV, v, 2, 11. Cette interprétation de la dialectique, (διαλέγεσθαι ἔργῳ καὶ λόγῳ κατα γένη) de la maïeutique et de la réminiscence est inspirée par les dialogues de Platon, notamment par le

même, en effet, que le sage connaît les vérités natives
cachées dans les autres âmes comme dans la sienne, il
peut, en invoquant ces vérités, leur faire accepter des opinions vraies, les réfuter et les convaincre à son gré.
L'accord des opinions est le meilleur signe de leur
vérité (1). Il est donc lui aussi, quoique par imitation, un
démiurge de l'âme et de la vie. Il n'a pas besoin de violence pour imposer son empire aux âmes qu'il affranchit.
Leur adhésion est volontaire (2). L'amour fondé sur la
persuasion est donc le meilleur moyen de gouvernement.

On se concilie les hommes d'autant plus sûrement que,
par cela-même qu'on les surpasse en science et en vertu,
on se montre à eux plus capable de leur procurer les
biens qu'ils désirent le plus vivement (3). La société
repose sur ce rapport de l'obéissance au commandement
qui unit nécessairement le faible au fort, l'ignorant au
savant, l'habile à l'inexpérimenté (4). Le vrai chef est la
providence de ses subordonnés comme le pasteur l'est de
son troupeau (5). Il pourvoit à leur alimentation et à leur
sécurité, et ceux-ci, qui le savent, ne manquent pas de lui
offrir en retour leurs hommages et leurs services (6). Par
suite il devient plus capable encore de les défendre comme
de se défendre lui-même, et cette puissance lui attire de

1er *Alcibiade*, le *Phèdre*, le *Théétète* et le *Phédon*. Il semble
d'après le *Phédon*, 73 *a*, *b*, et le *Ménon*, 81 *a*, que la préexistence des âmes ait déjà paru aux Pythagoriciens eux-mêmes
impliquer une sorte de réminiscence. Il est impossible que
Socrate n'ait pas eu quelque notion de ce ressouvenir de la vie
antérieure, constamment invoqué dans les dialogues socratiques.

(1) 1er *Alcibiade*, 111 *d*, *e*. *Mémor.* IV, IV, 15 ; VI, 1 et 15.
(2) *Mém.* I, II, 9.
(3) *Mém.* II, VI ; I, V.
(4) *Ib.* I, II. 58 ; II, I, 13 ; III, IX, 11.
(5) II, IX ; III, II.
(6) III, III, V, IX.

nouveaux amis (1). L'affection réciproque est donc le lien de tout groupement d'êtres vivants comme elle est le lien des organes du corps et des parties de l'univers (2). Elle est le commencement et la fin de l'art royal (3) dont l'âme divine présente le parfait modèle. Toute force vient d'elle et de la justice pour les Etats comme pour les particuliers. La discorde est au contraire un principe de faiblesse et de dissolution (4).

Dans tout ensemble il y a de même un ordre nécessaire, à la fois naturel et divin, qui résulte de la nature des parties et se trouve le plus désirable pour le bien de l'ensemble (5). En nous, l'âme qui se connaît elle-même (6) doit régner sur les appétits corporels pour le bien du corps et pour son bien propre. Car, si le corps est plus sain, l'âme est plus forte (7). Le sentiment qu'elle a de sa puissance et de sa liberté est le bonheur même (8). Il en est de même dans la société. Seul l'homme qui a fait régner l'âme en lui-même est en mesure par son endurance aux intempéries, sa sobriété, sa vigilance de sauvegarder les intérêts communs (9) ; mais outre l'affection, les hommages et l'autorité qu'il s'attire par son dévouement, il y puise une conscience de sa supériorité et de son indépendance qui le rapproche des dieux et rend sa situation enviable entre toutes (10). Si le subordonné profite de son obéissance comme le chef de son autorité,

(1) II, ix.
(2) II, iii.
(3) II, i, 17.
(4) II, vii, 19, et IV, iv, 16.
(5) III, i.
(6) IV, ii, 23.
(7) I, iii, 15.
(8) II, i, 10, 17, 18.
(9) II, i.
(10) I, vi, II, i, et IV, v, 10.

le chef a en plus les joies de l'action et il est parfaitement
heureux (1).

Théorie des Arts. — Si nous revenons maintenant à la
théorie des arts, nous comprendrons mieux peut-être
comment ils se ramènent tous à un seul qui est l'imitation de la dialectique vivante de Dieu, la production hors
de l'âme des semences pures de vérité qui y ont été déposées, le choix et la culture d'autres âmes riches du même
fonds, capables de nous rendre soins pour soins, dévouement pour dévouement, enfin la formation d'amitiés ou
d'alliances solides avec elles pour l'observation en commun des lois de la nature ou des volontés de Dieu et la
confusion des méchants (2).

L'art de l'éducation ne diffère de la conduite des âmes
en général que par la jeunesse de ceux auxquels il
s'adresse. Il ne s'agit pas en effet pour le sage d'enseigner
les lettres ou telle ou telle science particulière, c'est
l'affaire de l'esclave qui porte le nom de pédagogue ou du
sophiste, il s'agit d'enseigner la vertu, c'est-à-dire l'art de
se bien gouverner soi et les autres, ou la sagesse. Toutes
les âmes n'en sont pas capables. Socrate choisit celles qui
lui paraissent appelées à profiter le plus de sa direction.
Et voici à quel signe il les reconnaît. Elles ont certains
dons de nature, la facilité à apprendre, une mémoire
fidèle, un goût vif pour les connaissances dont les relations humaines sont l'objet. Mais, privés d'instruction,
ces bons naturels seraient les plus dangereux (3). Nous
savons maintenant de quelle instruction ils ont besoin
selon Socrate ; à l'instruction devait se joindre l'entraîne-

(1) II, I, 17. IV, III, 17. *Apologie* de Platon, 41 *d*.
(2) *Mém*. III, IV.
(3) *Mém*. IV, I.

ment ou l'exercice (1). Cette ἄσκησις n'est point la mortification qui a la douleur pour but. Elle produit au contraire la santé et la force. Et le disciple, une fois instruit, n'a pas même besoin de cet entraînement pour bien agir, car celui qui sait ce qu'il faut faire, ce qui est le meilleur, le fait nécessairement (2). C'est uniquement pour être capable de recevoir la science, pour apprendre à se connaître et à connaître le bien que le jeune homme doit maîtriser son corps et dominer les désirs superflus. Enfin le consentement de Dieu est la condition souveraine du succès de tous ces efforts. Le maître ne saurait accepter de son disciple aucune rémunération : il compromettrait de son côté en demandant un salaire la liberté de son âme. Elever des jeunes gens, c'est se faire des amis (3). Mais n'avons-nous pas dit que se faire des *amis*, c'est-à-dire faire commerce de services et de dévouement avec les hommes, .c'était l'art royal, l'art des arts, le commencement et le terme de toute vertu ? L'éducation n'en est donc qu'une dérivation et qu'une partie. Seulement, ici, le sentiment qui unit le maître au disciple est un sentiment particulièrement enthousiaste et tendre. Ce n'est pas la φιλία, c'est ἔρως. Car il n'y a pas de livre entre eux : c'est la parole vivante, ce sont les regards brûlants qui vont d'une âme à l'autre

(1) *Mém.* I, ii, III, ix, 2.

(2) *Mém.* III, ix, 4. Nous cédons peut-être ici au désir de trouver Socrate d'accord avec lui-même. Il semble bien qu'il attribue à l'exercice et par suite à l'effort une efficacité indépendante de celle des idées vraies. Le *Protagoras* serait fondé sur le souvenir des hésitations de Socrate entre la doctrine des Sophistes, d'après laquelle la vertu est, comme les autres arts, le fruit de l'initiative individuelle aidée de la culture, et sa propre doctrine de l'illumination logique, qui exclut la liberté. Les cyniques ont developpé la théorie de l'ἄσκησις et Xénophon dans la *Cyropédie* lui fait une place considérable, inconciliable avec l'intellectualisme absolu prêté ailleurs par lui-même à son maître.

(3) I, ii, 6, 47, 60 ; v, 6 ; vi, 5, 13.

éveiller les souvenirs du ciel (1) : l'ascendant personnel
du maître se fonde aussi bien sur le trouble où sa voix,
où sa présence seule jettent les jeunes gens qu'il aime
que sur la force irrésistible de ses démonstrations ; ou
mieux il ne les convainc que parce qu'il les aime. Singulière fusion de la logique et de la morale avec l'amour
grec (2) !

La politique n'est pas d'une autre nature que l'éducation. Dans la guerre et dans la paix, qu'il s'agisse d'une
campagne ou d'une chorégie, le vrai chef est celui qui gouverne non pour son bien, mais pour celui de ses sujets,
non par la force, mais par l'affection ; celui qui, par le bon
choix de ses auxiliaires, par l'emploi judicieux des châtiments et des récompenses, par la vigilance et la compétence de son administration assure le succès de son
commandement. La monarchie est le plus parfait des
gouvernements. Il est probable que Socrate attribuait aux
rois une influence personnelle semblable à celle que le
maître exerce sur son disciple. Nous trouvons dans le
1er Alcibiade une trace de l'ébranlement qui commençait
à gagner les imaginations à l'écho de la légende du grand
roi, dont nous verrons Xénophon pour ainsi dire obsédé (3).
Mais les *Mémorables* écrits au lendemain de la condamnation prononcée contre Socrate par le gouvernement
populaire se bornent, et c'était déjà une grande hardiesse,
à proclamer la supériorité de la monarchie sur toutes les
autres formes du gouvernement, dogme essentiellement
dorien, cher aux laconisants. Après la monarchie, le

(1) *Phèdre*, 278 b, c. *Mém.* II, vi, 29 et iii , 11. On prête la même
théorie à Pythagore ; Chaignet, vol. I, p. 175.

(2) *Théagès*, 130 : cf. *Banquet* : 215 b, c, d.

(3) Cf. *Hiéron*, chap. viii ; *Economique*, chap. xxi ; le don
essentiel du roi est d'inspirer l'obéissance spontanée, τὸ ἐθελόντων
ἄρχειν ; ce don vient de Dieu.

meilleur des gouvernements est celui des « honnêtes gens, » l'aristocratie. Viennent ensuite « la ploutocratie, où le cens décide des fonctions, et la démocratie, où tous gouvernent. » Enfin au dernier degré est reléguée la dicture démocratique, la tyrannie, cette magistrature laïque et révolutionnaire où Socrate ne veut voir qu'une entreprise monstrueuse d'un homme de rapine contre les biens de ses concitoyens et contre les lois (1). Le vrai roi ne réclame de ses sujets qu'une obéissance volontaire, le pouvoir du tyran est fondé sur la violence et sur la crainte.

L'*Economique* nous montre une semblable application de l'art royal. Le chef de famille a d'abord à instruire et à persuader sa femme, puis son intendant et son intendante et par eux jusqu'à ses serviteurs. Il se fait ainsi aimer d'eux tous et sa maison prospère, comme la cité sous la main d'un bon roi, par l'affection réciproque et l'observation des lois écrites et non écrites, c'est-à-dire de la volonté de Dieu. Tout le reste vient par surcroît là comme ailleurs, à celui qui sait user des hommes, c'est-à-dire s'en faire des *amis*. L'Economique ne diffère de la politique que par le nombre des individus à diriger (2).

Quant aux autres arts, Socrate attribuait encore, sous les réserves indiquées plus haut, une certaine dignité à l'art militaire, à la médecine et à l'agriculture (3) ; le reste des occupations humaines lui paraissait entaché d'un caractère servile parce que ceux qui s'y livraient n'étaient pas capables de s'élever jusqu'aux vertus supérieures, c'est-à-dire jusqu'à ces vertus qui exigent la science du gouvernement, la justice et la piété. Cependant il admet-

(1) *Mém.* IV, vi, 12.
(2) *Mém.* III, iv, 12.
(3) *Mém.* I, i, 7, III, v, 16-23, ix, 15.

taît qu'à l'occasion ces occupations peuvent être relevées
par l'emploi qu'on en fait, comme par exemple lorsqu'elles
offrent un moyen de rendre service à un ami ou à un
parent et de s'assurer l'indépendance. Leur dignité était
donc à ses yeux relative à leur rapport accidentel avec la
morale : normalement elles n'étaient que des routines
mécaniques dépourvues de toute valeur (1).

Voilà ce que le témoignage le plus authentique que nous
ayons sur la vie et la pensée de Socrate nous apprend sur
sa philosophie de l'action. Elle achève de remplir le programme que nous avions exposé au début, d'une technologie spiritualiste. Sur un seul point elle est moins affir-
mative que ses devancières : nous voulons parler de l'immortalité de l'âme. Socrate ne semble pas, si l'on en croit
les *Mémorables*, avoir donné à ce dogme l'importance
qu'il avait eue chez les Pythagoriciens comme but de la
vie et règle souveraine de la conduite. Mais Platon, tout
en reproduisant certaines réserves de Socrate, tout en
s'excusant, replace dans la bouche de son maître dès le
début du *Phédon* la tradition orphique et pythagoricienne :
que la vie du sage est une préparation à la mort. Et Xénophon montre par une allusion discrète des *Mémorables* (2)
comme aussi par son récit de la mort de Cyrus que la doctrine de l'immortalité ne lui était pas étrangère. Il est
probable que, pendant quelque temps après le supplice du
maître, la partie de son enseignement qui impliquait l'existence d'une catégorie de divinités nouvelles, καινὰ δαιμόνια,
ne put être publiquement exposée (3). Le Platonisme la
fit revivre.

(1) *Mém.* II, vii ; IV, ii, 2, 22, ix, 5.
(2) *Mém.* IV, iii, 17, μέγιστα ἀγαθά. Cf. *Phédon*, 64 a.
(3) Cyrus mourant fait une déclaration analogue à celle de
Socrate dans le *Phédon*, il affirme l'immortalité de son âme ; mais
il est à noter qu'aucune des innombrables prescriptions morales
qui sont relatées dans la *Cyropédie* n'est appuyée sur le dogme de

En général la philosophie pratique de Socrate est une philosophie de conciliation et de mesure. Il emprunte aux naturalistes plus que Démocrite n'a emprunté aux Pythagoriciens. Il leur emprunte leur sentiment de la vie et leur croyance à un accord possible entre les exigences du devoir et les conditions du bonheur et de la force. Il leur emprunte avec l'idée de la science l'idée du succès par la science : il croit à la possibilité d'une méthode dans l'action comme dans la recherche spéculative, au point de confondre l'une avec l'autre. La conception qu'il introduit de l'art et de la science se distingue par la forme, qui est rationnelle, sinon par le contenu, qui est instinctif, de la conception théologique pure de l'une et de l'autre. Elle est proprement métaphysique et la métaphysique est un compromis entre la science et la religion. En même temps il retient de la conception religieuse traditionnelle de la morale de quoi limiter l'essor de la philosophie transcendante qu'il inaugurait. Celle-ci ne tendait à rien moins qu'à l'unité et à l'universalité dans l'organisation sociale comme dans la cosmologie. Elle absorbait l'Etat dans l'Eglise, mais dans une église où régnait la Raison, et contenait en germe la négation des cités particulières, c'est-à-dire l'affirmation de la cité de Dieu. Socrate a soin, en

l'immortalité : l'utilitarisme élevé que nous venons d'exposer d'après les *Mémorables* domine partout. Cyrus ne dit pas non plus à ses enfants que la manière dont ils l'enseveliront est indifférente, et que son cadavre ne renfermera plus rien de lui-même : il leur demande au contraire à être *incorporé à la terre* γῇ μιχθῆναι, à la terre qui enfante et nourrit toutes les belles et bonnes choses, et il ajoute : « J'ai toujours trop aimé les hommes pour ne pas me sentir heureux d'être uni à cette bienfaitrice des hommes. » Bien que ces paroles s'expliquent par ce fait que la Terre était une déesse, on y trouve un accent panthéistique, presque naturaliste, qu'on ne retrouve plus dans les dialogues socratiques. (*Cyr.* VIII, vii, 26.) L'adage σῆμα σῶμα n'est rappelé par Xénophon nulle part, même indirectement. Ces divergences réelles s'expliqueraient par l'hypothèse, que Xénophon n'était pas initié, et qu'il préférait s'en tenir aux croyances traditionnelles de la religion de la cité.

ramenant la justice à la piété, de maintenir le caractère légal des obligations religieuses, bref de restreindre la morale religieuse aux prescriptions du culte public. Pratiquement son Dieu est donc encore adéquat à la conscience de la πόλις, du moins il s'efforce de maintenir cette identité. S'il restaure la religion, c'est pour sauver la patrie. Mais la métaphysique de l'universel va bientôt déborder de toutes parts ces barrières et des règles d'action seront posées qui s'adresseront non plus au citoyen, mais au grec, puis non plus au grec, mais à l'homme. A la cité succèdera la Nation, puis l'Empire.

Conclusion. — On a vu combien, dans toute cette théorie de l'action, l'idée du gouvernement providentiel, de l'ἐπιμέλεια joue un rôle important. Et c'est, en même temps, celle de l'action qu'exercent l'âme, principe de vie, sur son corps, une pensée affranchie et réglée sur d'autres pensées qu'elle va délivrer et conduire. Agir c'est commander, commander c'est aimer et se faire aimer, c'est se faire suivre volontairement. Cela touche à la fois à l'art pastoral et aux mystères et on ne saurait dire si une telle doctrine est plus religieuse que biologique. Elle est certainement organique à quelque degré. Par là ses analogies avec celle de Démocrite se révèlent. Démocrite n'eût pas fait dériver la loi de l'amour de la volonté divine, ni déclaré que c'est Dieu qui conduit les amis les uns vers les autres, τὸν θεὸν αὐτόν φασι ποιεῖν φίλους αὐτούς, ἄγοντα παρ' ἀλλήλους (1), ni prescrit de demander aux dieux par la divination quels amis il convient de choisir (2), ce qui abime toute activité dans la « grâce » ; il compte pour l'établissement de l'ordre sur l'initiative humaine. Son

______

(1) Platon, *Lysis*, 214 *a*, doctrine d'Empédocle adoptée par Socrate.
(1) *Mémor.* II, vi, 8.

ὁρμὴ πρὸς ἀλλήλους est naturelle. Mais il donne également comme couronnement à sa philosophie pratique l'accord spontané des parties du corps social, la confiance et l'affection réciproques de tous ses membres. Le siècle tout entier est donc allé insensiblement par deux voies fort diverses de la démiurgie mécanique à la démiurgie organique, de la fabrication au concours. Ce point de vue, d'ailleurs, on commence seulement à l'apercevoir. Il va se préciser et s'élargir au ive siècle (1).

(1) Voir pour la classification des arts selon Platon, notre introduction au VI livre de la *République,* Paris, Alcan, ed. 1885. Aristote a été étudié également à ce point de vue dans nos cours dès 1888. La machine animée — organisme dans le langage moderne — est le type d'action commun (avec des différences sensibles) à ces deux philosophies. En ce moment nous avons les matériaux élaborés d'une histoire sommaire de la Technologie et d'un traité théorique général sur le même sujet ; nos obligations professionnelles nous ont jusqu'ici empêché d'achever la rédaction du premier ouvrage et de commencer même celle du second. Nous avons seulement cherché à indiquer l'esprit de ce dernier dans notre leçon d'ouverture au cours d'Histoire de l'Economie sociale publié dans la *Revue de Sociologie* en 1894. Voir aussi l'appendice I. Il nous sera peut-être refusé de finir la tâche que nous nous étions tracée. Mais nous sommes tranquille. Si nous ne pouvons donner au public le résultat de nos études, d'autres les reprendront. La science est une œuvre collective.

APPENDICE I

FACULTÉ DES LETTRES DE BORDEAUX

Cours de 1892-1893 (1). DES FORMES SUPÉRIEURES
DU VOULOIR

I. — Résumé sur les formes inférieures du vouloir, le
réflexe et l'instinct, objets du cours de 1891-92.

II. — Description sommaire des formes supérieures : la
volonté proprement dite ou activité idéo-motrice. Plan du
cours.

III. — *Morphologie de la volonté. (Description.)*
Schéma de l'acte.

IV. — Analyse des éléments morphologiques de tout
acte et de ses phases successives. Catégories de l'action.

V. — Des rapports morphologiques de la volonté individuelle et de la volonté collective : les actes individuels
et les règles pratiques sociales, arts ou techniques.

VI. — Etudes des arts ou techniques. Distinction de la
science et de l'art. L'art et la nature.

VII. — Classification des arts ou techniques, politique
et morale comprises.

VIII. — *Physiologie de la volonté. (Fonctionnement.)*

---

(1) Ce cours avait pour objet général la psychologie ; nous y
avons traité cette année-là des formes supérieures du vouloir d'un
point de vue intermédiaire entre la psychologie et la sociologie.
Du point de vue purement sociologique les questions se présen-
teraient autrement et l'unité sociale occuperait dans ces recherches
la place centrale accordée ici à l'individu. Mais il y avait à la Faculté
de Bordeaux un cours de sociologie et nous ne pouvions empiéter
sur son domaine.

A. Point de vue objectif. — Causes déterminantes des actes. Facteurs individuels et facteurs sociaux de l'impulsion nécessitante (obligation) dans l'universalité des techniques :

IX. — Individuels : Le réflexe, l'instinct, l'habitude.

X. — Sociaux : 1° L'imitation et la coutume.

XI. — 2° La déférence et le prestige ou l'autorité.

XII. — 3° Le sentiment (émotion et désir). De la valeur comme phénomène social et de la hiérarchie des valeurs dans les choses et dans les personnes.

XIII. — 4° L'idée. Rapports fonctionnels de la science et de l'art. Méthodologie pratique ou technologie. Lois générales.

XIV. — 5° Du conflit des techniques. Causes de variation dans les règles pratiques. Philonéisme et misonéisme.

XV. — 6° Le facteur esthétique.

XVI. — Des habiletés pratiques et de leur culture. Leur rapport avec la technologie.

XVII. — De l'art suprême de la conduite dans ses rapports avec les autres arts.

XVIII. — B. Point de vue subjectif. — La liberté absolue ou métaphysique?

XIX. — La liberté relative ou la croyance à l'initiative du sujet comme source d'impulsions idéo-motrices plus ou moins indirectement dérivées des forces cosmiques.

XX. — Du fondement de cette croyance. Indétermination subjective des actes objectivement déterminés. Y a-t-il en un sens une indétermination objective? Si le monde est infini?

XXI. — Du motif moral et de son rapport avec les autres causes plus ou moins conscientes de l'activité humaine. La vie morale et ses lois essentielles.

XXII. — *Evolution de la volonté dans l'individu et dans l'espèce. (Développement.)*

APPENDICE II

Du sens du mot φρουρά, Phédon, 62 *b*

Platon dit dans ce passage que nous, hommes, nous sommes dans une φρουρᾷ, que les Dieux nous y soignent, que nous sommes leur propriété, et que nous ne devons pas chercher à nous délier, ou à nous enfuir : que par conséquent le suicide est coupable.

On a traduit ce mot tantôt par *poste*, tantôt par *prison*.

Le sens de poste est adopté par Cicéron : « Ita fit ut illud breve vitæ reliquum nec avide appetendum senibus, nec sine causa deserendum sit : vetatque Pythagoras injussu imperatoris, id est Dei, de præsidio et statione vitæ decedere. » *Cato maj.*, c. 20.

Le seul passage de Platon qu'on puisse invoquer en faveur de cette interprétation est celui de l'*Apologie*, 28 *d* : Οὗ ἄν τις ἑαυτὸν τάξῃ ἡγησάμενος βέλτιστον εἶναι, ἢ ὑπ' ἄρχοντος ταχθῇ, ἐνταῦθα δεῖ, ὡς ἐμοὶ δοκεῖ, μένοντα κινδυνεύειν, μηδὲν ὑπολογιζόμενον μήτε θάνατον μήτε ἄλλο μηδὲν πρὸ τοῦ αἰσχροῦ. Il ne s'agit pas ici d'un endroit où l'on est gardé. Il s'agit d'un lieu à garder, ce qui est bien différent. Il n'y a point de rapport entre le soldat qui, s'étant attribué ou ayant reçu un poste pour y combattre, y demeure au péril de sa vie, et l'objet ou l'être vivant qui est gardé avec sollicitude dans un lieu clos. Du reste il n'est question de suicide ni en ce passage de l'*Apologie* ni ailleurs. Les deux souvenirs se sont mêlés dans l'esprit de Cicéron.

Φρουρά signifie-t-il prison, comme le pense M. Fouillée

dans son édition du *Phédon* (Delagrave, Paris), p. 10,
« prison et non poste ? »

On peut invoquer en faveur de ce sens, non seulement
ce fait que les hommes sont attachés dans la φρουρά, mais
un passage du *Cratyle* (300 c) qui semble décisif. Il s'agit
d'expliquer l'origine du mot σῶμα. Δοκοῦσι μέντοι μοι μάλιστα
θέσθαι οἱ ἀμφὶ Ὀρφέα τοῦτο τὸ ὄνομα, ὡς δίκην διδούσης τῆς ψυχῆς, ὧν
δὴ ἕνεκα δίδωσι· τοῦτον δὲ περίβολον ἔχειν, ἵνα σώζηται, δεσμωτηρίου εἰ-
κόνα· εἶναι οὖν τῆς ψυχῆς τοῦτο, ὥσπερ αὐτὸ ὀνομάζεται, ἕως ἂν ἐκτίσῃ τὰ
ὀφειλόμενα, τὸ σῶμα, καὶ οὐδὲν δεῖν παράγειν, οὐδὲ γράμμα. Mais des
objections se présentent. Premièrement l'âme, après sa
chute, est renfermée dans le corps pour y être punie et
délivrée de ses souillures, tandis que les êtres gardés dans
la φρουρά y sont soignés, τὸ θεοὺς εἶναι ἡμῶν τοὺς ἐπιμελουμένους, y
sont gouvernés et dirigés avec douceur, ἄριστοι ἐπιστάται θεοί,
sans avoir à subir de châtiment. Secondement il est question dans le passage du *Cratyle* de l'âme seule, en opposition avec le corps ; dans le passage du *Phédon* c'est de
l'homme tout entier, corps et âme, qu'il est question.
L'âme emmurée, déposée et ensevelie dans le tombeau du
corps, σῆμα σῶμα, ne présente qu'une analogie lointaine
avec l'humanité dans l'ensemble de son séjour, avec la
vie humaine sur cette terre. Troisièmement, d'après le
Cratyle, le symbole de l'âme prisonnière est rapporté
aux Orphiques et dans notre passage le symbole de la
φρουρά est attribué expressément au philosophe pythagoricien Philolaüs. C'est des secrets enseignements du Pythagorisme, ὁ ἐν ἀπορρήτοις λεγόμενος λόγος, et non des mystères
orphiques ou Eleusiniens τελεταί (cf. *Rép.* II, 365 *a*, et *Phédon*, 69 *c*) qu'il s'agit sans aucun doute. Pour ces raisons
le mot de *prison* ne nous paraît pas convenir pour
traduire le mot de φρουρά. Du moins ce sens ne pourrait
être accepté que s'il n'y en avait pas de plus satisfaisant.
et de mieux autorisé par des textes platoniciens.

Cherchons donc si d'autres passages de Platon inspirés manifestement par l'influence pythagoricienne ne nous fourniraient pas quelque indication plus précise.

Nous voyons dans le *Politique*, 271 *e*, et dans le *Critias*, 109 *d* que Platon se représentait la vie des hommes primitifs comme celle d'animaux doux et dociles dont un Dieu est le pasteur. Θεὸς ἔνεμεν αὐτοὺς αὐτὸς ἐπιστατῶν (rapprochons ceci des mots employés dans le *Phédon* ἄριστοι ἐπιστάται θεοί) καθάπερ νῦν ἄνθρωποι, ζῶον ὄν ἕτερον θειότερον, αλλα γένη φαυλότερα αὐτῶν νομεύουσι (*Pol.*, 271 *e*). Les Athéniens primitifs étaient ainsi, dit ailleurs Platon, gouvernés dans la perfection εὐνομούμενοι par les Dieux, comme il convient à des enfants et à des nourissons divins, καθάπερ εἰκὸς, γεννήματα καὶ παιδεύματα θεῶν ὄντας, *Timée*, 24 *d*. Nous sommes ici en présence d'une idée qui est l'un des traits essentiels de notre passage, celle d'un gouvernement paternel et bienfaisant de créatures inférieures, νομεύειν, ἐπιστατεῖν.

Or cette assimilation de l'humanité à une troupe d'êtres vivants et de Dieu à un pasteur qui prendrait soin d'eux se trouve fréquemment dans les textes pythagoriciens. Le feu central y est appelé le poste de veille — φυλακή — de Jupiter (Aristote, de *Cœlo*, II, 13), sa maison ou sa tour πύργος. (Philolaüs, frag. 11), c'est-à-dire assimilé à cette construction forte qui dominait les croupes verdoyantes des côtes montagneuses de la Sicile et de la Grèce, d'où les seigneurs doriens surveillaient leurs paturages et leurs cultures et où bêtes et gens se réfugiaient à l'approche des pirates. (Peut-être y allumait-on des signaux de feu.) On voit ailleurs que Dieu embrasse comme dans une φρουρά toutes choses, particulièrement la terre, qu'il peuple de semences de vie. Καὶ Φιλόλαος δὲ ὥσπερ ἐν φρουρᾷ πάντα ὑπὸ τοῦ θεοῦ περιειλῆφθαι λέγων... (Philolaüs, frag. 19). Τὴν δημιουργικὴν δύναμιν, τὴν ἐκ μέσου πᾶσαν τὴν γῆν ζωογονοῦσαν (Simplicius in lib. Arist. de *Cœlo*, f. 124).

L'image qui vient naturellement à l'esprit quand on rapproche ces textes est donc celle d'un espace circonscrit où des êtres vivants sont élevés et conduits par Dieu même. L'examen du mot κτήματα confirme cette impression. Il ne désigne pas des biens inanimés, des terres ou des objets précieux comme de l'or ou de l'argent. « L'idée de propriété chez les Romains, dit Mommsen, n'était pas primitivement associée aux possessions immobilières, mais seulement aux possessions en esclaves et en bétail. » Il en était de même en Grèce ; chez les tribus pastorales, les prairies sont communes, la propriété par excellence est le groupe d'êtres vivants, de ζῶα que le chef de famille élève et dont il recueille les produits. L'esclave appartient à ce groupe au même titre que les animaux. La définition donnée par Platon dans les *Lois* (en 902 *b*) des κτήματα divins, embrasse tous les êtres vivants et les astres eux-mêmes qui sont des corps animés ἔμψυχα : θεῶν γε μὴν κτήματά φαμεν εἶναι πάντα ὁπόσα θνητὰ ζῶα, ὥσπερ καὶ τὸν οὐρανὸν ὅλον. Ἤδη τοίνυν σμικρὰ ἢ μεγάλα τις φάτω ταῦτα εἶναι τοῖς θεοῖς· (sont les mêmes au regard des dieux) ; οὐδετέρως γὰρ τοῖς κεκτημένοις ἡμᾶς ἀμελεῖν ἂν εἴη προσῆκον, ἐπιμελεστάτοις γε οὖσι καὶ ἀρίστοις. Hommes et bêtes ont donc avec tout ce qui vit, avec les astres, fils de Dieu, mais mortels, un même droit à la sollicitude de la divinité suprême. En ce qui nous concerne, elle a délégué son pouvoir aux dieux inférieurs, aux Démons, les premiers rois. Ce sont eux dont nous sommes plus spécialement, Platon le dit expressément un peu plus bas, les κτήματα : ἡμεῖς δ' αὖ κτήματα θεῶν καὶ δαιμόνων. 906 *a*. Et dans le *Critias*, 189 *b*, nous lisons : κατοικίσαντες οἷον νομῆς κτήματα, καὶ ποίμνια, καὶ θρέμματα ἑαυτῶν ἡμᾶς ἔτρεφον (1). Ailleurs Dieu est le pasteur et le nourricier du troupeau humain

(1) Voir notre *Introduction* à l'édition du VIe livre de la *République*, Paris, Alcan, éd., 1885.

νομεὺς καὶ τροφὸς ἀγέλης ἀνθρωπίνης. Quand donc nous voyons que, dans le passage qui nous occupe, nous, hommes, nous sommes parmi les κτήματα des dieux et que les dieux sont nos gardiens, τὸ θεοὺς εἶναι ἡμῶν τοὺς ἐπιμελουμένους, nos bons maîtres δεσπότας πάνυ ἀγαθούς, il ne reste guère de doute qu'il est fait allusion ici à la parabole pythagoricienne : que nous sommes le troupeau et que Dieu est le pasteur.

Le véritable sens de φρουρά en résulte ; ce mot désigne l'enceinte, l'enclos ou le clos où le troupeau est enfermé *pour son bien* (cf. *Rep.*, 343 *b*). Car il faut écarter ici l'image sanglante qui est chez nous associée à l'idée du troupeau. Tôt ou tard, dans notre état de civilisation, le bétail est égorgé pour être mangé. Dans l'état primitif auquel la parabole se réfère, les animaux domestiques servaient l'homme, les uns en lui prêtant leur travail, les autres en lui donnant leur lait, et l'on sait que l'abstention de la viande était une des prescriptions du régime pythagoricien adoptée par Empédocle et reprise par Platon dans la *République* (1). L'éleveur ou le pasteur est donc, pour ses bêtes et ses esclaves, le protecteur, le bienfaiteur, le bon maître par excellence. On doit le servir par gratitude et par raison. Et lui échapper est une faute envers lui, en même temps que la pire des imprudences. Tous les détails de l'apologue concordent dans cette hypothèse.

Cette comparaison avec les esclaves et les animaux appartenant aux dieux n'avait rien d'humiliant pour l'homme aux yeux de Platon. Appartenir à un dieu, vivre à son service, c'était lui être consacré, et cette consécration était un honneur en même temps qu'un heureux sort. Le ἱερόδουλος n'était ni méprisable ni digne de pitié. C'est donc sans attacher aucune idée défavorable à ce mot

(1) Cf. notre édition du Livre VIII (Alcan, 1881), page 134, note 2.

que Platon, dans un passage du *Phèdre*, 274 *a*, appelle
nos semblables nos compagnons dans le service de Dieu
ὁμοδούλους : οὐ γὰρ δὴ ἄρ', ὦ Τισία, φασὶν οἱ σοφώτεροι ἡμῶν (toujours les Pythagoriciens), ὁμοδούλοις δεῖ χαρίζεσθαι μελετᾶν τὸν
νοῦν ἔχοντα, ὅτι μὴ πάρεργον, ἀλλὰ δεσπόταις ἀγαθοῖς τε καὶ ἐξ ἀγαθῶν.
Et dans le *Phédon* même, Socrate parle avec enthousiasme des cygnes qui étaient préposés à la garde du
temple d'Apollon et qui étaient censés avoir le don de
pressentir par une inspiration surnaturelle le moment de
leur mort. Il s'honore d'être avec eux au service du Dieu
et croit tenir comme eux d'Apollon la fonction sacrée de
prophétiser, la mantique. Ἐγὼ δὲ καὶ αὐτὸς ἡγοῦμαι ὁμόδουλός τε
εἶναι τῶν κύκνων καὶ ἱερὸς τοῦ αὐτοῦ θεοῦ, καὶ οὐ χείρω ἐκείνων τὴν μαν-
τικὴν ἔχειν παρὰ τοῦ δεσπότου. 85 *b*.

Si on relit après cette discussion le passage en litige,
trop long pour être rapporté ici, on partagera, nous l'espé-
rons, notre conviction, que φρουρά signifie, non poste, ni
prison, mais parc, enceinte sacrée, enclos du divin pasteur.

Cette détermination n'est pas sans intérêt. L'art pastoral est le symbole de la théorie du gouvernement professée
par Socrate; nous l'avons montré dans une étude sur la
philosophie de l'action au ve siècle (1), et nous avons dit
quel était le sens de ce symbole. Il se retrouve, toujours
au premier rang, dans la philosophie politique jusqu'ici
trop négligée de Xénophon et dans celle de Platon. S'il est
reconnu que le passage du *Phédon* vise cet apologue,
comme Platon y affirme que Socrate l'a emprunté à Philolaüs, nous avons une raison de croire que cet ensemble
d'idées, avec les applications qu'il a trouvées dans l'histoire politique et religieuse (culte des rois, Alexandre et

(1) Voir le dernier chapitre du présent ouvrage.

ses successeurs, divinisation des empereurs romains, théocratie chrétienne) a, au moins en partie, son origine dans le Pythagorisme, et que c'est l'école de Socrate qui l'a répandu dans le monde (1).

(1) Sonderabdruck aus dem Archiv für Geschichte der Philosophie VIII. Band 4. Heft. 1895.

TABLE DES MATIÈRES

INTRODUCTION

LIVRE PREMIER

LA TECHNOLOGIE PHYSICO-THÉOLOGIQUE

CHAPITRE PREMIER. — Les Doctrines

LIVRE II

LA TECHNOLOGIE ARTIFICIALISTE

CHAPITRE PREMIER. — La technique de l'organon
(du VIIe au Ve siècle)

BIBLIOTHÈQUE NATIONALE
R. F.
IMPRIMÉS

www.ingramcontent.com/pod-product-compliance
Lightning Source LLC
LaVergne TN
LVHW020109060726
842526LV00004B/1052